Abhandlungen zur Didaktik und Philosophie der Naturwissenschaft. Heft 15.

Die Dreielektrodenröhre und ihre Anwendung

Übungen an der Dreielektrodenröhre mit den zugehörigen theoretischen Erläuterungen

von

Dr. Friedrich Moeller

Mitglied der Staatlichen Hauptstelle
für den Naturwissenschaftlichen Unterricht
in Berlin

Mit 93 Textabbildungen
und 28 Tabellen

Berlin

Verlag von Julius Springer

1934

ISBN-13:978-3-642-90118-8 e-ISBN-13:978-3-642-91975-6
DOI: 10.1007/978-3-642-91975-6

Vorwort.

Das vorliegende Heft ist entstanden aus den Lehrgängen der Staatlichen Hauptstelle für den naturwissenschaftlichen Unterricht in Berlin über die Elektronenröhre, deren wesentlichen Inhalt es wiedergibt. Wie die Lehrgänge selbst das Hauptgewicht auf praktische Messungen am Gegenstand legen, so sind auch die hier beschriebenen Messungen als Hauptteil des Buches zu werten; da aber alle Messungen ohne theoretische Erkenntnis zwecklos sind, ist jedem Abschnitt eine theoretische Auseinandersetzung vorangestellt, die kurz die wesentlichen Vorgänge erörtert, ohne sich allzuviel in Einzelheiten zu verlieren, wodurch die Übersicht leiden müßte. Schwierigere Erscheinungen (wie z. B. die Sattelbildung und Oberwellenausbildung bei der schwingenden Röhre, die genaue Theorie der Gleichrichtung u. a.) sind nicht erläutert worden; sie sind zum Verstehen der primären Erscheinungen auch durchaus nicht nötig. In diesem Sinne kann der theoretische Teil des Buches als Lehrbuch der Elektronenröhre angesehen werden, das, ohne besondere Vorkenntnisse in der Wechselstromtechnik vorauszusetzen, die einfacheren Aufgaben der Röhrentheorie darzustellen sucht.

Unter allen Problemen, die die Röhrentheorie stellt, ist wohl das Verhalten der schwingenden Röhre (Röhrengenerator) am schwersten verständlich; es ist dem Anfänger (wie wir alle selbst erfahren haben) zunächst unfaßlich, wie ein in die Röhre fließender Gleichstrom sich im Schwingungskreis in einen Wechselstrom umzuwandeln vermag, der die hundertfache Stärke erreichen kann. Da der Röhrengenerator das wichtigste Anwendungsgebiet der Röhre darstellt, ist er hier auch am ausführlichsten erörtert worden, sowohl im theoretischen wie im praktischen Teil. Der Übergang von rein Ohmschen Anodenwiderständen (Abschnitt 2) zu Wechselstromwiderständen, die als schwach gedämpfte Schwingungskreise (Abschnitt 3) in bezug auf die Röhre ein gleiches Verhalten zeigen wie rein Ohmsche Widerstände, ist in dieser Form wohl erstmalig behandelt. Der erste Abschnitt des Heftes enthält die wesentlichen Untersuchungen über die Eigenschaften der Röhre, der vierte eine kurze Übersicht über die Modulationsmethoden (Telephonie) und der fünfte Abschnitt beschreibt die Röhre als Demodulator. Im vierten Abschnitt sind keine Übungsaufgaben angegeben, weil der Raum hierzu nicht mehr zur Verfügung stand. Die Instrumentensammlung, die zu solchen Messungen notwendig ist, ist auch schon recht umfangreich und überschreitet die Hilfsmittel, über die ein kleineres Laboratorium verfügt, wie es hier vorausgesetzt wird. — Alle Messungen sind an kleineren Röhren (sog. Empfangsröhren) ausgeführt worden; Messungen an großen Röhren zu beschreiben hatte keinen Sinn, da diese in der Regel doch nicht vorhanden sein werden. Zu den Untersuchungen über die schwingende Röhre (Abschnitt 3) gehört eine Anzahl von besonderen Apparaten und Instrumenten, die übrigen Messungen können auch mit bescheideneren Mitteln angestellt werden.

Die Röhrentheorie hat eine größere Zahl neuer Begriffe geprägt, für die nach gebräuchlicher Weise Buchstabenbenennungen gefunden werden mußten, um die Rechnungen übersichtlich durchführen zu können. Die Bezeichnungen der bekannten Einheiten sind entsprechend den Vorschlägen des AEF (Ausschuß für Einheiten und Formelgrößen) gewählt worden. Für die Röhre bestehen solche endgültigen Vorschläge noch nicht; Verf. hat größtenteils die Bezeichnungen von H. Barkhausen übernommen, zum kleinen Teil erschienen Abänderungen zweckmäßig.

Der Inhalt des vorliegenden Heftes ist in sich abgeschlossen. Ein zweites Heft, das eine große Zahl von Versuchen beschreibt, die sich mit der schwingenden Röhre anstellen lassen, ist in Arbeit; soweit dort theoretische Erläuterungen notwendig sind, lehnen sie sich eng an die Ausführungen des vorliegenden Heftes an. Später soll voraussichtlich noch ein drittes Heft folgen, das die Vorgänge in Mehrgitterröhren erörtert.

Den Herren Dr. Otto und Schuzius von der Staatl. Hauptstelle sage ich auch an dieser Stelle meinen herzlichen Dank für die Hilfe, die sie mir so oft bei der praktischen Arbeit zuteil werden ließen.

Berlin-Tempelhof, im September 1934.

Friedrich Moeller.

Inhaltsübersicht.

Erster Abschnitt.

Der Aufbau der Dreielektrodenröhre und die Festlegung der Begriffe, die die Eigenschaften der Röhre kennzeichnen.

A. Theorie.

B. Übungen.

Zweiter Abschnitt.

Die Einschaltung von Widerständen in den Anodenkreis der Röhre und ihre Folgen für den Anodenstrom und die Anodenspannung bei erregter Röhre.

A. Theorie.

B. Übungen.

Dritter Abschnitt.

Die Einschaltung von schwach gedämpften Schwingungskreisen in die Stromkreise der Röhre.

A. Theorie.

B. Übungen.

Vierter Abschnitt.

Modulierte Röhrenschwingungen.

Fünfter Abschnitt.

Die Röhre als Demodulator (Richtverstärker, Audion, Schwingaudion).

A. Theorie.

B. Übungen.

Erster Abschnitt.

Der Aufbau der Dreielektrodenröhre und die Festlegung der Begriffe, die die Eigenschaften der Röhre kennzeichnen.

A. Theorie.

1. Elektronenbewegungen.

Nach einer heute allgemein anerkannten Vorstellung bewegen sich in jedem Leiter freie Elektronen in sehr großer Zahl zwischen den Molekülen des Leiters regellos durcheinander, während diese selbst als festliegend zu denken sind; die kinetische Energie der Elektronenbewegung stellt den Wärmevorrat des Leiters dar. Nach außen hin wird von der Bewegung der Elektronen nichts merkbar, d. h. es umgibt den Leiter weder ein elektrisches noch magnetisches Feld, weil die Elektronenbewegungen in jeder Richtung erfolgen, die sich demnach gegenseitig in ihrer Wirkung nach außen aufheben. Ein Austritt von Elektronen aus der Oberfläche kann bei kaltem Leiter nicht stattfinden, weil seine molekularen außerordentlich großen Anziehungskräfte dies verhindern. Zu einem solchen Freiwerden eines Elektrons ist die Aufwendung einer Arbeit notwendig, die an dem Elektron vollzogen werden muß und die aus dem Leiter ohne weiteres nicht zu gewinnen ist. Die Kräfte, die im Leiter auf das Elektron ausgeübt werden, sind mit den Gravitationskräften der Masse vergleichbar; auf der Oberfläche der Erde z. B. ist ein Körper ohne Arbeitsleistung (abgesehen von der Arbeit zur Überwindung der Reibung und der Trägheit) frei beweglich, zu seiner Fortbewegung von der Erdoberfläche dagegen ist der Aufwand einer Arbeit notwendig, die genau bestimmbar ist und mit der Größe der zurückzulegenden Strecke zunimmt. Bei genügender Größe der aufgewendeten Arbeit, d. h. im allgemeinen bei genügend hoher Anfangsgeschwindigkeit, entfernt sich der Körper völlig aus dem Gravitationsfeld der Erde und fliegt nach dessen Überwindung mit konstanter Geschwindigkeit weiter, bis er in ein neues Gravitationsfeld gerät. Ein Elektron ist in gleicher Lage, wenn es der molekularen Anziehungskraft des Leiters entronnen ist; es setzt im Vakuum seinen Weg mit konstanter Geschwindigkeit fort, bis es auf ein Hindernis stößt oder in elektrische oder (bzw. und) magnetische Felder gerät, die seine Geschwindigkeit oder Bewegungsrichtung ändern. Änderungen seiner Geschwindigkeit können (außer bei seinem Aufprall auf Massen) nur von elektrischen Feldern bewirkt werden, deren Stärke bekanntlich in Volt/cm gemessen wird. Das Elektron durchfliegt das Feld in Richtung der elektrischen Kraft mit beschleunigter Geschwindigkeit, die Größe der Beschleunigung hängt von der Feldintensität ab. Man spricht in vereinfachter Ausdrucksweise von der „Voltgeschwindigkeit" des Elektrons, d. h. man drückt seine Geschwindigkeit durch die Potentialdifferenz des elektrischen Feldes aus, von dem es diese Geschwindigkeit erhalten hat. Wirkt die Kraft dieses Feldes in entgegengesetzter Richtung zum Fluge des Elektrons, so sinkt seine Geschwindigkeit während des Durchlaufens derjenigen Strecke zu Null ab, deren Potentialdifferenz dieser Geschwindigkeit entspricht; ist die Potentialdifferenz größer, so kehrt das Elektron die Flugrichtung um. Für 100 Volt durchlaufene Spannung ergibt sich eine Geschwindigkeit des Elektrons von etwa 6000 km/sec, für 4 Volt immer noch 1200 km/sec; es handelt sich also um sehr große Geschwindigkeiten, und da die durchlaufenen Strecken in den Elektronenröhren stets nur wenige Millimeter betragen, die Potentialdifferenzen mindestens in der erwähnten Größenordnung liegen, so ergibt sich die wichtige Folgerung, daß die Elektronenbewegung im Vakuum in der Regel als völlig trägheitslos aufzufassen und rechnerisch nicht zu berücksichtigen ist. Erst bei sehr hohen Frequenzen (etwa unterhalb 10 m Wellenlänge) macht sich die Trägheit, d. h. die Laufzeit der Elektronen, bemerkbar und begrenzt endlich die Herstellung noch höherer Frequenzen mittels äußerer Schaltelemente; diese Grenze ist um so eher erreicht, je geringer die verwendeten Feldspannungen sind.

Die molekulare Anziehungskraft des Leiters auf die Elektronen erstreckt sich nur auf Entfernungen der Größenordnung 10^{-7} cm, ist aber hier sehr groß und kann nur durch Elektronen überwunden werden, deren Geschwindigkeit einige Volt beträgt; der Zahlwert ist bei verschiedenen Leitern (= Metallen) verschieden. Die Feldstärke des äußeren elektrischen Feldes, das diese zu leistende Austrittsarbeit aufzubringen hätte, müßte demnach Werte der Größenordnung 10^7 Volt/cm annehmen, woraus sich ergibt, daß ein Elektronenaustritt aus kalten Metallen nur durch sehr hohe äußere Spannungen veranlaßt wird. Die Geschwindigkeit der Elektronen kann auch innerhalb des Metalls auf solche Höhe gebracht werden, daß sie genügt, um die Elektronen vom Leiter fort in Entfernungen zu schleudern, in denen sein Molekularfeld nicht mehr wirksam ist; dann werden sie schon einem schwächeren äußeren Felde folgen können. Ein Mittel, so hohe Elektronengeschwindigkeiten innerhalb des Leiters zu erzeugen, ist durch eine hinreichende Temperaturerhöhung des Leiters gegeben, die ja nichts anderes als eine Geschwindigkeitszunahme der in ihm frei beweglichen Elektronen bedeutet. Im Verhältnis zu den überhaupt vorhandenen Elektronen bleibt allerdings die Zahl der frei werdenden Elektronen stets sehr klein, sie genügt aber, um einen äußeren Stromkreis mit ihrer Hilfe zu betreiben. Der Vorgang des Ausschleuderns von Elektronen aus der Oberfläche des Leiters heißt Emission, die Zahl der frei werdenden Elektronen hängt neben der Temperatur des Leiters stark von seinem Material ab. Tragen alle freien Elektronen zur äußeren Strombildung bei, so ist der Zustand der Sättigung erreicht; der Elektronenstrom, der diesem Zustand entspricht, wird Sättigungsstrom genannt. Bei Wolfram, das man zunächst benutzte, ist, um eine merkbare Emission zu erzielen, eine sehr hohe Temperatur notwendig (etwa 2300°), sie ist bis jetzt am niedrigsten bei Barium gefunden worden, wo die Emission schon kräftig unterhalb der Rotglut (etwa bei 540°) einsetzt. Man erhält bei diesem Material so viel Emission, wie man nur haben will, weshalb die Kathoden aller neueren Empfangsröhren mit einer aktiven Schicht aus Barium hergestellt werden; die Sättigung wird bei diesen Röhren in der Regel nicht mehr erreicht (vgl. S. 32). Die Heizung des emittierenden Fadens erfolgt mit Gleich- oder Wechselstrom; bei den sog. direkt geheizten Röhren wird die emittierende Bariumschicht auf einen Wolframfaden aufgetragen, durch den der nötige Strom geschickt wird; bei den sog. indirekt geheizten Röhren ist die emittierende Schicht durch eine isolierende Zwischenschicht vom Heizfaden getrennt aus Gründen, die später zu besprechen sind (S. 35).

Senderöhren, d. h. Röhren, die für Abgabe hoher Leistungen (1 Kilowatt und mehr) gebaut sind, besitzen stets einen Wolframfaden als Emissionsträger; Barium eignet sich bei diesen Röhren nicht als aktive Schicht hauptsächlich wegen Gefahr von Ionenbildung. Große Senderöhren (150 Kilowatt) werden indirekt geheizt, während kleinere Senderöhren direkte Heizung haben.

2. Das Vakuum.

Um den Elektronen nach ihrem Austritt aus dem Träger freie Bewegungsmöglichkeit zu geben, müssen sie vor jedem Zusammenstoß mit Gasmolekülen, soweit es irgend geschehen kann, geschützt werden. Der Faden und die anderen Elektroden werden deshalb in einen Glaskolben[1] gebracht, der möglichst evakuiert wird; das Vakuum wird als gut bezeichnet, wenn der Gasdruck nicht mehr als 10^{-9} Atm $=$ etwa 10^{-6} mm Hg beträgt, wobei sich dann immer noch in jedem Kubikzentimeter des „Vakuums" 28 Milliarden Moleküle befinden, wie H. Barkhausen feststellt. Die völlige Entgasung einer Empfangsröhre erfolgt neuerdings durch das sog. „Gettern". Nachdem alle Elektroden ausgeglüht sind und dann bei fortwährendem Heizen des Fadens die Röhre gut ausgepumpt ist, wird sie nur einige Sekunden einem Hochfrequenzfelde ausgesetzt, das alle Metallteile in kurzer Zeit auf Glühtemperatur bringt. Vor dem Aufsetzen auf die Pumpe ist innerhalb der Röhre in der Regel außen am Anodenzylinder in einem kleinen Behälter Magnesiummetall, das sog. Gettermetall, eingebracht worden, das jetzt nach Erreichen der Glühtemperatur schnell verdampft und sich an der inneren Glaswand der Röhre als Spiegelbelag niederschlägt, wobei alle Gasreste von dem verdampfenden Metall okkludiert werden; die Röhre wird dadurch in dem gewünschten Maße gasfrei.

3. Röhren mit zwei Elektroden (ohne Gitter).

Wird in einem auf solche Art evakuierten Glaskolben dem glühenden Faden, der Kathode, eine kalte Elektrode, die sog. Anode, gegenübergestellt, wobei ihre Entfernung vom Faden nur wenige Millimeter betrage (Abb. 1), und wird

[1] Bei sehr großen Senderöhren ist kein Glaskolben benutzt, vgl. S. 14.

weiter durch Anlegen einer Spannung zwischen Anode und Kathode ein elektrisches Feld erzeugt, dessen Richtung stets dadurch gegeben ist, daß der positive Spannungspol an der Anode liegt, so folgen die aus der Kathode austretenden Elektronen der Feldrichtung und fliegen auf die Anode. Ihre kinetische Energie, die sie während dieses Fluges durch ihre Beschleunigung erhalten, geben sie beim Aufprall auf die Anode ab, die sich dadurch erwärmt; die Erwärmung kann so stark werden, daß das Anodenblech auf Rotglut oder sogar auf Weißglut gelangt und schmilzt. Bei Bariumkathoden würde jedoch schon weit vorher eine andere Wirkung eintreten, die zur Zerstörung der Röhre führt. Eine stärkere Erwärmung (Rotglut) der Anode bewirkt durch Strahlung eine zunehmende Temperatur der Kathode, die sog. Rückheizung, wodurch diese wiederum zu einer stärkeren Emission veranlaßt wird; das Spiel wiederholt sich, bis der Kathodenfaden durchbrennt[1]. Bei allen Röhren (mit zwei und mehr Elektroden) heißt die in Form von Wärme durch Elektronenaufprall an die Anode abgegebene Leistung Anodenverlustleistung, die einen bestimmten Betrag nicht überschreiten darf, um die Röhre nicht zu zerstören; die höchstzulässige Anodenverlustleistung wird stets vom Hersteller der Röhre angegeben. Wird die Anodenspannung verkehrt gepolt an die Röhre gelegt, so können keine Elektronen zur Anode fliegen, der Anodenstrom wird gleich Null. Die Elektronenröhre wirkt also bei Anlegen einer Wechselspannung zwischen Anode und Kathode als „Gleichrichter“[2], weil sie nur die Phasenhälfte der Wechselspannung zur Strombildung benutzen kann, für die die Spannung an der Anode positiv wird.

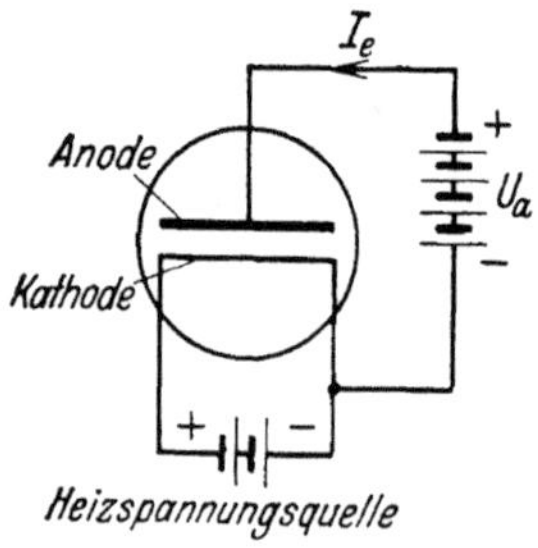

Abb. 1. Aufbau einer Zweielektrodenröhre.

Bei direkt geheizten Röhren, wie in Abb. 1 angenommen ist, bleibt es bezüglich der wirksamen Anodenspannung nicht gleichgültig, an welche Seite des Heizfadens der negative Anodenspannungspol gelegt wird. Eine Verbindung zum +-Pol der Heizquelle bedeutet in bezug auf das dem —-Pol der Heizquelle zugekehrte Fadenende eine zahlenmäßige Erhöhung der Anodenspannung um die Heizspannung. Bei Verbindung der beiden —-Pole der Spannungsquellen tritt dieser Zustand nicht ein; für indirekt geheizte Röhren wird diese Betrachtung hinfällig, weil emittierende Schicht und Heizfaden in keiner leitenden Berührung miteinander stehen.

Wird der Anodenstrom I_e (= Emissionsstrom) als Funktion der Anodenspannung U_a aufgetragen, so ergibt sich die sog. Charakteristik der Zweielek-

[1] In der Praxis tritt eine Zerstörung der Röhre oft dadurch ein, daß bei zu großer Belastung (d. h. zu großer Anodenverlustleistung) die Elektrodenzuleitungen innerhalb der Röhre zu warm werden; dadurch wird der Glasfuß der Röhre an den Durchführungsstellen der Drähte zu stark erhitzt und springt. Infolge der Emission erfährt der Faden auch eine Abkühlung, so daß die Fadentemperatur von einer Reihe Einflüsse abhängig ist, die recht verwickelte Erscheinungen hervorrufen können.

[2] Vgl. die Fußnote S. 137.

trodenröhre (Abb. 2). Für eine Röhre mit Wolframfaden zeigt sich nach Erreichen einer gewissen Höhe der Anodenspannung die Sättigungserscheinung (*a*), für Bariumfäden tritt keine eigentliche Sättigung ein (*b*); im übrigen weisen beide Kurven große Ähnlichkeiten in der Art des Verlaufs auf, die durch die sog. „Raumladung" gegeben ist. Raumladung heißt das elektrische Feld, das die Elektronen während ihres Fluges zur Anode selbst erzeugen, und das wegen der negativen Ladung der Elektronen entgegen dem Anodenfelde gerichtet ist, seine Wirkung also teilweise aufhebt. In der Nähe des Heizfadens ist die Geschwindigkeit der Elektronen noch klein, ihre Zahl ist entsprechend groß und daher auch die Wirkung ihres Eigenfeldes; das Anodenfeld wird in der Nähe der Kathode fast vollständig aufgehoben um so mehr, je kleiner die angelegte Anodenspannung ist. Bei zunehmender Entfernung vom Faden nimmt die Wirkung des Eigenfeldes der Elektronen mehr und mehr ab, weil ihre Geschwindigkeit wächst, ihre Dichte also geringer wird; aber auch im Raume weiter ab von der Kathode ergibt sich ein dem Anodenfeld entgegenwirkendes Feld, das zwar schwächer ist als in der Nähe des Kathodenfadens, aber nicht ganz verschwindet. Die Wirkung der Raumladung ist erst dann ganz beseitigt, wenn alle emittierten Elektronen zur Strombildung herangezogen werden, wenn also das Feld der Anodenspannung genügt, um auch in der Nähe der Kathode das Elektronenfeld vollständig zu überwinden. In diesem Falle fliegen alle vorhandenen Elektronen zur Kathode, und eine weitere Erhöhung der Anodenspannung ist zwecklos, weil der Strom nicht mehr zunehmen kann (Sättigungsstrom); die den Sättigungsstrom bewirkende geringste Anodenspannung heißt Sättigungsspannung ($U_a = U_s$, Abb. 2).

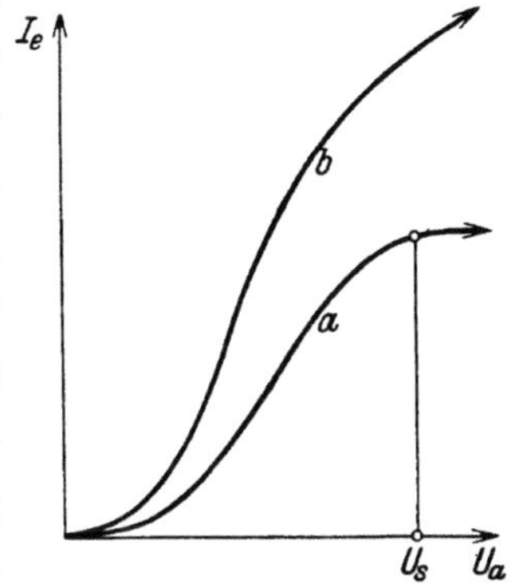

Abb. 2. Verlauf der Charakteristik einer Zweielektrodenröhre a) mit Wolframfaden, b) mit Bariumfaden.

Im Raumladegebiet, d. h. in dem Zustand, in welchem noch nicht alle emittierten Elektronen zur Anodenstrombildung beitragen, ist dieser unabhängig von der Fadenheizung und nur durch die angelegte Anodenspannung und durch eine Materialkonstante bedingt. Das Gesetz für die Größe der Strombildung aus einem in diesem Zustand emittierenden Fadenteilchen haben W. Schottky und J. Langmuir aufgestellt. Es lautet:

$$I_e = k\, U_a \sqrt{U_a}\,^* \quad \text{(Raumladungsgesetz).} \qquad (1)$$

Die Kurve verläuft demnach auch nach Überwindung der Anfangskrümmung nicht geradlinig, ein unerwünschter Zustand, der allerdings praktisch bei kleineren direkt geheizten Röhren eine Milderung durch den Spannungsabfall erfährt, den der Heizstrom des Fadens verursacht, und der bei den direkt geheizten

* Im sog. Anlaufgebiet, also im Anfang der Kennlinie, gilt diese Formel nicht, weil die Elektronen den Faden mit einer gewissen Eigengeschwindigkeit verlassen (vgl. auch die Fußnote S. 9).

Empfangsröhren 4 Volt beträgt. Daher hat die angelegte Anodenspannung gegen die —-Heizungseite des Fadens einen um 4 Volt höheren Betrag als gegen die +-Heizungseite; die Strombildung beginnt auf ersterer eher, was zur Folge hat, daß erst nach und nach alle Fadenteilchen zur Anodenstrombildung beitragen. Die Raumladungskurve gemäß Gl. (1) ist daher praktisch nicht vorhanden, sondern die natürliche Kurve verläuft flacher und geradliniger, wie Abb. 3 zeigt. Die Kurve $-H$ stellt dort den Stromverlauf für die —-Heizungseite, die Kurve $+H$ den Stromverlauf für die +-Heizungseite des Fadens dar; für den ganzen Faden bildet sich dann die Kennlinie aus, wie sie die mittlere Kurve zeigt. Diese Wirkung der Heizspannung ist auch bei den Dreielektrodenröhren nicht zu vernachlässigen, da auch bei ihnen die in Gl. (1) wirksame Spannung U_a infolge des Gittereinflusses der Größenordnung nach bestehen bleibt (vgl. S. 8). Der Einfluß des Abfalls der Heizspannung auf den Verlauf der Charakteristik wird um so geringer, je weniger Sättigungserscheinungen auftreten, da dann die obere Krümmung nicht mehr erscheint; um so mehr wird dann eine Näherung des Verlaufs der Kennlinie nach Gl. (1) eintreten, die strenge Geradlinigkeit also verschwinden. Diese Abweichung ist tatsächlich vorhanden, doch bleibt sie nach Durchlaufen der Anfangskrümmung erträglich. Für indirekt geheizte Röhren gelten diese Betrachtungen nicht, ihre Kennlinien müssen also strenger dem Gesetz der Gl. (1) folgen.

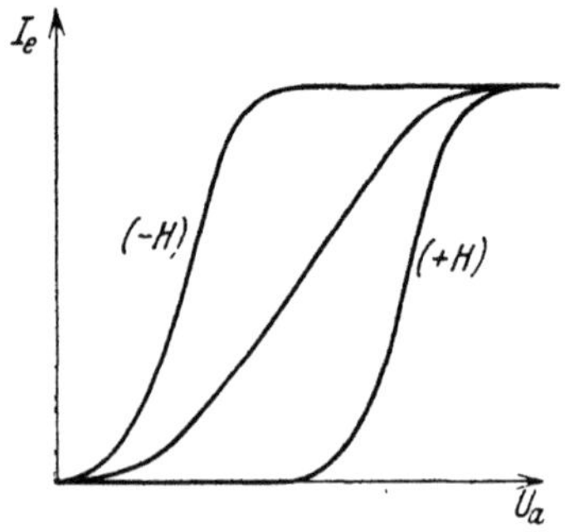

Abb. 3. Einfluß des Spannungsabfalls auf dem Heizfaden für die I_e-Kurve.

Messungen an Zweielektrodenröhren lassen sich praktisch streng genommen nicht ausführen, weil sie nicht gebraucht und daher nicht gebaut werden[1]; doch ist in der Regel eine Dreielektrodenröhre praktisch dann als Zweielektrodenröhre verwendbar, wenn Gitter und Anode kurzgeschlossen werden. Ein theoretisch strenggültiger Ersatz durch diese Anordnung besteht nicht, weil das Gitter durchbrochen ist und die Anodenplatte dahinterliegt. Die alleinige Verwendung des Gitters (ohne Anode) schafft um so geeigneteren Ersatz für eine Platte, je kleiner die Gitterzwischenräume sind, je kleiner also der Durchgriff der Röhre ist.

Da der Elektronenflug stets zur Anode gerichtet ist, so ergibt sich als Richtung des Anodenstromes stets der umgekehrte Sinn von der Anode zur Kathode. Der Anodenstrom verläuft deswegen bei direkt geheizten Röhren auf der +-Heizungseite des Fadens entgegen, auf der —-Heizungseite des Fadens in Richtung des Heizstromes; der resultierende Strom ist daher hier stets am größten, der Faden am wärmsten, er wird also bei Überlastung stets auf dieser Seite durchbrennen. Wird Wechselstromheizung angewandt, so findet eine gleichmäßige Beanspruchung statt, weil die Heizstromrichtung wechselt; doch bringt die Benutzung von Wechselstrom als Heizquelle für direkt geheizte Röhren einen anderen Nachteil, der sehr ins Gewicht fällt und durch eine Kunstschaltung überwunden werden muß. Wie aus dem früher Gesagten hervorgeht, ändert

[1] Vgl. aber Fußnote S. 139.

bei Heizwechselspannung auch die Anodenspannung im Zeitmaß der Frequenz ihren Wert, wodurch der Anodenstrom schwankt (vgl. Versuch S. 34). Um solche Spannungs- und infolgedessen auch Stromschwankungen zu vermeiden, muß der negative Anschluß der Anodenspannung an einem indifferenten Punkt erfolgen, der keine Wechselspannung zeigt; man erreicht dieses Ziel durch Parallellegen eines Ohmschen Widerstandes zur Kathode, in dessen Mitte der Anodenanschluß erfolgt (Potentialvariometerschaltung vgl. Abb. 28).

4. Röhren mit 3 Elektroden (Gitterröhren).

Eine Röhre, in die zwischen Kathode und Anode noch eine weitere mehr oder weniger durchbrochene Elektrode gelegt ist, so daß sie teilweise den Elektronen den Durchflug zur Anode gestattet, heißt Dreielektrodenröhre; die Zwischenelektrode hat den Namen „Gitter" erhalten. Das Schema einer direkt geheizten Dreielektrodenröhre zeigt Abb. 4a, das Schema einer indirekt geheizten Dreielektrodenröhre Abb. 4b. In der Folge soll stets die erstere Darstellung beibehalten werden, weil mit wenigen Ausnahmen bei den Messungen und Versuchen direkt geheizte Röhren zur Verwendung kommen.

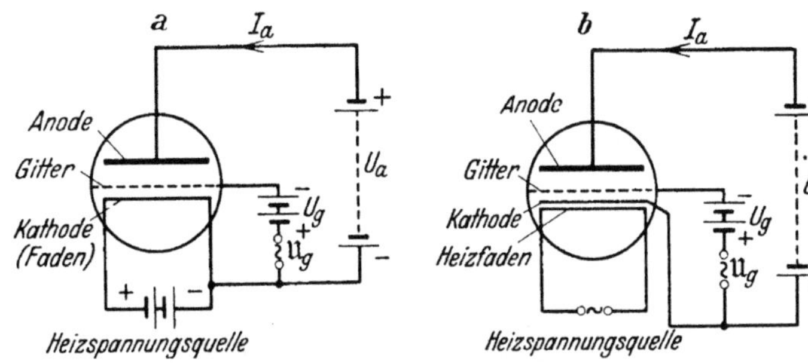

Abb. 4. Aufbau einer Dreielektrodenröhre a) mit direkt geheiztem Faden, b) mit indirekt geheiztem Faden.

Zwischen Anode und Kathode sei wie früher eine Spannung U_a geschaltet; zwischen Gitter und Kathode liegt stets ebenfalls eine Spannung, sie ist im praktischen Betrieb eine Wechselspannung mit dem Scheitelwert $\mathfrak{U}_g$, zu der noch in der Regel eine Gleichspannung U_g in Reihe liegt, die meistens mit dem negativen Pol zum Gitter geschaltet ist.

Das Gitter besteht bei kleineren Röhren (Empfangsröhren) aus einer die Kathode in einem gewissen Abstand umgebenden Spirale, bei größeren Röhren aus einem Netzgeflecht mit dichteren oder dünneren Maschen. Anode und Gitter sind bei Empfangsröhren aus Nickel, bei Senderöhren (mit Ausnahme der wassergekühlten Röhren) aus Tantal oder Molybdän gefertigt. Die Anode umgibt das Gitter ebenfalls in einem gewissen Abstand. Abb. 5 zeigt die Anordnung der Elektroden (bei vorn aufgeschnittener Anode); die Kathode besteht in diesem Fall aus vier parallel geschalteten Fäden, deren Zahl im allgemeinen für die Größe der Emission bestimmend ist; es spielt aber auch die Fadendicke eine Rolle, denn mit der Vergrößerung seiner Oberfläche steigt ebenfalls die

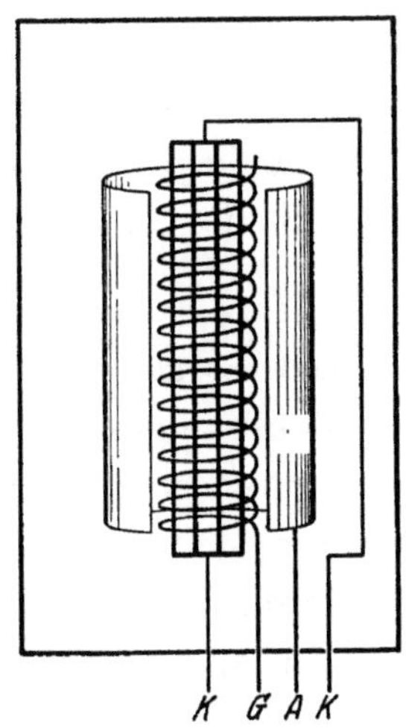

Abb. 5. Technische Anordnung der Elektroden.

Fähigkeit der Emission; schon kleinere Senderöhren haben eine Fadendicke von 1 mm.

Für die folgende Betrachtung sei das Gitter zunächst mit der Kathode kurzgeschlossen. Dann werden (Abb. 6a) eine Anzahl der von der Anode ausgehenden elektrischen Feldlinien der Anodenspannung auf dem Gitter endigen, und nur ein anderer Teil wird durch die Gittermaschen hindurch auf die Kathode gelangen, zu der Kathode „durchgreifen", wie man sagt. An dem Verlaufe dieser Feldlinien wird nichts geändert, wenn zwischen Gitter und Kathode ebenfalls eine Spannung gelegt wird, und zwar eine Gleichspannung, wie Abb. 6b angibt; zunächst sei der +-Pol der sog. Gitterbatterie an das Gitter geschaltet. Es ist dann das resultierende Feld, das den Flug der verfügbaren Elektronen von der Kathode weg veranlaßt oder „steuert", gegeben durch das Gitterfeld und den Teil des Anodenfeldes, der durch die Maschen oder Spirale des Gitters hindurch an der Kathode wirksam wird. Es ist:

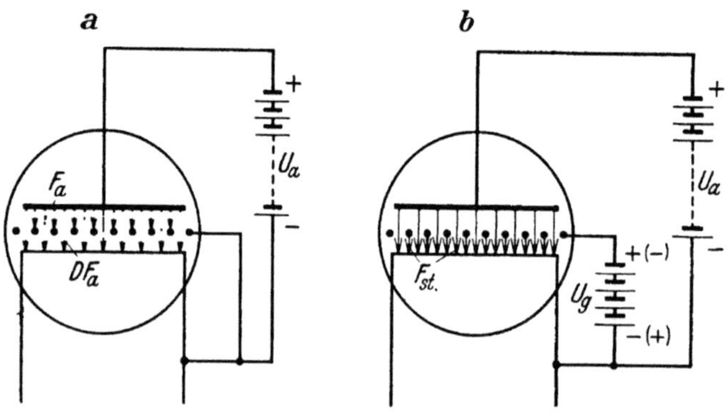

Abb. 6. Schaubildliche Erklärung des Durchgriffs. (F_a in Abb. 6a soll alle Feldlinien bezeichnen.)

$$F_{st.} = F_g + DF_a\,{}^* . \tag{2}$$

Dabei ist die Summe der Teilfelder algebraisch zu nehmen, d. h. das resultierende Steuerfeld nimmt ab, wenn die Gitterspannung entgegengesetzte Polung wie die Anodenspannung hat, wenn also am Gitter der negative Pol der Gitterbatterie liegt. Das Steuerfeld ist gegeben durch die Steuerspannung $U_{st.}$, so daß die Gl. (2) auch für die zugehörigen Spannungen gilt:

$$U_{st.} = U_g + DU_a . \tag{3}$$

Die Steuerspannung $U_{st.}$ der Dreielektrodenröhre ist gleichzusetzen der Anodenspannung U_a der Zweielektrodenröhre; alle Beziehungen zwischen Emissionsstrom und Anodenspannung, die für die Zweielektrodenröhre gewonnen wurden, gelten auch für die Dreielektrodenröhre, wenn anstatt U_a die Steuerspannung $U_{st.}$ eingeführt wird. — Der Emissionsstrom der Dreielektrodenröhre teilt sich im allgemeinen in den Anodenstrom I_a und den Gitterstrom I_g, und es ist stets:

$$I_e = I_a + I_g = f(U_g + DU_a) = f(U_{st.}) . \tag{4}$$

D in Gl. (3) ist ein echter Bruch und eine reine Zahl und bezeichnet, mit dem Zahlwert der Anodenspannung multipliziert, den Steuerwert der Anodenspannung in Volt. Die Steuerspannung wird gleich Null, wenn die Gleichung erfüllt wird:

$$U_{st.} = U_g + DU_a = 0 . \tag{5}$$

* Infolge der Raumladung und anderer Einflüsse ist der Vergleich der Gleichungen (2) und (3) etwas fehlerhaft, doch sind die Fehler praktisch ohne Belang.

Daraus wird: $$D = -\frac{U_g}{U_a} \quad \text{für} \quad U_{st.} = \text{Null}. \tag{6}$$

In der Gl. (5) ist U_g negativ, so daß sich für D ein positiver Wert ergibt. D heißt Durchgriff der Röhre; er ist in weiten Grenzen nur von den geometrischen Abmessungen des Gitters und der Entfernung Gitter—Kathode abhängig, also für die Röhre eine Konstante; ihre Größe wird hauptsächlich durch den Abstand der Gittermaschen festgelegt. Weil in der Gl. (5) U_g stets negativ[1], die Anodenspannung U_a daher stets positiv bleibt, fließt der gesamte Emissionsstrom, sobald er auftritt, zur Anode; daß die Steuerspannung gleich Null wird, erkennt man daher in einfacher Weise daran, daß der Anodenstrom Null wird. Dann ist aber der Einfluß der Raumladung besonders stark und macht die Gl. (5) unrichtig, weil starke Feldstörungen eintreten; eine Messung nach Gl. (6) würde ganz falsche Ergebnisse liefern, ganz abgesehen davon, daß das Erkennen, wann der Anodenstrom genau Null wird, experimentell schwierig wird. Man verlegt deshalb die Messung in den sog. geradlinigen Teil der Charakteristik und setzt fest:

$$D = -\frac{\Delta U_g}{\Delta U_a}_{(\Delta I_a = 0)}, \tag{7}$$

ein Ausdruck, der auch geschrieben werden kann:

$$D = \frac{\Delta U_g}{\Delta U_a}_{(\Delta I_a = \text{konst.})} \tag{8}$$

In der Gl. (7) ist ΔU_g (wie vorhin U_g) negativ anzusetzen, so daß D wieder positiv wird, in der Gl. (8) dagegen ist ΔU_g selbst positiv.

Ist nach Gl. (5), vom Einfluß der Raumladung abgesehen, die Steuerspannung $>$ Null, so werden Elektronen vom Faden fortgezogen und folgen dem Steuerfelde, d. h. der Emissionsstrom wird einsetzen. — Das Steuerfeld im Raume zwischen Gitter und Kathode kann unter folgenden 3 Bedingungen positive Werte erreichen:

$$U_g + DU_a > 0 \begin{cases} 1.\ U_g \text{ und } U_a > 0, \\ 2.\ DU_a > U_g; \quad U_a > 0,\ U_g \gtreqless 0, \\ 3.\ U_g > DU_a; \quad U_g > 0,\ U_a \gtreqless 0. \end{cases} \tag{9}$$

Im ersten Falle wird sich der Emissionsstrom aus einem Gitterstrom und einem Anodenstrom zusammensetzen, deren gegenseitiges Größenverhältnis nicht ohne weiteres anzugeben ist. Ist z. B. $U_g = DU_a$, so wird der Anodenstrom weit größer sein als der Gitterstrom schon aus rein räumlichen Verhältnissen, weil auf dem Gitter weit weniger Elektronen Platz finden als auf der Anode. Ist U_g erheblich größer als DU_a, so nimmt der Gitterstrom stark zu und kann endlich größer werden als der Anodenstrom.

[1] Streng genommen ist der Emissionsstrom noch nicht gleich Null, wenn die Steuerspannung gleich Null ist, weil die aus dem Faden tretenden Elektronen eine gewisse Geschwindigkeit besitzen, also gegen ein negativ gerichtetes Feld anlaufen können; daher wird der Emissionsstrom erst bei etwa $U_{st.} = -1$ bis -2 Volt völlig Null, er ist aber schon vorher sehr klein. Beim sog. „Audion“ (vgl. S. 147) spielen diese Verhältnisse eine wichtige Rolle.

Im zweiten Falle können keine Elektronen zum Gitter gelangen, weil das Gitter negative Ladung besitzt, die Elektronen also abgestoßen werden[1]; der Gitterstrom ist dann gleich Null, und der gesamte Emissionsstrom fließt zur Anode.

Im dritten Falle können keine Elektronen zur Anode fliegen, der Anodenstrom wird Null, und der gesamte Emissionsstrom ist reiner Gitterstrom.

Der letzte Fall ist praktisch ohne Bedeutung und tritt selten ein; die Anode behält in allen Schaltungen fast stets eine positive Spannung gegenüber dem Faden. Der zweite Fall ist in allen Verstärkeranwendungen der Dreielektrodenröhre gegeben; die Bedingung muß streng eingehalten werden, um sog. Verzerrungen im Gitterkreise zu vermeiden, es darf also bei Benutzung der Röhre als Verstärkermittel kein Gitterstrom fließen. Der erste Fall ist häufig bei allen Schaltungen, in denen die Röhre als Mittel zur Herstellung von ungedämpften selbständigen Schwingungen gebraucht wird. Obgleich auch dann in den seltensten Fällen der Gitterstrom erwünscht ist, kann er nicht vermieden werden.

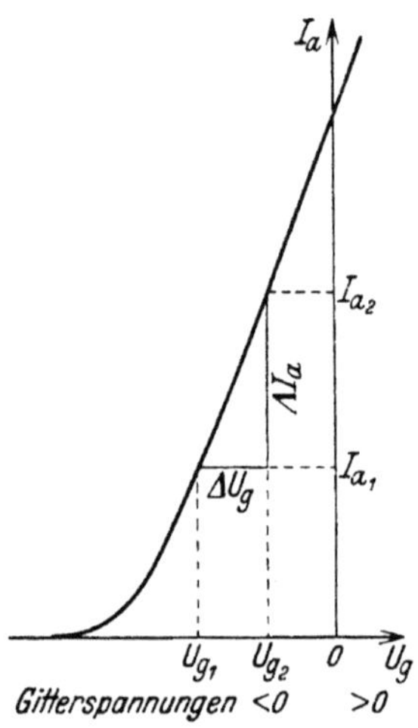

Abb. 7. Charakteristik einer Dreielektrodenröhre.

Wird unter Einhaltung der Bedingung 2 der Gleichungen (9) der Anodenstrom (= Emissionsstrom) I_a als Funktion der Gitterspannung U_g aufgetragen, wobei die Anodenspannung U_a konstant bleiben soll, wird also eine Meßreihe nach folgender Gleichung aufgenommen:

$$I_a = f(U_g + D U_a)_{(U_a = \text{konst.})}, \tag{10}$$

so erhält man die Charakteristik oder normale Kennlinie der Dreielektrodenröhre (Abb. 7). Sie hat Wesensverwandtschaft mit den Linien Abb. 2, was einleuchtend ist, da die Raumladungserscheinung der Elektronen wirksam bleibt. Eine eigentliche Sättigung tritt auch hier bei Oxydkathodenröhren nicht ein, wenn sie normal geheizt sind.

Der Differentialquotient: $$S = \frac{d I_a}{d U_g}_{(U_a = \text{konst.})} \tag{11}$$

heißt die Steilheit der Röhre, die also nur in gewissen Grenzen eine Konstante genannt werden darf; sie ist anfangs gleich Null, erreicht während der annähernden Geradlinigkeit der Charakteristik ihren größten Wert und nimmt dann wie z. B. in Abb. 26 bis zu Null ab. Für viele Zwecke interessiert der Wert der Steilheit nur für den geradlinigen Teil der Charakteristik, sie wird gemessen nach der Gl.:

$$S = \frac{\Delta I_a}{\Delta U_g}_{(U_a = \text{konst.})}, \tag{12}$$

wo ΔI_a und ΔU_g endliche einstellbare Teilwerte sind.

Werden eine Anzahl Kennlinien nach Gl. (10) mit verschiedenen Parametern U_a aufgenommen, so ergibt sich ein Bild nach Art der Abb. 8, die Kennlinien

[1] Vgl. Fußnote S. 9.

wandern nach links mit wachsender Anodenspannung, bleiben aber einander parallel. Die Wanderung der Kennlinien nach links mit wachsender Anodenspannung ist bedingt durch den Zuwachs der Steuerspannung, die um $D\Delta U_a$ wächst, wenn ΔU_a die Zunahme der Anodenspannung bedeutet. Man nennt $D\Delta U_a$ auch die Verschiebungsspannung.

Der Differentialquotient:

$$\frac{dS}{dU_g} = \frac{d^2 I_a}{dU_g^2} \text{ (Maß der Krümmung der Charakteristik)} \quad (13)$$

kennzeichnet die Krümmung der Charakteristik, die also für $S =$ konst. gleich Null ist; die Krümmung der Charakteristik spielt eine besondere Rolle bei der Funktion der Röhre als Gleichrichter (vgl. Abschnitt 5).

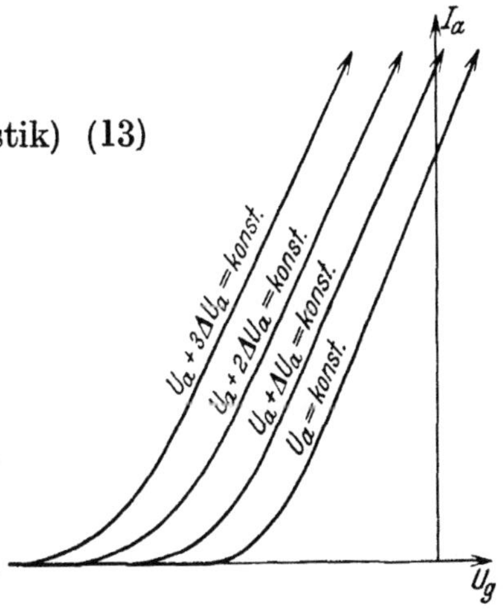

Abb. 8. Verschiebung der Charakteristik nach links mit wachsender Anodenspannung.

Die normale Aufnahme der Kennlinie einer Empfangsröhre erfolgt nur bis zu einer Gitterspannung max. = Null Volt. Wird diese größer als Null, so beginnt ein Gitterstrom zu fließen, der anfangs allerdings nur gering bleibt, dann aber stark zunimmt und ein Abflachen der Anodenstromkurve bewirkt, wenn nicht mehr freie (emittierte) Elektronen in genügender Anzahl am Faden zur Verfügung stehen (Sättigungserscheinung vgl. S. 2). Im theoretisch idealen Falle tritt ein Verlauf beider Ströme nach Abb. 9 ein, der Anodenstrom nimmt also mit wachsender Gitterspannung ab und sein Wert fällt unter den Wert des Gitterstromes; bei Bariumröhren, die stets eine zu große Emission aufweisen, ist eine solche Aufnahme nicht möglich (vgl. Abb. 25). Ein Umbiegen der Anodenstromkurve in größerem Maße kommt bei diesen Röhren nur vor, wenn gleichzeitig mit der Zunahme der Gitterspannung eine starke Abnahme der Anodenspannung einsetzt.

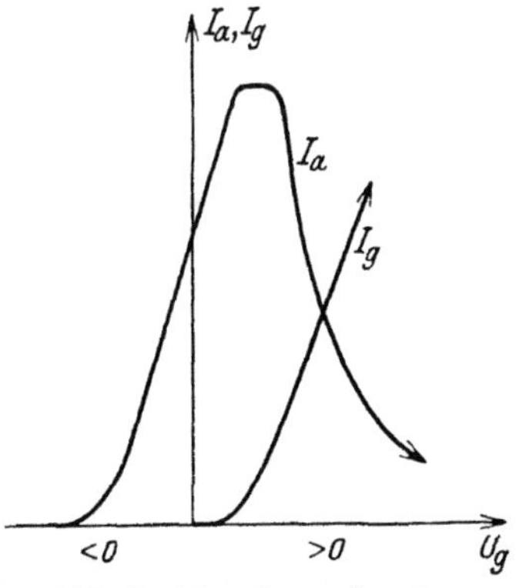

Abb. 9. Abnahme des Anodenstromes, Zunahme des Gitterstromes bei gesättigter Emission.

Bei allen Röhren, die in ihrem Anodenkreis eine kräftige Schwingung (Hochfrequenz-Wechselstrom) unterhalten (Abschnitt 3), ist ein Gitterstrom, wie schon bemerkt, die Regel, weil die Charakteristik der Röhre weit ausgesteuert werden muß, um die Röhre auszunutzen; das gilt daher insbesondere für alle Senderöhren. Ihre Charakteristik liegt oft mehr im Bereich der positiven als der negativen Gitterspannung (vgl. Abb. 26), die Charakteristik bleibt trotzdem geradlinig bis zu hohen Gitterspannungen, weil die Emission sehr groß ist und die Gitterströme im Verhältnis zu den Anodenströmen sehr klein sind; im allgemeinen gilt letzteres auch für kleine Röhren (vgl. Abb. 22 und 25).

Für die ausreichende Kennzeichnung einer Dreielektrodenröhre tritt zu den Definitionen der Steilheit S und des Durchgriffs D noch ein dritter Begriff hinzu, der innere Widerstand R_i der Röhre. Er wird definiert durch den Ausdruck:

$$R_i = \frac{dU_a}{dI_a}_{(U_g = \text{konst.})}. \tag{14}$$

Seine Größe ist konstant für den geradlinigen Teil der Charakteristik, auf dem er gemessen wird entsprechend der Gl.:

$$R_i = \frac{\Delta U_a}{\Delta I_a}_{(U_g = \text{konst.})}. \tag{15}$$

Der innere Widerstand hat die Dimension eines Ohmschen Widerstandes, die Steilheit die Dimension eines Leitwertes, der Durchgriff ist eine reine Zahl, die in der Regel in Prozenten der Anodenspannung die Gitterspannung bezeichnet, welche die gleiche Wirkung ausübt wie jene; der innere Widerstand wird in Ohm, die Steilheit in Milliampere/Volt angegeben; rechnerisch muß die Steilheit in Ampere/Volt eingeführt werden.

Werden die drei Größen miteinander multipliziert, so erhält man die Röhrenformel von H. Barkhausen:

$$D \cdot S \cdot R_i = \frac{dU_g}{dU_a}_{(I_a = \text{konst.})} \cdot \frac{dI_a}{dU_g}_{(U_a = \text{konst.})} \cdot \frac{dU_a}{dI_a}_{(U_g = \text{konst.})} = 1. \tag{16}$$

Für die Differentiale gilt diese Formel stets, da sie ja eine rein mathematische Beziehung darstellt, für endliche Teilwerte ist sie nur richtig auf dem geradlinigen Teil der Charakteristik und bei Aufrechterhaltung der Parallelität der Kennlinien bei ihrer Verschiebung. Da diese Forderungen praktisch nur in Annäherung zu erfüllen sind, wird sich bei praktischen Messungen, auch abgesehen von Ungenauigkeiten bei Ablesung der Instrumente, die Gl. (16) nicht streng bestätigen lassen.

Von welchen Einflüssen die Größe des Durchgriffs abhängig ist, wurde bereits erwähnt; die Erklärung macht keine gedanklichen Schwierigkeiten. Weniger einfach ist die Erkenntnis, wie die beiden anderen Größen quantitativ festzulegen sind. Zunächst ist einleuchtend, daß die Steilheit zunehmen, der innere Widerstand abnehmen muß, wenn die Zahl der emittierten Elektronen vermehrt wird, denn die Zunahme des Anodenstromes mit wachsender Gitter- oder Anodenspannung muß um so größer sein, je größer die Zahl der verfügbaren Elektronen ist. Bleibt der Durchgriff der Röhre konstant, so läßt sich die Vergrößerung der Steilheit und die Verkleinerung des inneren Widerstandes durch Vermehrung der emittierenden Fäden erreichen, die zueinander parallelgeschaltet werden (vgl. Abb. 5). Eine Veränderung des Durchgriffs ändert die Steilheit ebenfalls; die Gl. (12) sagt aus, daß die Steilheit wächst mit fallenden Werten ΔU_g, sobald die Zunahme ΔI_a konstant ist. Falls aber der Durchgriff geändert wird, so gilt die Gl. (10) und ihre Ableitung (11) nicht mehr, weil der vorher konstante Teil der Steuerspannung DU_a jetzt ebenfalls variabel geworden ist. DU_a nimmt ab mit fallendem Durchgriff und daher auch die gesamte Steuerspannung. Die Steilheit der Kennlinie fällt also mit abnehmendem Durchgriff, sobald die Menge der zur Verfügung stehenden Elektronen nicht vermehrt wird.

Auch der Zahlwert des inneren Widerstandes steht in Abhängigkeit vom Durchgriff, wie folgende Betrachtung zeigen mag. Werden die Maschen des Gitters enger und enger und nimmt infolgedessen der Durchgriff ab, so können immer weniger Feldlinien der Anodenspannung zu der Kathode gelangen und es wird daher die Anzahl der zur Anode gelangenden Elektronen fortlaufend geringer. Das bedeutet aber, daß die Zunahme des Anodenstromes infolge wachsender Anodenspannung um so kleiner ist, je kleiner der Durchgriff der Röhre ist. Der innere Widerstand wächst also mit abnehmendem Durchgriff, wenn die Anzahl der zur Verfügung stehenden Elektronen nicht vermehrt wird; die Änderung des inneren Widerstandes in Abhängigkeit vom Durchgriff verhält sich demnach umgekehrt wie die Änderung der Steilheit, was auch aus der Gl. (16) hervorgeht. Wenn z. B. bei Herabsetzung von D die Steilheit kleiner wird, muß R_i wachsen, damit die Gleichung wieder erfüllt wird. Ist D konstant, so lassen sich innerhalb der Gleichung die Werte von R_i und S beliebig vertauschen, wenn ihre Größen in umgekehrtem Sinne zueinander geändert werden.

Mit wachsendem Emissionsvermögen wird R_i kleiner, S größer, wie aus dem oben Gesagten hervorgeht, die Wahl des Zahlwertes von D bleibt dabei noch vollkommen frei. Über die zweckmäßigen Zahlwerte aller drei Größen können erst später Angaben gemacht werden.

Während normalerweise der Durchgriff einer Röhre als Konstante zu betrachten ist, sind für Spezialzwecke auch Röhren in Gebrauch, die mit veränderter Gitterspannung einen anderen Durchgriff besitzen; das Prinzip dieser sog. „Exponentialröhren“ wird im Übungsteil dieses Abschnittes erörtert werden (vgl. S. 37).

Die Angabe der Steilheit, des Durchgriffs und des inneren Widerstandes einer Röhre ist noch nicht ausreichend zur Kennzeichnung ihrer Eigenschaften, es muß noch eine Bemerkung über ihre zulässige Leistungsaufnahme vorhanden sein. Im allgemeinen ist ein Schluß auf die Fähigkeit einer Röhre, elektrische Leistung aufzunehmen (und wieder abzugeben), nach ihren äußeren Abmessungen möglich; in dieser Hinsicht ist ohne weiteres ein Vergleich der Röhren mit elektrischen Maschinen erlaubt, deren aufgenommene (und dann wieder abgegebene) Leistung mit ihren Dimensionen wächst. Die elektrische Leistung, die eine Röhre dauernd verbrauchen und umsetzen kann, ist, wie leicht einzusehen, hauptsächlich durch die Anzahl der zur Verfügung stehenden emittierten Elektronen gegeben (weite Sättigungsgrenze), richtet sich also nach der Dimension der Kathode; danach muß auch die Größe der Anode und infolgedessen auch des Gitters bemessen werden, die nur eine bestimmte Wärmemenge ohne Gefahr aufnehmen können. Bei kleineren Röhren bis zu etwa 1 Kilowatt Anodenverlustleistung kann die Verlustwärme nur durch Strahlung abgegeben werden, der Glasmantel der Röhre erwärmt sich und kühlt sich dann im wesentlichen durch Luftzufuhr ab. Bei den sehr großen Leistungen, die heute in den großen Röhren der Rundfunksender verlorengehen, — die Anodenverlustleistung beträgt viele Kilowatt bei einer Röhre —, genügt eine Luftkühlung nicht mehr, sondern es muß Wasserkühlung zum Abtransport der Wärme benutzt werden. Diese Röhren besitzen keinen Glasmantel mehr, sondern die Anode selbst ist als Mantel für das Vakuum ausgebildet und wird durch fließendes Wasser vor Erhitzung geschützt. Große Schwierigkeiten entstanden zunächst bei Benutzung dieser Röhrenform aus der Forderung, die Anode hinreichend gegen Erde zu isolieren, da sie eine Spannung von 10000 Volt und mehr gegen Erde besitzt, doch sind diese Probleme heute gelöst.

Die von einer Röhre aufgenommene und nicht wieder abgegebene Leistung heißt, wie bereits bemerkt, Anodenverlustleistung, die umgesetzte, d. h. wieder abgegebene Leistung (z. B. an einen Schwingungskreis) wird wie bei den Maschinen Nutzleistung genannt. Bei den Messungen zur Bestimmung der Röhreneigenschaften tritt eine Nutzleistung nicht auf, die gesamte aufgewandte Leistung geht in der Röhre verloren, die um so größer wird, je größer der Anodenstrom und die Anodenspannung ist; da der Anodenstrom mit zunehmender Gitterspannung wächst, so wächst mit ihr auch die Anodenverlustleistung. Es ist also bei allen Röhrenmessungen darauf zu achten, daß die aus dem Anodenstrom (in Ampere) und der Anodenspannung (in Volt) berechnete Leistung

$$N_{\text{verl.}} = I_a \cdot U_a \tag{17}$$

die vorgeschriebene zulässige Belastung nicht übersteigt.

5. Die Meßverfahren für Steilheit, Durchgriff und inneren Widerstand.

Die Zahlwerte der das Verhalten der Dreielektrodenröhre kennzeichnenden Größen sind in der Regel nur für den geradlinigen Teil der Charakteristik von Bedeutung, d. h. nur dann, wenn von einem (annähernden) Festwert der drei Größen gesprochen werden kann; daß die Geradlinigkeit stets nur in Annäherung besteht, wurde schon erläutert. Es sei zunächst das Verfahren auseinandergesetzt, das auf Messungen mit Gleichstrominstrumenten beruht. Es ist in der Regel mit Fehlern behaftet, die das Ergebnis einigermaßen unsicher machen, doch halten sich die Fehler in erträglichen Grenzen. Der Vorteil des Verfahrens besteht darin, daß es bei der Messung Einsicht in das Verhalten der Röhre gestattet; die Messungen sind durchsichtig und können deswegen nicht entbehrt werden. Sie werden daher genauer behandelt als die Messungen mit Wechselstrom, die an sich ein genaueres Ergebnis liefern und für Serienbestimmungen besser geeignet sind.

a) Messungen mit Gleichstrominstrumenten.

Es handelt sich stets um Festlegung von Strom- oder Spannungsdifferenzen, deren Ablesung um so größere Genauigkeit bringt, je größer diese Differenzen gehalten werden können; daß außerdem die Anzeige des Instruments an sich richtig sein muß, braucht nicht erläutert zu werden. Die Forderung einer größeren Differenz der Einzelablesungen ergibt in anderer Beziehung einen Nachteil für die Richtigkeit der Ergebnisse für Steilheit und inneren Widerstand, wie unten gesagt wird.

Die Bestimmung der Steilheit. Die Messung der Steilheit geschieht gemäß Gl. (12) bzw. Abb. 7 aus dem Quotienten der Differenzen:

$$S = \frac{\Delta I_a}{\Delta U_g} = \frac{I_{a_2} - I_{a_1}}{U_{g_2} - U_{g_1}} \quad \text{für} \quad U_a = \text{konst.} \tag{18}$$

Je größer die Differenzen sind, um so weniger fallen die Ungenauigkeiten der Ablesung ins Gewicht, um so genauer wird also das Ergebnis sein; es ist aber zu bedenken, daß praktisch die Charakteristik nach rechts steiler wird und sich deswegen bei größeren Differenzen nur ein Mittelwert der Steilheit errechnet, der kleiner als der Endwert und größer als der Anfangswert ist. In dieser Beziehung ist es daher besser, die Differenzen Δ nicht möglichst groß, sondern möglichst klein zu nehmen. Die Bestimmung von S ergibt im allgemeinen fallende Werte nach links auch für den sog. geradlinigen Teil der Charakteristik; die Steilheit ist für U_g = Null am größten, wofür sie in der Regel auch angegeben wird.

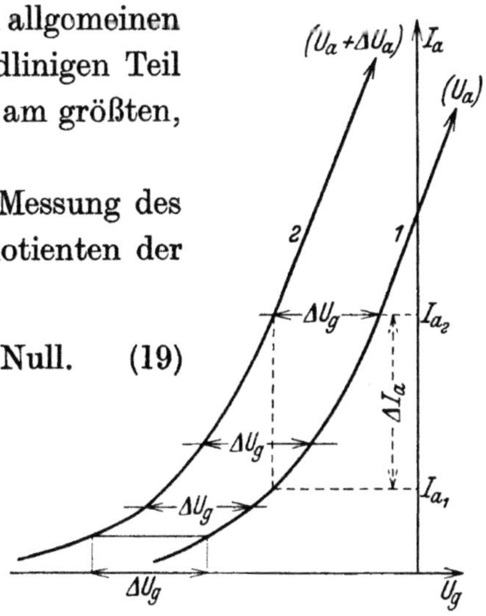

Abb. 10. Bestimmung und Konstanz des Durchgriffs D.

Die Bestimmung des Durchgriffs. Die Messung des Durchgriffs geschieht gemäß Gl. (7) aus dem Quotienten der Differenzen (vgl. Abb. 10):

$$D = -\frac{\Delta U_g}{\Delta U_a} = -\frac{U_{g_2} - U_{g_1}}{U_{a_2} - U_{a_1}} \quad \text{für} \quad \Delta I_a = \text{Null.} \tag{19}$$

Nach Erhöhung der Gitterspannung ΔU_g steigt der Anodenstrom um ΔI_a; die Anodenspannung betrug vorher $U_a + \Delta U_a$ und muß um den Wert ΔU_a erniedrigt werden, um den Anodenstrom wiederum um den Wert ΔI_a herabzudrücken; dann ist I_a = konst oder ΔI_a=Null, wie die Gleichung fordert. Es kann natürlich auch die Gitterspannung erniedrigt und die Anodenspannung erhöht werden, am Ergebnis ändert sich dadurch nichts.

Im Gegensatz zu S und R_i ist D auch für den nichtgeradlinigen Teil der Charakteristik nach Abb. 10 eine Konstante, der Abstand der beiden Kennlinien bei ihrer Verschiebung um ΔU_a bleibt auch in der Krümmung $= \Delta U_g$ = konst., nur die ΔI_a werden dabei kleiner. Erst im eigentlichen Anlaufgebiet wird infolge mancherlei Einflüsse die Messung gefälscht, und man findet eine Zunahme des Durchgriffs; praktisch sind diese Fälle jedoch ohne Belang, und sie können deswegen hier übergangen werden. Auch im Gebiet großer Steilheit findet man eine sehr geringe Zunahme von D mit fallendem Anodenstrom, eine Tatsache, die mit der Inhomogenität des Gitterfeldes zusammenhängt; diese Zunahme ist so klein, daß sie nur bei Brückenmessungen festzustellen ist.

Da der Durchgriff in weitem Maße ein Festwert ist, können bei den Messungen große Differenzen ΔU_g und ΔU_a ohne Bedenken genommen werden, um Ungenauigkeiten der Ablesung möglichst unschädlich zu machen.

Die Bestimmung des inneren Widerstandes. Die Messung des inneren Widerstandes erfolgt gemäß Gl. (15) aus dem Quotienten der Differenzen (vgl. Abb. 11):

$$R_i = \frac{\Delta U_a}{\Delta I_a} = \frac{U_{a_2} - U_{a_1}}{I_{a_2} - I_{a_1}} \quad \text{für} \quad U_g = \text{konst.} \tag{20}$$

Wie zur Messung des Durchgriffs muß auch hier eine Verschiebung der Charakteristik vorgenommen werden, die Kennlinien der Abb. 11 seien die gleichen wie in Abb. 10. Die Krümmung der Charakteristik bleibt aber nicht gleichgültig, die partiellen Ströme ΔI_a nehmen bei gleichem ΔU_a nach links ab, der innere Widerstand einer Röhre ist also nur eine Konstante auf dem geradlinigen Teil der Charakteristik, es gelten deswegen zur Kleinhaltung der auftretenden Meßfehler die gleichen Rücksichten wie bei der Bestimmung der Steilheit.

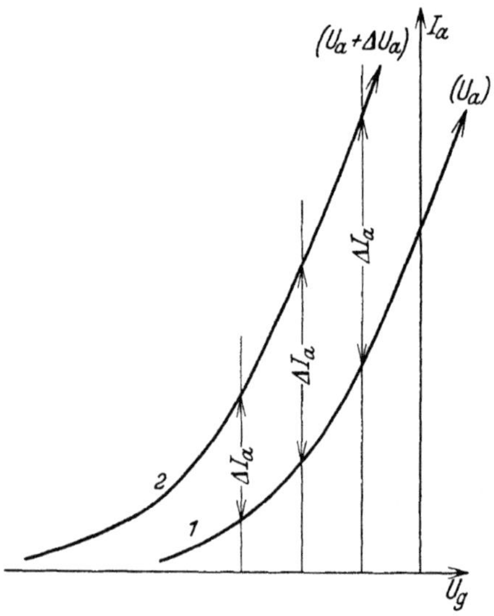

Abb. 11. Bestimmung des inneren Widerstandes R_i.

Es wird praktisch niemals gelingen, die Messungen für S, D und R_i so genau auszuführen, daß die Barkhausensche Röhrenformel (16) exakt nachzuweisen ist, sondern es ergeben sich stets Fehler, deren Größe aus den Zahlenangaben im praktischen Teil dieses Abschnitts ersichtlich ist.

Aus zwei um $D \Delta U_a$ verschobenen Kennlinien (Abb. 10 oder 11) lassen sich die Zahlwerte aller drei Größen S, D und R_i ablesen.

b) Messungen mit Wechselstrom.

Die Bestimmungen von S, D und R_i können auch mit Wechselstrom ausgeführt werden, wobei die sog. Nullmethode angewandt wird, d. h. der Indikator wird in eine Brückenschaltung und sein Strom auf Null gebracht. Das Verfahren besitzt gegenüber dem vorher erläuterten den großen Vorteil, daß alle Ablesungen an Instrumenten fortfallen, der Indikator selbst ein Telephon ist, das bekanntlich kleinste Wechselströme sicher anzeigt. Die Links- oder Rechtsverschiebungen der Charakteristik können infolgedessen so klein gehalten werden, daß sich die Bestimmungen von S und R_i mit größter Genauigkeit ausführen lassen; es genügt die Bestimmung von R_i, da sich dann S aus der Barkhausenschen Formel (16) ergibt, wenn auch D bekannt ist.

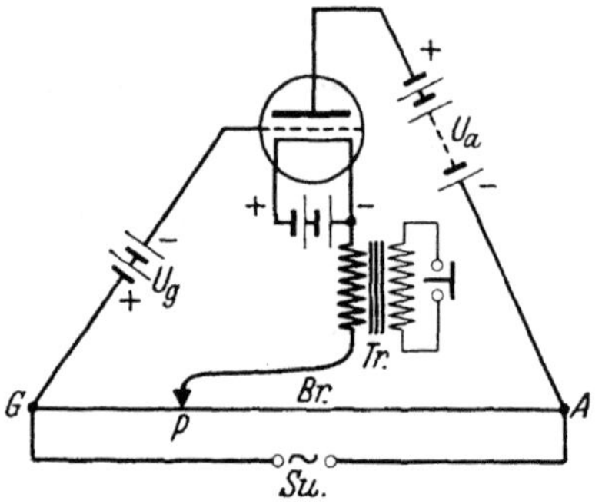

Abb. 12. Bestimmung des Durchgriffs in der Brücke.

Die Messung des Durchgriffs in der Brücke wurde von F. F. Martens angegeben, sie ist unter den in Frage kommenden Messungen die wichtigste und soll zuerst besprochen werden.

Zu dem Zweck wird die Röhre in eine Brückenschaltung gelegt, wie sie Abb. 12 zeigt. *Su.* ist die Wechselstromquelle, am einfachsten ein kleiner Summer, der für praktische Genauigkeiten genügt, für Präzisionsmessungen muß eine sinusförmige Wechselstromquelle genommen werden (Röhrensummer). *Br.* ist der Brückendraht, *Tr.* ein kleiner Telephontransformator, *T* das Telephon, das auch ohne Transformator benutzt werden kann. Der Gebrauch des Transformators ist zweckmäßiger, weil die landläufigen Telephone stets einen hohen Ohmschen Widerstand haben, der viel Spannung wegnimmt; außerdem ist es bei hohen Anodenspannungen U_a angenehm, durch einen Transformator vor der Gleichspannung geschützt zu sein; der Übergang auf einen Verstärker, um die Messung mit Lautsprecher zu zeigen, ist gleichfalls ohne Transformator nicht durchführbar. Die Gitterbatterie U_g kann bei kleinen Spannungen U_a fortgelassen werden. Das Telephon wird stromlos, wenn die Strecken GP und AP sich verhalten wie der Durchgriff, was sich aus folgendem Gedankengang ergibt. Die Wechselspannungen der Punkte G und A sind gegenüber dem Punkte P, dem Kathodenabgriff, stets um 180° phasenversohoben, d. h. die Wechselspannungen $\mathfrak{u}_g$ und $\mathfrak{u}_a$ (die sehr klein sind) bewirken zwangsläufig eine entgegengesetzte Änderung des Anodenstromes; verhalten sie sich wie der Durchgriff der Röhre, so wird $\mathfrak{i}_a$ gleich Null bleiben, das Telephon also schweigen. Die Messung gelingt nach dem Aufbau der Anordnung sehr schnell und ist deswegen für Reihenmessungen geeignet; auch die vorher unter a) erwähnte geringfügige Erhöhung des Durchgriffs mit abnehmendem Anodenstrom ist leicht meßbar.

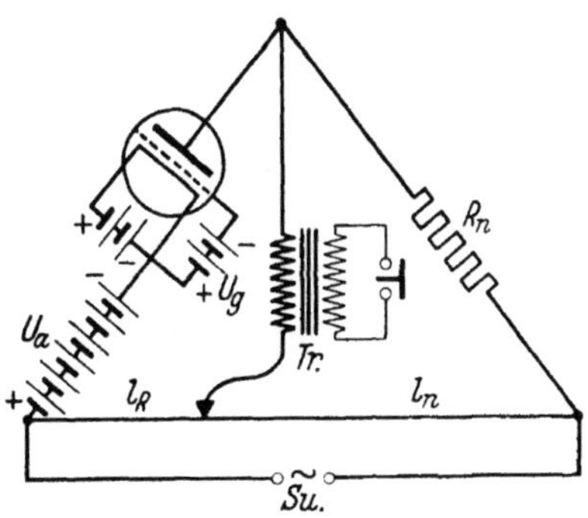

Abb. 13. Bestimmung des inneren Widerstandes in der Brücke.

Der innere Widerstand R_i kann ebenfalls in der Wechselstrombrücke gemessen werden (Abb. 13). Durch die geringe Wechselspannung des Summers wird die notwendige Verschiebung der Charakteristik vorgenommen, das Telephon schweigt, wenn

$$R = R_i + R_{\text{an.}} = R_n \frac{l_R}{l_n}. \tag{21}$$

Von diesem Wert ist der Widerstand der Anodenbatterie $R_{\text{an.}}$ abzuziehen, der oft, z. B. bei einer Trockenbatterie, nicht zu vernachlässigen ist, um den Widerstandswert R_i zu erhalten. Die Anordnung ermöglicht schnelle Feststellung, daß der innere Widerstand kein Festwert ist, sondern auch außerhalb der Anfangskrümmung der Charakteristik von der Lage des Punktes abhängt, auf welchem die Messung stattfindet; eine Bestimmung für zwei (negative) Spannungen U_g wird diesen Satz bestätigen.

Die Messung der Steilheit in der Brücke kann übergangen werden.

6. Die I_a-U_a-Kennlinien.

Trägt man die Funktion

$$I_a = f(U_g + D\,U_a)_{\,(U_g = \text{konst.})} \tag{22}$$

mit den Spannungen U_a als Abszisse in ein Diagramm ein, so erhält man eine der normalen Charakteristik [Gl. (10), Abb. 7] ähnliche Kennlinie, deren Steilheit:

$$S_a = \frac{d\,I_a}{d\,U_a}_{\,(U_g = \text{konst.})} \tag{23}$$

einen weit geringeren Wert annimmt. Das Verhältnis S_a/S wird:

$$S_a : S = \frac{d\,I_a}{d\,U_a}_{\,(U_g = \text{konst.})} : \frac{d\,I_a}{d\,U_g}_{\,(U_a = \text{konst.})} = D\,. \tag{24}$$

Ihr Verhältnis ist also gleich dem Durchgriff der Röhre. Werden eine Reihe von Kennlinien gemäß der Gl. (22) mit verschiedenen Parametern aufgenommen, so entsteht eine ähnliche Kurvenschar wie in Abb. 8, deren Neigung aus der Gl. (23) gegeben ist.

7. Die Änderung des Anodenstromes bei Änderung der Gitter- und Anodenspannung.

Ist weder die Gitterspannung noch die Anodenspannung konstant, so wird die Beziehung zwischen Anodenstrom und Steuerspannung durch die allgemeine Gleichung dargestellt:

$$I_a = f(U_g + D U_a) \qquad \left.\begin{matrix} U_g \\ U_a \end{matrix}\right\} \neq \text{konst.} \tag{25}$$

Die Änderung des Anodenstromes bei gleichzeitiger Änderung beider Spannungen läßt sich folgenderweise berechnen:

aus Gl. (11) wird $dI_{a_1} = S\,dU_g$ und aus Gl. (23) $dI_{a_2} = S_a\,dU_a$.

Aus der Summe beider Teilzunahmen ergibt sich:

$$dI_a = S\,dU_g + S_a\,dU_a\,,$$

und da $S_a = SD$ nach (24), so ist:

$$dI_a = S(dU_g + D\,dU_a)$$

oder für endliche Teilwerte bei konstanter Steilheit: (26)

$$\Delta I_a = S(\Delta U_g + D\,\Delta U_a)\,.$$

B. Übungen.

I. Die Apparatur.

Zur Heizung einer kleineren sog. Empfangsröhre, deren Benutzung hier allein in Frage kommt, ist eine Spannung von 4 Volt notwendig. Sie wird für viele Versuche mit direkt geheizten Röhren am besten von einem Netztransformator abgenommen, weil der Faden dann (vgl. S. 6) eine gleichmäßige Belastung erfährt, wie im theoretischen Teil erläutert wurde. Für die Messungen dieses Abschnittes jedoch ist Gleichstromheizung aus einem Sammler zweckmäßiger, um Anoden- und Gitterspannungen konstant zu halten; die Gitterspannung würde zeitweise bei geringen negativen Vorspannungen schon positiv werden, was unerwünscht ist; die folgenden Messungen sind daher, bis auf eine, mit Gleichstromheizung ausgeführt. Bei den indirekt geheizten Röhren ist die Art der Spannungsquelle einerlei. Ein Vorschaltwiderstand ist im allgemeinen nicht nötig, sobald nur 4 Volt zur Verfügung stehen, er ist oft sogar unerwünscht, weil unbeabsichtigte geringe Änderungen seiner Größe während einer Messung die Emission schon stark beeinflussen können.

Als Spannungsquelle für die Anodenspannung ist weitaus am geeignetsten ein Netz, das Gleichspannung 220 Volt liefert, die dann durch einen Spannungsteiler (Potentialvariometer) beliebig unterteilt werden können. Für kleinere Röhren werden in der Regel bis 150 Volt, für größere Röhren bis 200 Volt notwendig sein; arbeiten die Röhren mit geringeren Spannungen, so kommen ihre Eigenschaften nicht genügend zur Geltung, und es kann kein richtiges Bild vom Verhalten der Röhre gewonnen werden. Daher sind Gleichspannungen (aus dem Netz) von 110 Volt absolut ungenügend zu Röhrenuntersuchungen; es bleibt nichts anderes übrig, als zu der Spannung noch eine Trockenbatterie in Reihe zu schalten, bis die ausreichende Spannung erreicht ist. Besser als 110 Volt Gleichspannung sind oft 220 Volt Wechselspannung als Anodenspannungsquelle zu gebrauchen, wenn auch die Spannung wegen der Gleichrichterwirkung der Röhre nur in einer Phase ausgenutzt werden kann; für Meßzwecke ist aber diese Anodenspannungsquelle gänzlich ungeeignet. Die Benutzung von Trockenbatterien verbietet sich im allgemeinen wegen der entstehenden großen Ausgaben für diese Batterien. Als Anodenspannungsquelle kommen weiter noch die Hochspannungsakkumulatorenbatterien in Betracht, bei denen in der Regel 30 bis 45 Zellen mit verhältnismäßig kleiner Leistungsfähigkeit in Reihe geschaltet sind, so daß sie eine Spannung von 60 bis 90 Volt bei einer zulässigen Stromentnahme bis zu 100 Milliampere aufweisen; die Zellen sind an sich brauchbar, doch ist ihre Wartung auf die Dauer sehr lästig. In den letzten Jahren sind die sog. Anodengleichrichter, das sind Netzgleichrichter, in der Empfängerindustrie unentbehrlich geworden. Sie sind an sich vorzüglich, eignen sich jedoch für Messungen nicht sonderlich, weil sie mit veränderlicher Belastung, was ja bei Messungen nicht ausbleiben kann, in weiten Grenzen ihre Spannung ändern. Fest eingebaut und bei gleichbleibender Belastung zeigen diese Apparate den Fehler nicht, so daß sie in Empfängern und Verstärkern als vollwertige Gleich-Hochspannungsquellen dienen. So ergibt sich aus dieser Betrachtung, daß für Messungen an Röhren als Anodenspannungsquelle wirklich ausreichend nur ein Netz (oder eine Maschine) ist, das 220 Volt Gleichspannung führt.

Als Gitterspannungsquelle sind die kleinen sog. Vorspannungsbatterien, die in Sätzen bis zu etwa 20 Volt geliefert werden, brauchbar; es lassen sich auch ohne weiteres die Batterien für Taschenlampen verwenden, da Gitterströme bei den meisten Messungen nicht auftreten oder doch klein bleiben (bei positiver Gitterspannung).

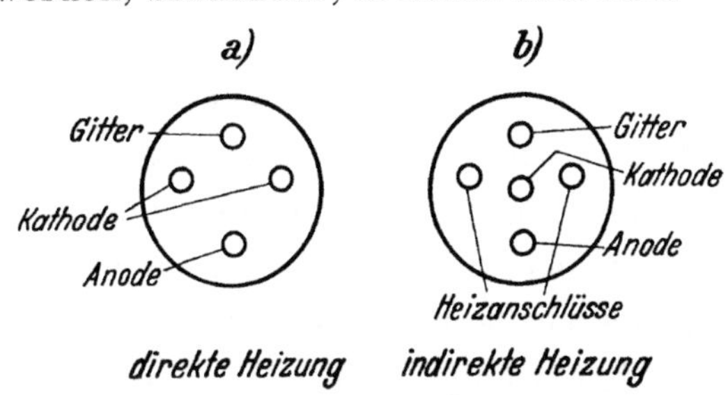

Abb. 14. Sockelanordnungen.

Die Anordnung der Elektroden der Empfangsröhre ist normalisiert, sie sind an Stecker gelegt, die auf dem Röhrenfuß befestigt sind. Direkt geheizte Röhren besitzen vier Stecker, die nach dem Schema der Abb. 14a angeordnet sind; indirekt geheizte Röhren besitzen noch einen fünften Stecker (Abb. 14b), an den der Anschluß der aktiven (emittierenden)

Schicht geführt ist, der also bei den Messungen mit dem negativen Pol der Anodenspannung und einem Pol der Gitterbatterie verbunden werden muß. Die Röhre wird mit ihrem Fuß in den Röhrensockel (auf dem Schaltbrett) gesteckt, an den die notwendigen Anschlüsse zu legen sind.

Als Meßinstrumente haben sich bei den Übungen der Staatl. Hauptstelle die bekannten Instrumente von Gossen in Erlangen (Mavometer) gut bewährt, die mit allen nur denkbaren Nebenschlüssen für Stromanzeige und Vorschaltwiderständen für Spannungsanzeige versehen werden können; eine Reihe anderer Firmen haben ebenfalls den Bau von Meßinstrumenten für Röhrenmeßeinrichtungen mit gutem Erfolge durchgeführt (Siemens, Nadir u. a.). Die Vorschaltwiderstände müssen hochohmig sein (je Volt etwa 1000 Ohm), eine Forderung, der die Mavometervorschaltwiderstände durchaus gerecht werden.

Für alle Messungen und Versuche ist schnelle Schaltmöglichkeit angenehm, damit die notwendigen Verbindungen, die oft sehr zahlreich sind, schnell ausgeführt werden können. Alle Anschlüsse werden daher mit den bekannten Steckern und Steckbuchsen gemacht, die die Industrie heute in ausgezeichneten Formen liefert; unsichere Kontakte, die sich bei Benutzung dieser Schaltteile zumal bei Anfängern oft einstellen, sind immer noch weit schneller zu finden, als wenn die ganze Schaltung mit Klemmen und Schraubzieher nach alter Weise aufgebaut wird.

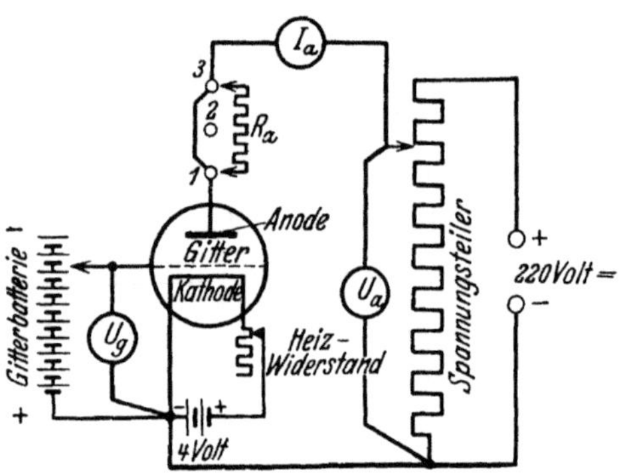

Abb. 15. Schema der Meßanordnung.

Für die Röhren wird zweckmäßig ein Sockelbrett benutzt, auf dem alle Heiz-, Gitter- und Anodenleitungen mit mehreren Anschlußklemmen fest montiert sind.

Die Schaltung der Meßanordnung zeigt im Schema Abb. 15; für alle Messungen ist eine Gleichspannungsquelle (Netz) 220 Volt benutzt worden, die durch einen Spannungsteiler auf die gewünschte Anodenspannung reduziert wird, die während der Messung genau konstant zu halten ist. Es wurde ein abgreifbarer Widerstand mit dem Gesamtwert (etwa 800 Ohm bei einer zulässigen Strombelastung 0,5 Amp.) gewählt; bei der Klemmenspannung 220 Volt beträgt der Hauptstrom durch den Gesamtwiderstand etwa 0,3 Amp., so daß der abgezweigte Röhrenstrom in der Regel nur wenig ins Gewicht fällt, die Spannungsnachregulierung nach einmal eingestelltem Spannungswert sich also in geringen Grenzen hält; bei Benutzung von Trockenbatterien kann ein Spannungsteiler nicht gebraucht werden, da er die Batterie nahezu kurzschließen würde. Er ist aber in diesem Falle nicht nötig, da die Batterie genügend viele Unterteilungen besitzt. Bei den Netzanodenbatterien muß der Spannungsteiler ein Vielfaches des genannten Widerstandes besitzen, weil er sonst die Spannungsquelle allzusehr belastet. Dadurch ergibt sich der Nachteil, daß der Spannungsteiler während der Messung in weiten Grenzen zu verstellen ist, um die Röhrenspannung unverändert zu halten. Der Heizwiderstand, der in Abb. 15 angegeben ist, fehlt besser für die meisten Messungen; er ist angenehm, wenn die Emissionstätigkeit des Fadens als Funktion des Heizstromes aufgenommen werden soll. Zwischen den Steckbuchsen *1* und *3* kann ein Widerstand eingeschaltet werden, eine Anordnung, die in Abschnitt 2 nötig wird. Die Buchse *2* liegt frei, sie wird benutzt, um den Anodenstrom durch Umstecken des Steckers schnell ausschalten zu können, was für die Messungen praktisch ist.

Abb. 16 zeigt den Aufbau der notwendigen Apparate, das Röhrenbrett trägt drei parallelgeschaltete Sockel, um bis zu drei Röhren in Parallelschaltung aufnehmen zu können. Es ist direkte Heizung vorgesehen; für die wenigen Messungen an indirekt geheizten Röhren ist ein besonderer Sockel benutzt.

Abb. 16. Apparate der Meßanordnung.

Die Apparate, die zu den folgenden Messungen gebraucht werden, seien nachstehend noch einmal zusammengestellt:

1. 1 Röhrenschaltbrett mit drei parallelgeschalteten Röhrensockeln.
2. 1 Milliamperemeter mit einigen Nebenwiderständen für 5, 50, 150 und 300 Milliamp. Meßbereich (Mavometer).
3. 1 Voltmeter bis 50 Volt (hochohmig; Mavometer).
4. Desgleichen bis 250 Volt.
5. 1 Spannungsteiler 800 Ohm, belastbar bis $^1/_2$ Amp.
6. 2 oder 3 Gittervorspannungsbatterien je etwa 20 Volt.
7. 1 Akkumulator 4 Volt.
8. 1 Gleichstrommaschine 220 Volt (= 0,5 Kilowatt), wenn Netzspannung 220 Volt fehlt.

Zu einigen Versuchen werden noch weitere Apparate gebraucht, die an der betreffenden Stelle genannt sind.

Die Auswahl der Röhren, die verwendet sind, ist so getroffen, daß die gegenseitigen Unterschiede in den das Verhalten einer Röhre bestimmenden Eigenschaften bei den einzelnen Typen möglichst deutlich erkennbar werden. Die verwendeten Röhren sind nachstehend aufgezählt und nach ihren Eigenschaften in folgender Weise unterschieden:

Type	RE 034[1]	mit	kleinem	Durchgriff	und	kleinem	Emissionsvermögen	(direkt geheizt)
,,	RE 904	,,	,,	,,	,,	,,	,,	(indirekt ,,)
,,	RE 074	,,	mittlerem	,,	,,	mittlerem	,,	(direkt ,,)
,,	RE 1104	,,	,,	,,	,,	,,	,,	(indirekt ,,)
,,	RE 134	,,	,,	,,	,,	größerem	,,	(direkt ,,)
,,	RE 604	,,	großem	,,	,,	großem	,,	(direkt ,,)

Die zulässige Anodenverlustleistung der RE 604 beträgt 10 Watt, der RE 134 3 Watt. Von den genannten Typen werden bis auf die RE 604 je eine gebraucht; von letzterer sind für einige Meßreihen zwei Stücke notwendig, die parallelgeschaltet werden.

II. Die Messungen.

1. Aufnahme der Charakteristik der Röhren RE 034, 904, 074, 1104, 134 und 604.

Bei der Aufnahme der Charakteristik einer Röhre [Gl. (10)] muß die Anodenspannung konstant gehalten werden, über ihre Größe ist vor der Aufnahme eine Entscheidung zu treffen. Die Wahl der Anodenspannung muß streng genommen nach der Bedingung erfolgen, daß die Anodenbelastung = Anodenverlustleistung [Gl. (17)] der Röhre in Watt zur Zeit des größten Stromdurchgangs, d. h. für U_g = Null Volt, die vorgeschriebene Anodenverlustleistung nicht übersteigt; für kurzdauernde Messungen ist die Einhaltung dieser Bedingung nicht erforderlich, weil die Erwärmung der Anode sich dann noch in erträglichen Grenzen hält; die Glaswand der Röhre infolge Strahlung von der Anode her kann immerhin ohne Gefahr so große Temperaturen annehmen, daß eine längere Berührung mit der Hand kaum noch möglich ist. Die Anodenspannung für alle Röhren wurde auf 200 Volt festgesetzt, bei Anfängermessungen ist es immerhin geraten, die Anodenspannung nicht über 180 Volt zu steigern, wobei allerdings die Leistungsfähigkeit der Röhren nicht mehr voll in Erscheinung treten kann. Da die Gitterspannung keine größeren Werte als Null (Volt) annimmt, bleibt das Gitter für alle Messungen stromlos[2], der Emissionsstrom ist reiner Anodenstrom. Die Messungen erfolgen nach Gl. (10), indem die Anodenströme I_a zu den schrittweise fortschreitenden Gitterspannungen U_g abgelesen werden. Die Aufnahmen zeigt Tabelle 1. Sobald die Gitterspannung durch Umstecken an der Gitterbatterie geändert wird, ist der Anodenstrom jedesmal zu unterbrechen (durch Umstecken auf Buchse *2*, Abb. 16), weil andernfalls durch Aufheben der „negativen Vorspannung“ am Gitter das starke Anwachsen des Anodenstromes eine große unnötige Belastung und Erwärmung

[1] Die Bezeichnung gibt die Heizspannung und den Heizstrom der Röhre an, und zwar bedeutet die letzte Ziffer die Spannung, die beiden ersten geben den Strom in 10^{-2} Amp. an.

[2] Vgl. Fußnote S. 9.

der Anode verursacht. Außer der Charakteristik der genannten einzelnen Röhren enthält die Tabelle 1 noch die Charakteristik von zwei parallelgeschalteten Röhren RE 604.

Tabelle 1.

Röhrencharakteristiken. $U_a = 200$ Volt.

$U_g =$	RE 034 $I_a =$	RE 904 $I_a =$	RE 074 $I_a =$	RE 1104 $I_a =$	RE 134 $I_a =$	RE 604 $I_a =$	2 ‖ RE 604 $I_a =$
−49,8							
−44,8						12,2	25,8
−39,8						18,5	37,2
−34,5						29,2	60,2
−29,1						41,0	85,5
−25,0						51,0	107,1
−20,2				0,2		63,0	134,5
−19,0			0,6	0,6	0,8		
−17,2			1,0	1,6	1,8		
−15,8			1,95	2,5	3,0		
−14,2			3,0	3,8	5,0	80,5	170,0
−12,6			4,5	5,4	7,8		
−11,0			6,5	7,2	11,0		
− 9,5			8,5	8,8	14,2	95,0	199,0
− 7,6		0,1	10,5	10,6	18,4		
− 4,5	0,7	3,2	15,2	14,0	26,5	110,2	230,0
− 2,9	1,8	6,5	18,0	16,4	30,0		
− 1,3	3,5	10,1	20,5	18,7	33,8	120,2	254,2
0	6,0	14,2	22,4	20,5	37,0	124,5	263,0
Volt	$\cdot 10^{-3}$ Amp	$\cdot 10^{-3}$ Amp	$\cdot 10^{-3}$ Amp	$\cdot 10^{-3}$ Amp	$\cdot 10^{-3}$ Amp	$\cdot 10^{-3}$ Amp	$\cdot 10^{-3}$ Amp

Sämtliche Messungen sind in Abb. 17 in ein Diagramm im gleichen Maßstab aufgetragen; darauf ist besonderer Wert zu legen, weil nur auf diese Weise sich ein guter Vergleich der einzelnen Röhrentypen gewinnen läßt. Durch Parallelschalten einzelner gleichartiger Röhren wird die Anzahl der emittierenden Fäden proportional verstärkt, im übrigen ändert sich nichts an der Anordnung; die Emission und daher auch der Anodenstrom muß proportional der Anzahl der parallelgeschalteten Röhren zunehmen, was die Messungen zeigen. Die nicht genaue praktische Bestätigung dieser theoretischen Folgerung ist dadurch gegeben, daß eine exakte Gleichheit der gleichen Typen untereinander in der Praxis nicht zu erreichen ist. Die Charakteristik der RE 1104 ist nicht in das Diagramm eingetragen, denn sie verläuft in gleicher Weise wie die Kennlinie der RE 074.

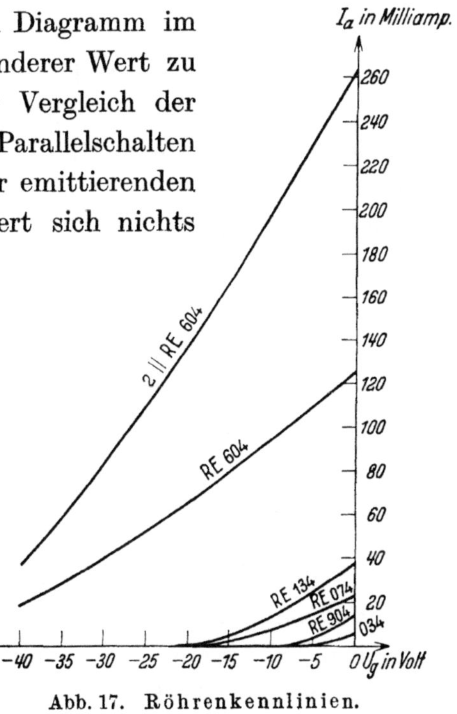

Abb. 17. Röhrenkennlinien.

Der Rückheizeffekt (vgl. S. 4) kann ein regelwidriges Verhalten der Röhre hervorrufen. Bemerkt man während der Aufnahme ohne Änderungen der Spannungen ein plötzliches Anwachsen des Anodenstromes, so ist diese Rückheizung in allzu großem Maße eingetreten; es ist dann sofort die Anodenspannung abzuschalten, weil sonst sehr bald die Röhre zerstört würde. Der Rückheizeffekt kann so groß werden, daß der Faden auch nach Abschalten der Heizspannung genügend hohe Temperatur behält und infolgedessen weiter emittiert. Auch eine Gasabgabe der stark erhitzten Anode kann ein plötzliches Anwachsen des Anodenstromes zur Folge haben, ein Fall, der allerdings selten vorkommen wird; die starke Zunahme des Anodenstromes erfolgt dann durch Ionisierung. Noch eine Reihe anderer Ursachen können ein plötzliches Steigen ohne erkennbaren Anlaß und sogar ein Fallen des Anodenstromes (zumal bei hoher Beanspruchung) bewirken; da solche Erscheinungen verhältnismäßig selten und sehr verwickelt sind, können sie hier nicht erörtert werden.

Endlich muß noch gesagt werden, daß alle Angaben der Tabelle 1 und der folgenden auch für die gleiche Röhre nur einmalig festgestellte Werte sind; bei Wiederholung erhält man häufig mehrprozentige Abweichungen, weil geringe Spannungsänderungen der Heizspannungsquelle, die sonst gar nicht auffallen, für die Emission schon merklich werden.

2. Die Bestimmung der Steilheit S.

Die Bestimmung der Steilheit S der Dreielektrodenröhre erfolgt nach der Gl. (18). Die Steilheiten der einzelnen Röhren sind entweder aus dem Verlauf der Kurven Abb. 17 nach dem Schema der Abb. 7 zu entnehmen oder auch, wie in Tabelle 2 dargestellt ist, aus der Tabelle 1 zu ermitteln, was an einem Beispiel gezeigt sei.

Für eine Differenz $\varDelta U_g = U_{g_2} - U_{g_1} = 1{,}3$ Volt errechnet sich die Steilheit der einzelnen Röhre und die resultierende Steilheit der beiden parallelgeschalteten Röhren RE 604 zu den in der Tabelle 2 angegebenen Werten, wenn die Differenz $\varDelta U_g = 1{,}3$ Volt zwischen den Grenzen $U_g = -1{,}3$ und $U_g = 0$ Volt gebildet wird.

Tabelle 2.

Nach Tabelle 1 zwischen $U_g = -1{,}3$ und $U_g = 0$ Volt berechnete Steilheitswerte

$$S = \frac{\varDelta I_a}{\varDelta U_g} \quad (U_a = \text{konst.}).$$

Type:	RE 034	RE 904	RE 074	RE 1104	RE 134	RE 604	2 ‖ RE 604
$S =$	1,92	3,15	1,46	1,39	2,46	3,31	6,77 mAmp/Volt

Wählt man nach der Tabelle 1 die Werte $\varDelta U_g$ für größere Differenzen oder auch für Differenzen, die weiter ab von $U_g = 0$ liegen, so ergeben sich kleinere Steilheiten in einem Maße, das für die einzelnen Röhren sehr verschieden ist. Für die resultierende Steilheit der beiden parallelgeschalteten RE 604 ergibt sich der doppelte Wert wie für die einzelne Röhre; es ist eine geringe Abweichung vorhanden, weil die beiden benutzten Röhren unter sich nicht gleich sind. Bei drei parallelgeschalteten Röhren würde der dreifache Steilheitswert vorhanden sein usw., eine Folgerung, die für alle Röhren in gleicher Weise Geltung hat.

3. Die Verschiebung der Charakteristik durch Änderung der Anodenspannung (Aufnahme einer Kennlinienschar).

Abb. 18 zeigt die Aufnahme einer Kennlinienschar, die an der RE 134 durchgeführt ist. Die Spannungsdifferenz ΔU_a ist $= 20$ Volt gewählt, die Spannungen U_a müssen mit dem Spannungsteiler eingestellt und während der Messung genau eingehalten werden. Die Messungen sind nur bis zu einer Gitterspannung $U_g = 0$ Volt durchgeführt, so daß Gitterströme nicht auftreten können. Bis herab zu einer Anodenspannung (etwa 120 Volt) können die geradlinigen Teile der verschiedenen Kennlinien als angenähert parallel angesehen werden, bei noch kleineren Anodenspannungen macht sich der Einfluß der Raumladung infolge zu geringer Steuerspannung stärker geltend, und die Steilheit der einzelnen Kennlinien nimmt ab; sie zeigen unter sich größere Divergenz, eine Tatsache, die beachtet werden muß, wenn die Röhre als Verstärkermittel benutzt werden soll. Die Messungen sind hier nur für die RE 134 angegeben, sie können auch für alle anderen Typen in gleicher Weise durchgeführt werden.

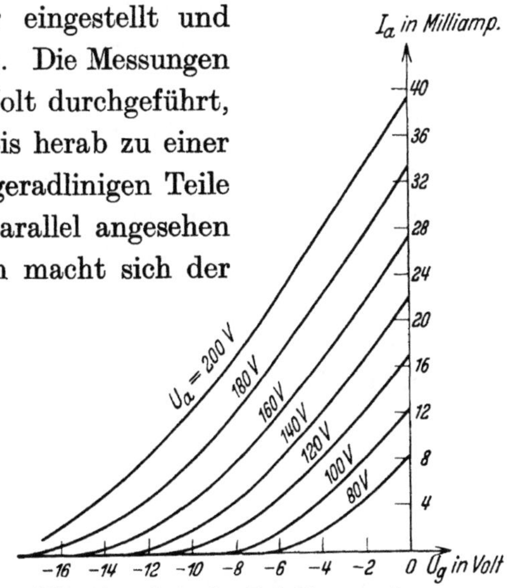

Abb. 18. Durch Erhöhung der Anodenspannung verschobene Kennlinien einer RE 134.

4. Die Bestimmung des inneren Widerstandes R_i.

Die Bestimmung des inneren Widerstandes einer Röhre geschieht nach Gl. (20). In der Tabelle 3 sind die inneren Widerstände derjenigen Röhren zusammengestellt, die bisher untersucht wurden.

Tabelle 3.

Innerer Widerstand der Röhren $R_i = \frac{\Delta U_a}{\Delta I_a}_{(U_g = \text{konst.})}$.

Röhrentype	$U_g =$	$\Delta U_a =$	$\Delta I_a =$	$R_i =$
RE 034	−1,3	200 − 170 = 30	3,5 − 2,0 = 1,5	etwa 20000
RE 904	−1,3	200 − 170 = 30	10,1 − 7,2 = 2,9	„ 10300
RE 074	−1,3	200 − 170 = 30	20,5 − 15,8 = 4,7	„ 6400
RE 1104	−1,3	200 − 170 = 30	18,7 − 14,5 = 4,2	„ 7100
RE 134	−1,3	200 − 170 = 30	33,8 − 26,4 = 7,4	„ 4050
RE 134	−1,3	200 − 140 = 60	33,8 − 19,3 = 14,5	„ 4150
RE 604	−1,3	200 − 170 = 30	120,2 − 94,1 = 26,1	„ 1150
RE 604	−1,3	200 − 140 = 60	120,2 − 70,7 = 49,5	„ 1210
2 ‖ RE 604	−1,3	200 − 170 = 30	258,0 − 206,0 = 52,0	„ 580
	Volt	Volt	$\cdot 10^{-3}$ Amp	Ohm

Um die Messungen bei allen Röhren möglichst im geradlinigen Teil der Charakteristik auch nach deren Verschiebung zu kleineren Anodenspannungen vornehmen zu können, wurden die negativen Gitterspannungen möglichst klein gehalten; auf diese Weise geschieht die Messung im gleichen Bereich der Gitterspannung wie vorher die Bestimmung der Steilheit. Eine Differenz $\varDelta U_a = 30$ Volt ist auch bei einfacheren Stromanzeigern leicht ablesbar; für die RE 134 und RE 604 wurde außerdem noch eine Differenz $\varDelta U_a = 60$ Volt gewählt, um festzustellen, daß dann der „mittlere innere Widerstand“ schon eine Zunahme zeigt, die aber bei diesen größeren Röhren noch gering ist. Die Messungen ergeben außerordentliche Unterschiede der inneren Widerstände der einzelnen Röhrentypen gegeneinander; das Aggregat der beiden parallelgeschalteten Röhren RE 604 zeigt eine Abnahme auf genau die Hälfte des Widerstandes der einzelnen Röhre. Die Differenzen $\varDelta U_a$ werden wiederum mit dem Spannungsteiler eingestellt, wobei auf möglichst genaue Ablesung Wert zu legen ist, weil kleine Ablesefehler schon erhebliche Fehler der Differenzen verursachen können. Sind Kennlinienscharen nach Art der Abb. 18 vorhanden, so können die inneren Widerstände aus ihnen bestimmt werden; zu gleichen $\varDelta U_a$ gehören nach links immer kleinere $\varDelta I_a$, die Widerstandswerte nehmen zu.

5. Die Bestimmung des Durchgriffs *D*.

Die Bestimmung des Durchgriffs erfolgt nach Gl. (19). Man ändert die Gitterspannung nach Ablesung des Anodenstromes um einen Wert $\varDelta U_g$, wobei es an sich gleichgültig ist, ob sie erhöht oder erniedrigt wird. Erhöhen wir sie, so muß die Anodenspannung um einen gewissen Wert $\varDelta U_a$ erniedrigt werden, um wieder den ursprünglichen Wert des Anodenstromes zu erreichen; das Verhältnis beider Teilwerte gibt den Durchgriff an. Wie schon im theoretischen Teil bemerkt wurde, ist es gleichgültig, in welcher Gegend der Charakteristik die Messungen stattfinden, wenn nur ihre zur Abszisse sehr naheliegenden Teile vermieden werden. In der Tabelle 4 sind die Bestimmungsangaben und die Ergebnisse für alle Röhren zusammengestellt. Die Differenzen $\varDelta U_g$ sind nur bei den Messungen für die Röhren RE 034 und RE 904 klein gehalten, da hier trotzdem schon große $\varDelta U_a$ nötig werden; bei den übrigen Messungen haben auch die

Tabelle 4.

Durchgriff der Röhren $D = -\frac{\varDelta U_g}{\varDelta U_a}$ $(\varDelta I_a = \text{Null.})$

Type	$U_{g_2} =$	$U_{g_1} =$	$\varDelta U_g =$	$U_{a_2} =$	$U_{a_1} =$	$\varDelta U_a =$	$I_a =$	$D =$
RE 034	− 1,3	0	1,3	200	154	46	3,5	2,83
RE 904	− 1,3	0	1,3	200	153	47	10,1	2,77
RE 074	− 7,6	−1,3	6,3	200	140	60	10,5	10,5
RE 1104	− 7,6	−1,3	6,3	200	139	61	10,6	10,3
RE 134	− 7,6	−1,3	6,3	200	138	62	18,4	10,2
RE 604	−15,2	−1,3	13,9	200	149	51	77,0	27,3
2 ‖ RE 604	−15,2	−1,3	13,9	200	148	52	162,0	26,8
	Volt	Volt	Volt	Volt	Volt	Volt	$\cdot 10^{-3}$ Amp	%

Gitterspannungsdifferenzen verhältnismäßig hohe Werte. Die Unterschiede im zahlenmäßigen Wert des Durchgriffs sind bei den verschiedenen Röhren sehr groß. Der resultierende Wert des Durchgriffs des Röhrensatzes erfährt gegenüber der einzelnen Röhre gleichen Typs keine Änderung, die kleine Abweichung erklärt sich aus geringen Ungleichheiten der einzelnen Röhren untereinander. Die Erniedrigung (bzw. Erhöhung) der Anodenspannung um den Wert ΔU_a geschieht mit dem Spannungsteiler; steht ein solcher nicht zur Verfügung (bei Trockenbatterien), so ist die Messung noch in Annäherung auszuführen, wenn die Unterteilungen der Spannungsquelle ausreichen (Stufen etwa 1,5 Volt).

Nachdem der Durchgriff bestimmt ist, lassen sich auch die „Verschiebungsspannungen" berechnen, die in den Messungen **3** (Abb. 18) wirksam werden. Die Teilspannungen ΔU_a der Anodenspannung betrugen dort 20 Volt; da der Durchgriff der benutzten Röhre RE 134 etwa 10% beträgt, ist die Verschiebungsspannung $D \Delta U_a = \frac{1}{10} 20 = 2$ Volt; die Steuerspannung $U_{st.}$ wächst bei Erhöhung der Anodenspannung um 20 Volt nur um 2 Volt; umgekehrt hat eine Änderung der Gitterspannung um 2 Volt die gleiche Wirkung auf den Anodenstrom wie eine Änderung der Anodenspannung um 20 Volt.

Eine gleiche Aufnahme nach Abb. 18 an der RE 074 würde zeigen, daß zwar wegen der geringeren Steilheit der Röhre die Kurven mehr geneigt verlaufen, ihr Abstand aber der gleiche bleiben würde. *Röhren mit gleichem Durchgriff bewirken die gleiche Verschiebungsspannung.*

6. Die Nachprüfung der Barkhausenschen Röhrenformel.

In der Tabelle 5 sind alle gemessenen Werte für S, R_i und D noch einmal zusammengestellt, dahinter steht ihr Produkt, das nach Gl. (16) theoretisch $= 1$ ist. Die Abweichungen sind erträglich und erklären sich aus den verschiedenen Meßfehlern, wie früher erläutert wurde (S. 12).

Tabelle 5.

Zusammenstellung.

Type	$S =$	$R_i =$	$D =$	$S R_i D =$
RE 034	1,92	etwa 20000	2,83	1,09
RE 904	3,15	„ 10300	2,77	0,90
RE 074	1,46	„ 6400	10,5	0,98
RE 1104	1,39	„ 7100	10,3	1,02
RE 134	2,46	„ 4050	10,2	1,01
RE 604	3,31	„ 1150	27,3	1,04
2 ‖ RE 604	6,77	„ 580	26,8	1,05
	$\cdot 10^{-3}$ Amp/Volt	Ohm	%	—

7. Ein Vergleich der durchgemessenen Röhrentypen.

Der Verwendungszweck der verschiedenen Röhrentypen wird erst in den folgenden Abschnitten behandelt; einige Vergleiche und Hinweise auf das unterschiedliche Verhalten der verschiedenen Typen sind aber schon jetzt möglich. Die

Röhren RE 134, 074 und 1104 besitzen (bis auf kleine Abweichungen) den gleichen Durchgriff und bewirken deswegen die gleiche Verschiebungsspannung. Bei den beiden letztgenannten Röhren ist auch der innere Widerstand und die Steilheit dieselbe, so daß zwischen ihnen kein physikalischer, sondern nur ein technischer Unterschied insofern besteht, als erstere direkt, letztere indirekt geheizt, d. h. zur Emission veranlaßt wird. Die RE 134 hat eine größere Steilheit und einen kleineren inneren Widerstand, ihre Emission ist größer, sie ist daher vorteilhafter als die beiden anderen zu benutzen, wenn der Verwendungszweck eine Leistungsaufnahme oder besser ausgedrückt einen Leistungsumsatz erforderlich macht. Die RE 604 hat einen sehr großen Durchgriff, eine Änderung der Gitterspannung um einen bestimmten Betrag hat nur etwa die 4fache Wirkung auf den Anodenstrom wie die Änderung der Anodenspannung um den gleichen Betrag; dagegen ist die Röhre in weiten Grenzen auf dem geradlinigen Teil der Charakteristik aussteuerbar, ihr innerer Widerstand ist klein und ihr Emissionsvermögen groß. Wenn es vorhin ein Vorzug der RE 134 gegen die RE 074 und RE 1104 genannt wurde, daß mit ihr ein besserer Leistungsumsatz zu erzielen sei, so gilt dies in noch weit höherem Maße für die RE 604 gegenüber allen übrigen hier benutzten Röhren. Die zulässige Anodenverlustleistung wird mit 10 Watt angegeben gegenüber 3 Watt bei der RE 134; daher sind auch die Abmessungen der RE 604 groß. Werden zwei RE 604 parallelgeschaltet, so ist das Emissionsvermögen doppelt so groß und deswegen auch die zulässige Anodenverlustleistung, ein Satz, der für alle Röhren gilt. Der innere Widerstand sinkt bei Parallelschaltung zweier gleichen Typen auf die Hälfte, die Steilheit wird verdoppelt, während sich der Wert des Durchgriffs nicht ändert; diese Folgerungen lassen sich bei weiterer Parallelschaltung gleicher Röhren fortsetzen.

Die Röhren RE 034 und RE 904 haben fast den gleichen sehr kleinen Durchgriff, sie sind in dieser Beziehung allen anderen genannten Typen überlegen[1]. Zur merklichen Leistungsaufnahme bzw. -abgabe sind beide Typen ungeeignet, weil ihr Emissionsvermögen nur gering ist, die RE 904 ist in dieser Hinsicht etwas vorteilhafter; ihre Steilheit kommt dem Werte der RE 604 fast gleich. Direkt und indirekt geheizte Röhren unterscheiden sich physikalisch nicht, wie die Messungen zeigen; die indirekt geheizten Röhren besitzen Vorteile, auf die noch hingewiesen wird (vgl. Messung 12 d. A.).

8. Brückenmessungen.

Nach den Ausführungen S. 16 können Durchgriff, innerer Widerstand und Steilheit auch in der Brücke gemessen werden; zunächst sei eine Durchgriffsbestimmung ausgeführt. Die Anordnung zeigt Abb. 12. Falls keine Präzisionsmessungen vorgenommen werden sollen, genügt jede einfache Meßbrücke und als Wechselstromquelle ein Summer, dessen Ton direkt nicht hörbar sein darf,

[1] Der Vorteil kleinen Durchgriffs wird erst im zweiten Abschnitt erläutert.

da sonst eine zuverlässige Einstellung des Minimums nicht möglich ist; man setzt die Summeranordnung deswegen zweckmäßig in einen anderen Raum. Als Stromquelle ist Netzstrom für Brückenmessungen mit Telephon schon aus dem Grunde ungeeignet, weil der Maschinenkollektorton[1] das Auffinden des Minimums unmöglich macht. Für die Brückenmethode ist die Verwendung einer Trockenbatterie (90 bis 180 Volt) zweckmäßig; noch besser ist eine Hochspannungsakkumulatorenbatterie, da sie keinen wesentlichen inneren Widerstand besitzt. Da eine solche Batterie mit insgesamt 180 Volt im Laboratorium der St.H. zur Verfügung stand, wurde sie benutzt. Ein Telephontransformator ist, wie bereits früher bemerkt, nicht nötig, aber angenehm. Irgendwelche Schwierigkeiten sind bei der Durchführung der Messung nicht vorhanden, das Telephon ist ohne Mühe auf Schweigen zu bringen.

Zur Messung des inneren Widerstandes einer Röhre in der Brücke mit Wechselstrom ist ein geeigneter Vergleichswiderstand notwendig, der mindestens 1000 Ohm haben muß. Die Ausführung auch dieser Messung stößt im übrigen auf keine Schwierigkeiten.

In der Tabelle 6 ist eine Meßreihe für D und R_i zusammengestellt; die Anodenspannung ist konstant = 180 Volt, die Gitterspannungen sind auf der Charakteristik absteigend laufend erniedrigt. Es ist eine RE 604 als Versuchsobjekt gewählt, doch kann auch jede andere Röhre genommen werden. Die Änderung des Durchgriffs bleibt auch für sehr kleine Anodenströme verhältnismäßig geringfügig, während die Änderung des inneren Widerstandes sehr große Ausmaße annimmt. Gleiche Ergebnisse erhält man, wenn [nach der Gl. (20)] die Gitterspannung konstant gehalten und die Anodenspannung bis

Tabelle 6.

Messungen von D und R_i in der Brücke Röhre RE 604.

$U_a =$	$U_g =$	$I_a =$	$D =$	$R_i =$
180	0	102,2	27,3	etwa 1160
180	− 1,3	99,0	27,3	„ 1175
180	− 7,5	81,6	27,3	„ 1230
180	−13,5	66,4	27,4	„ 1310
180	−21,0	45,2	27,6	„ 1470
180	−30,2	26,0	27,9	„ 1750
180	−44,2	4,4	28,6	„ 3400
Volt	Volt	$\cdot 10^{-3}$ Amp	%	Ohm

[1] Der Maschinenton kann nahezu durch eine Anordnung entfernt werden, deren Prinzip nebenstehende Zeichnung erläutert. Der Spannungsteiler ist der gleiche wie in Abb. 15; als Sperrdrosselspule wird am besten die Hochspannungsspule eines Netztransformators benutzt, die eine genügende Induktivität besitzt (etwa 5 Henry). Ein Kondensator der Größe 10 Mikrofarad beseitigt den Restton, der etwa noch vorhanden ist; er darf nicht fehlen, weil die Drossel auch den Summerton absperrt. Wird das Telephon ohne Transformator gebraucht, so ist die Netzspannung nicht angenehm, da der Körper bei fehlerhaften Kontakten im Telephon die Netzspannung gegen Erde erhält.

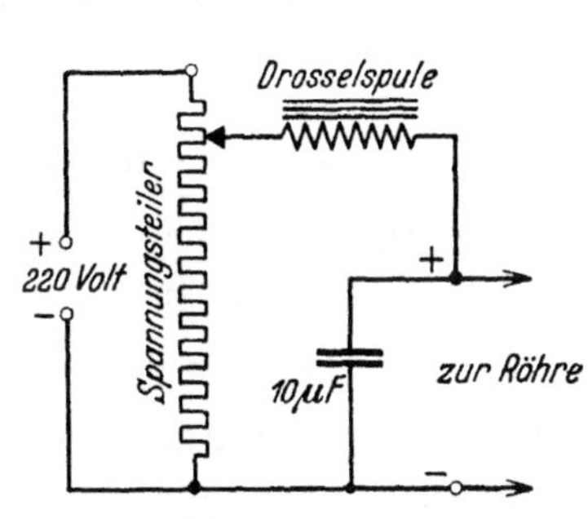

herab zu Null geändert wird. Die Messungen sind nach dem Aufbau der Anordnung sehr schnell reihenweise durchführbar, es können auch verschiedene Röhren gleicher Type in dieser Weise in wenigen Minuten verglichen werden; es ergibt sich dann, daß eine völlige Gleichheit unter zwei Stücken kaum besteht.

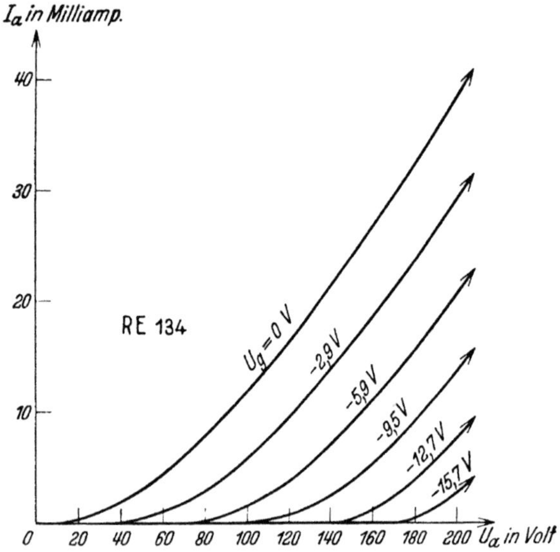

Abb. 19. I_a-U_a-Kennlinien einer RE 134.

9. Die I_a-U_a-Kennlinien.

In Abb. 19 ist nach Gl. (22) eine S_a-Kennlinienschar der RE 134 für verschiedene Parameter U_g eingezeichnet. Leider ist ein Vergleich mit der Abb. 18 nicht möglich, weil die Spannungen mit verschiedenem Maßstab aufgetragen sind, da sonst die Abb. 19 allzu großen Raum beanspruchen würde; die nach dem Gesetz der Gl. (23) größere Neigung der S_a-Kennlinien kann also in der Abbildung nicht sichtbar werden. In der Abb. 20 ist deswegen nochmals eine normale Charakteristik (*II*) und eine S_a-Kennlinie (*I*) mit gleichem Maßstab der Spannungen angegeben. Die Anodenspannungen und Gitterspannungen nehmen nach rechts zu; daß die Gitterspannungen an sich negativ sind, ist belanglos. Aus der Abbildung sind Durchgriff, Steilheit und innerer Widerstand ablesbar, und die Neigung der S_a-Kennlinie nach dem Gesetz der Gl. (23) wird erkennbar.

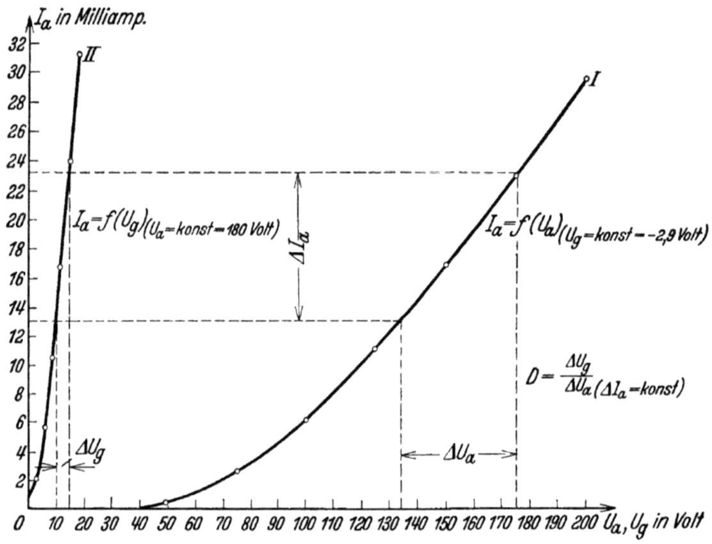

Abb. 20. I_a-U_a-Kennlinie (*I*) und normale Kennlinie (*II*) einer RE 134, in gleichem Spannungsmaßstab gezeichnet.

10. Die Gitterströme und die Zweielektrodenschaltung.

Zur Messung der Gitterströme wird ein Gitterstrommesser notwendig, weswegen ein viertes Meßinstrument in die Anordnung geschaltet werden müßte. Es genügt aber für diese Messungen, die Anodenspannung am Spannungsteiler einmalig einzustellen, wodurch das frei werdende Instrument (Mavometer) für die Gitterströme mit einem Nebenschluß als Strommesser verfügbar wird. Es ist auf die richtige Lage des Milliamperemeters im Gitterstromkreis zu achten, da es in falscher Schaltung auch den durch den Spannungsmesser fließenden Strom anzeigt, der gegen die sehr kleinen Gitterströme nicht zu vernachlässigen ist. Die falsche Lage des Instruments ist in der Abb. 21 gestrichelt gekennzeichnet. In Abb. 22 ist der Verlauf des Gitterstromes (Kennlinie *a*) und der Verlauf des Anodenstromes (Kennlinie *c*) der Röhre RE 134 angegeben, wobei als Anodenspannung nur 180 Volt gewählt sind, um die Röhre nicht allzusehr zu überlasten; weil die Gitterströme sehr klein sind, ist für sie ein anderer Maßstab gewählt worden. Die Kennlinie *c* ist die normale Charakteristik, die hier über die Gitterspannung $U_g = 0$ bis $U_g = +6$ Volt fortgesetzt ist (vgl. auch Abb. 25).

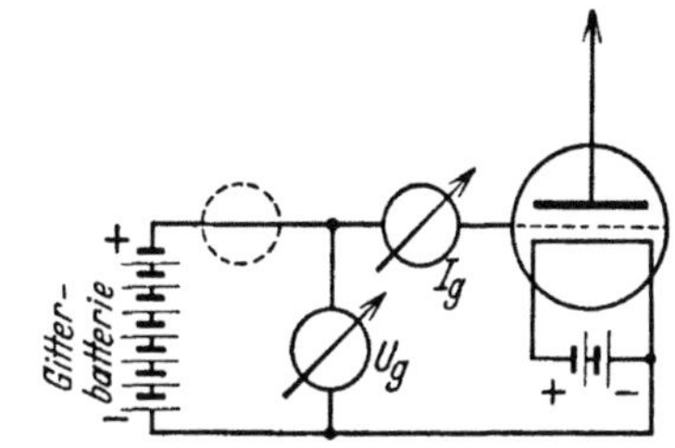

Abb. 21. Schaltanordnung zur Messung von Gitterströmen und Gitterspannungen.

Der Gitterstrom beginnt bei allen Röhren ungefähr bei einer Gitterspannung Null Volt zu fließen[1], er ist unter normalen Verhältnissen stets sehr viel geringer als der Anodenstrom, wie die Messung beweist, die bei den übrigen Röhren ähnliche Ergebnisse haben würde. Bei der gleichen Röhre ist die Größe des Gitterstromes stark von der Höhe der angelegten Anodenspannung abhängig, eine Erscheinung, welche die Kennlinie *b* der Abb. 22 zeigt, die bei einer Anodenspannung $U_a = 0$ Volt aufgenommen ist; der Gitterstrom hat sich vervielfacht und könnte bei weiterem Anwachsen der Gitterspannung eine Höhe erreichen, die zu starker Erwärmung der Gitterfäden führen müßte; wird die Anodenspannung zwischen Null und 180 Volt gewählt, so ergeben sich Kurven der Gitterströme, die zwischen *a* und *b* liegen. Das starke Anwachsen des Gitterstromes bei zu kleinen Anodenspannungen wird wichtig bei Röhrengeneratoren (Abschnitt 3), wo besondere Maßregeln getroffen werden müssen, um es zu verhindern.

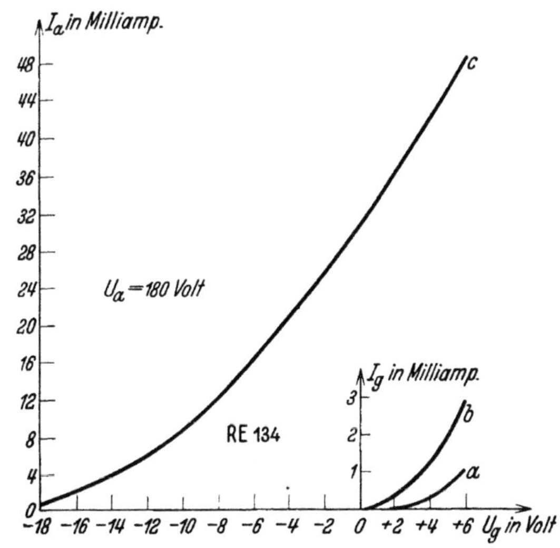

Abb. 22. Anodenstrom und Gitterstrom einer RE 134 bei positiven Gitterspannungen.

Für den Verlauf des Gitterstromes ist wichtig, an welcher Seite des Heizfadens bei direkt geheizten Röhren der Gitteranschluß erfolgt. In Abb. 23 zeigt die Kurve *a* den Verlauf bei Anschluß an die — -Heizungseite (nach Abb. 21), die Kurve *b* den Anlauf bei

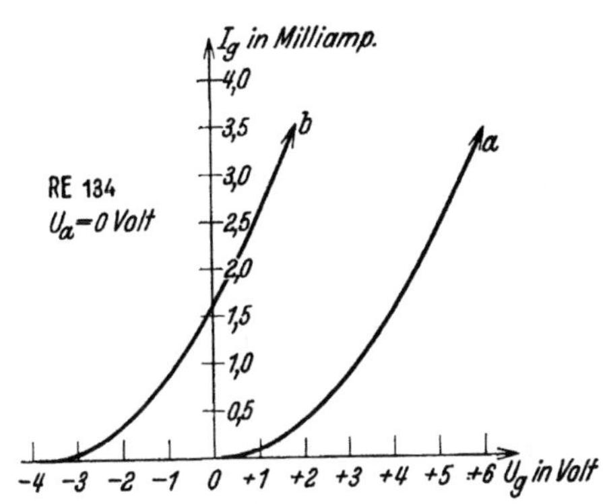

Abb. 23. Anlaufkennlinien des Gitterstromes bei Anlegen des Gitters, *a*) an den —-Pol, *b*) an den +-Pol der Heizbatterie.

[1] Vgl. Fußnote S. 9.

Anschluß an die +-Heizungseite des Fadens; der Gitterstrom beginnt hier um 4 Volt früher, also etwa bei $U_g = -4$ Volt, weil die Steuerspannung des Gitters um 4 Volt zugenommen hat; bei indirekt geheizten Röhren fällt diese Messung aus.

Werden bei einer normalen Dreielektrodenröhre Anode und Gitter kurzgeschlossen, so läßt sich in weiter Hinsicht die Röhre als Zweielektrodenröhre betrachten. Es ist für die Messungen zweckmäßig, wenn in die Leitung Gitter-Anode ein Milliamperemeter gelegt wird (Abb. 24); dann lassen sich die Gitterströme für sich allein messen, und wenn außerdem der ganze Emissionsstrom bestimmt wird, ist auch der Anodenstrom bekannt. Man findet, daß der Gitterstrom trotz der angelegten hohen Spannung 50 bis 70 Volt (Tabelle 7) gegen den Anodenstrom verhältnismäßig gering bleibt, die meisten Elektronen fliegen durch die Gittermaschen und gelangen zur Anode[1]. Diese Stromverteilung ist nichts anderes als eine Folge des geringen Raumes, den die Elektronen auf den dünnen Gitterdrähtchen zur Verfügung haben; je kleiner der Durchgriff, je größer daher die Gitterfläche im Verhältnis zur Anode ist, um so größer wird im Verhältnis der Gitterstrom. Da Gitter- und Anodenpotential das gleiche ist, kommen die Elektronen im wesentlichen mit der Geschwindigkeit auf der Anode an, den sie bereits beim Durchflug durch die Gittermaschen besitzen. Anders ist es, wenn das Potential der Anode geringer ist als das Gitterpotential, wie hier schon besprochen ist; wird z. B. die Anodenverbindung gelöst, die Gitterverbindung gelassen, so steigt der Gitterstrom stark an, wird aber nicht so groß wie vorher der Emissionsstrom; er kann aber genügen, um die Gitterdrähtchen zu zerstören.

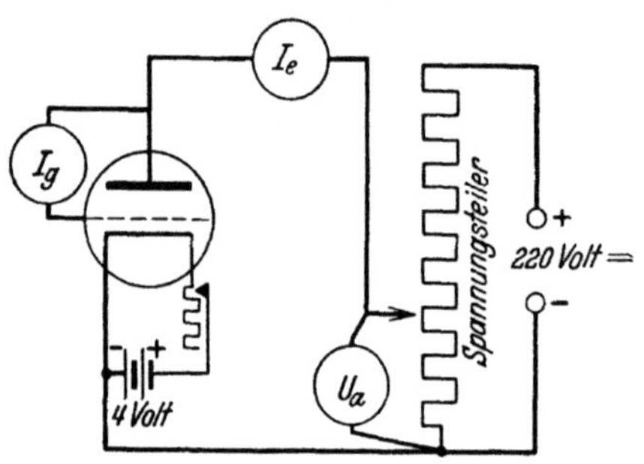

Abb. 24. Die Dreielektrodenröhre in Zweielektrodenschaltung.

Tabelle 7.

Emissions- und Gitterströme bei zur Anode geschaltetem Gitter.

	RE 134		RE 604	
$U_a =$	$I_e =$	$I_g =$	$I_e =$	$I_g =$
0	—	—	—	—
10	14,0	4,8	10,0	1,6
20	41,9	13,9	32,9	5,1
30	63,6	20,5	65,2	9,2
40	78,4	24,0	102,8	14,2
50	91,0	27,9	136,2	18,2
60			164,8	21,5
70			193,2	24,2
Volt	$\cdot 10^{-3}$ Amp	$\cdot 10^{-3}$ Amp	$\cdot 10^{-3}$ Amp	$\cdot 10^{-3}$ Amp

Die Tabelle 7 bestätigt das Gesagte, sie enthält die Messungen für die beiden Typen RE 134 und RE 604. Die Anodenspannungen sind bei ersterer bis zu 50 Volt, bei letzterer bis zu 70 Volt erhöht, weitere Erhöhung würde die Röhren gefährden. Es zeigt sich, wie groß die Emissionsfähigkeit der Bariumfäden ist; bei der RE 134 treten allerdings zum Schluß schon Sättigungserscheinungen auf

[1] Diese Eigenschaft eines Gitters wird in den Mehrgitterröhren ausgenutzt.

(Neigung der Kurve), während die RE 604 noch bei fast 200 Milliamp. kein Nachlassen der Emissionstätigkeit erkennen läßt. Da die Elektronengeschwindigkeiten bei den kleineren Spannungen verhältnismäßig klein bleiben, sind die großen Ströme nicht gefährlich; die Belastung in Watt (Anodenverlustleistung) ergibt sich wie sonst nach Gl. (17).

Ähnlich wie für die Dreielektrodenröhre läßt sich auch für die Zweielektrodenröhre der Begriff des inneren Widerstandes prägen; er ist entsprechend Gl. (15):

$$R_i = \frac{\Delta U_a}{\Delta I_e}.$$

Innerhalb der Geradlinigkeit der Kennlinie ist er auch hier eine Röhrenkonstante, die sich aus den Messungen der Tabelle 7 berechnen läßt. Nimmt man die Differenzen innerhalb der größten Steilheit, für die RE 134 also zwischen 20 und 30 Volt, so wird der Widerstand der Zweielektrodenröhre RE 134 etwa = 460 Ohm, der Zweielektrodenröhre RE 604 etwa = 310 Ohm. Werden zwei Röhren gleicher Art parallelgeschaltet, so wird der Widerstand wie früher halb so groß wie der Widerstand der einzelnen Röhre.

Die Dreielektrodenröhren werden in Zweielektrodenschaltung als Gleichrichterröhren zur Lieferung der Anodenspannung für kleinere Empfangsgeräte älterer Bauart verwendet, im übrigen findet diese Schaltung keine Benutzung.

11. Charakteristik einer Röhre mit 10 Watt und einer Röhre mit 150 Kilowatt Nutzleistungsfähigkeit (ein Vergleich).

Es sei zunächst die Kennlinie und die Gitterstromkennlinie einer RE 604 bis zu einer Gitterspannung +25 Volt wiedergegeben, eine Aufnahme, die nichts Neues bietet, aber als Ergänzung zu Messungen im dritten Abschnitt zweckmäßig ist. Die Aufnahme zeigt Abb. 25; bis zu Gitterspannungen bis Null Volt ist die Kennlinie bereits bekannt; sie verläuft auch im positiven Bereich der Gitterspannung normal ohne eine merkliche Verflachung, der Gitterstrom erreicht wegen der hohen Anodenspannung nur etwa 6 Milliamp. Die Messung ist für den Bestand der Röhre nicht ungefährlich, weil sie überlastet wird; Schnelligkeit bei der Messung ist daher notwendig. Nach Versuchen im dritten Abschnitt läßt sich die RE 604 als Röhre mit einer Leistungsfähigkeit von etwa 10 Watt Nutzleistung bezeichnen.

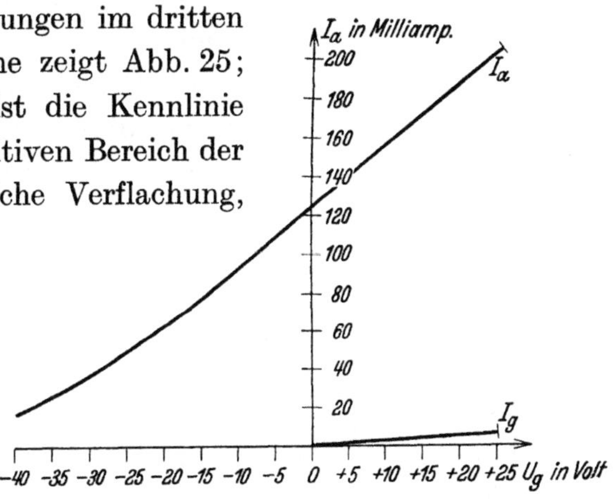

Abb. 25. Anodenstrom und Gitterstrom einer RE 604 bei hohen positiven Gitterspannungen.

Im folgenden mögen die Betriebsdaten einer 150 Kilowatt-Rundfunk-Senderöhre genannt werden[1]. Ihre Charakteristik zeigt Abb. 26; sie verläuft fast ausschließlich im positiven Bereich der Gitterspannung, ihr Sättigungsstrom ist

[1] Die Angaben verdankt Verf. einer freundlichen Mitteilung der Firma Telefunken.

80 Amp!, ihre Anodenbetriebsspannung beträgt 11000 Volt; der Sättigungsstrom wird erreicht bei einer Gitterspannung von + 1500 Volt. Ihre zulässige Anodenverlustleistung ist 80 Kilowatt, die Nutzleistung 150 Kilowatt. Der Heizstrom beträgt 330 Amp bei einer Heizspannung von 35 Volt; die Röhre muß indirekt geheizt und der Heizdraht besonders angeordnet werden, um die großen Magnetfelder des Heizstromes unschädlich zu machen, die bei normaler Anordnung der Heizfäden eine starke Ablenkung der Elektronen bewirken würden. Das Gewicht der Röhre ist etwa 35 kg, ihre Höhe 130 cm. Diese gewaltigen Abmessungen zeugen von der Fähigkeit der Röhre, große elektrische Leistungen aufnehmen und abgeben zu können; demgegenüber erscheinen die Angaben für Durchgriff, Steilheit und inneren Widerstand weniger eindrucksvoll. Der Durchgriff ist 2%, die Steilheit etwa 60 Milliamp/Volt und der innere Widerstand, wie sich aus der Gl. (16) berechnen läßt, etwa 830 Ohm.

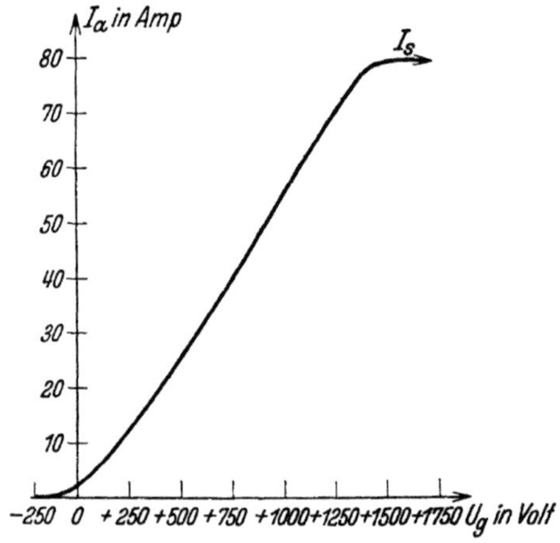

Abb. 26. Charakteristik der 150 KW-Senderöhre Type RS 267 Telefunken.

12. Der Einfluß des Heizspannungsabfalls auf den Anodenstrom bei direkt geheizten Röhren.

Anmerkung: Außer den eingangs erwähnten Hilfsmitteln werden zu dieser Messung ein Telephon und ein kleiner Spannungsteiler der Größe etwa 50 bis 200 Ohm notwendig, wie sie in Radioempfängern üblich sind; ferner ein Netztransformator auf 4 Volt.

Nach den theoretischen Erörterungen S. 6 beträgt die Zunahme der Anodenspannung einer an 4 Volt direkt geheizten Röhre 4 Volt, wenn der negative Pol der Anodenspannung von der —-Heizungseite des Fadens zur +-Heizungseite geschaltet wird; die Zunahme der Steuerspannung beträgt dann $D \cdot 4$ Volt; um volle 4 Volt wächst die Steuerspannung (vgl. Gl. 3), wenn die Gitterableitung in der gleichen Weise verlegt wird. Die Zunahme der Steuerspannung muß ein Anwachsen des Anodenstromes zur Folge haben. Zum Nachweis wurde nach Abb. 27 eine Messung an einer RE 134 ausgeführt; die Anodenspannung betrug 150 Volt, doch genügt auch schon eine Spannung von 90 Volt, um den Versuch einwandfrei durchzuführen. Abb. 27a zeigt das Schaltschema zur Erhöhung nur der Anodenspannung um die Heizspannung 4 Volt; bei Schaltung *1* betrug der Anodenstrom 24,9 Milliamp, bei Schaltung *2* 26,1 Milliamp, die

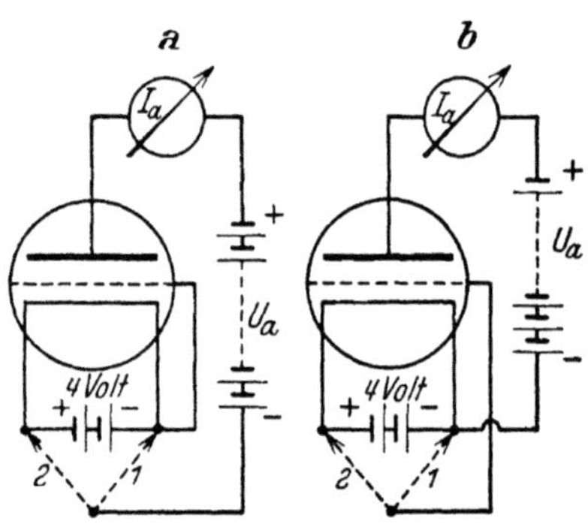

Abb. 27. Schaltanordnung zum Nachweis des Einflusses der Heizspannung auf die Steuerspannung.

Zunahme des Anodenstromes durch Erhöhung der Steuerspannung um $D \cdot 4$ Volt $= 0{,}4$ Volt ($D = 10\%$) beträgt also 1,2 Milliamp. Abb. 27b zeigt die Schaltskizze zur Erhöhung nur der Gitterspannung um 4 Volt, so daß die Zunahme der Steuerspannung 4 Volt wird. Bei Schaltung *1* war der Anodenstrom wieder 24,9 Milliamp, der bei Schaltung *2* auf 35,5 Milliamp anwuchs; die Zunahme beträgt also 10,6 Milliamp.

Durch Zusammenschalten von Gitterzuleitung und negativer Anodenleitung (vgl. Abb. 28) müssen sich beide Zunahmen der Steuerspannungen ergänzen ($\Delta U_{\mathrm{st.}} = 4{,}4$ Volt), so daß sich auch die einzelnen ΔI_a summieren.

Wird die Röhre mit Wechselstrom geheizt, so kann der Anodenstrom nicht konstant bleiben, sondern er muß in der Frequenz der Heizspannung schwanken. Da in der Empfängerpraxis häufig Wechselspannung als Heizspannung gewählt wird, so kann eine Schaltung nach der Abb. 27 nicht benutzt werden, da sich in Telephon oder Lautsprecher der Wechselstromton (Brummton) sehr heftig bemerkbar machen würde. Man umgeht diese Schwierigkeit durch eine Kunstschaltung, deren Wirksamkeit mit geringen Mitteln in einem Versuch nach Abb. 28 zu erweisen ist. Notwendig wird hierzu nur ein Telephon und ein kleiner Spannungsteiler P, der parallel zur Wechselspannungsheizquelle 4 Volt gelegt ist. Der Widerstand des Spannungsteilers sei mindestens 50 Ohm, so daß der Strom durch den Spannungsteiler klein bleibt. Die Empfängerindustrie liefert derartige Widerstände, doch läßt sich jeder Schiebewiderstand zu dem Versuch benutzen, wenn er nach Abb. 28 geschaltet ist. Wird der Mittelabgriff verschoben, so nimmt der Brummton nach beiden Außenseiten des Widerstandes zu, während an einer einzigen Stelle in der Mitte ein scharfes Minimum auftritt; die Wechselspannung ist hier dauernd Null und ein Schwanken des Anodenstromes durch Einfluß der Heizspannung daher nicht möglich.

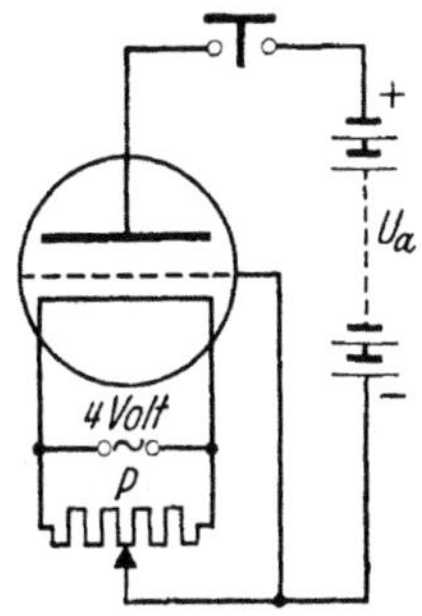

Abb. 28. Potentialvariometerschaltung zur Vermeidung des Netzbrummens.

Röhren mit indirekter Heizung sind „brummfrei“, eine Kunstschaltung der beschriebenen Art ist bei ihnen nicht nötig. Da heute in den Empfangsapparaten die Netzwechselstromheizung vorherrscht und sehr bequem ist, wird die schnelle Entwicklung der indirekt geheizten Röhren verständlich um so mehr, als das Abgleichen der direkt geheizten Röhren auf Brummfreiheit bei hoher Verstärkung nicht gelingt.

13. Die Überlagerung des Heiz- und Anodenstromes auf dem Kathodenfaden.

Die Überlagerung von Heiz- und Anodenstrom auf dem Faden (vgl. S. 6) kann durch einen Versuch nachgewiesen werden, dessen Schaltung in Abb. 29 angegeben ist. In die Heizleitungen zur Kathode einer RE 134 werden 2 Milliamperemeter (Meßbereich bis 150 Milliamp) gelegt, in die Anodenleitung kann ein weiteres Milliamperemeter (Meßbereich bis 50 Milliamp) kommen, was der Versuch indessen nicht notwendig verlangt. Die Anodenspannung beträgt

100 bis 150 Volt oder noch mehr; Gitter und Kathode werden kurzgeschlossen. Wenn der negative Pol der Anodenspannung der Reihe nach in vier Schaltungen zur Kathode geführt wird, wie Abb. 29 zeigt, so geben die Milliamperemeter *I* und *II* die Stromwerte an, die in Tabelle 8 eingetragen sind. Noch augenfälliger wird der Versuch, wenn die vier verschiedenen Stellungen schnell (ohne genauere Ablesung) abgetastet werden. Für *1* und *2* erhält man dann das gemeinsame Ergebnis, daß bei Anlegen des negativen Pols der Anodenspannung der Strom im Instrument *II* fällt, während er in *I* steigt; für Schaltung *3* fallen die Ströme in beiden Instrumenten, während für *4* das Umgekehrte eintritt. Die Tabelle 8 bestätigt diese Erscheinungen. Der Grund für dieses Verhalten der Instrumente geht aus folgender Betrachtung hervor. Der Anodenstrom teilt sich auf dem Faden und fließt über beide Fadenenden ab, und zwar auf der —-Heizungseite stärker (vgl. S. 6). In den Schaltungen *1* und *2* läuft er daher durch Instrument *II* entgegen, durch *I* mit dem Heizstrom, ersteres muß daher ein Fallen, letzteres ein Steigen des Summenstromes anzeigen. In der Schaltung *3* fließt der eine Teil des Anodenstromes nicht durch die Instrumente, die ihn daher auch nicht anzeigen können, der andere Teil dagegen durchfließt beide Instrumente entgegen dem Heizstrom, die also nach Anlegen der Anodenspannung beide einen Stromabfall zeigen müssen. In Schaltung *4* durchfließt der Emissionsstrom der —-Heizungseite des Fadens beide Instrumente in gleichem Sinne wie der Heizstrom, und der Summenstrom steigt. Der Versuch gelingt mit jeder Röhre; die RE 134 wurde gewählt, weil die zur Verfügung stehenden Nebenschlüsse bequem passen.

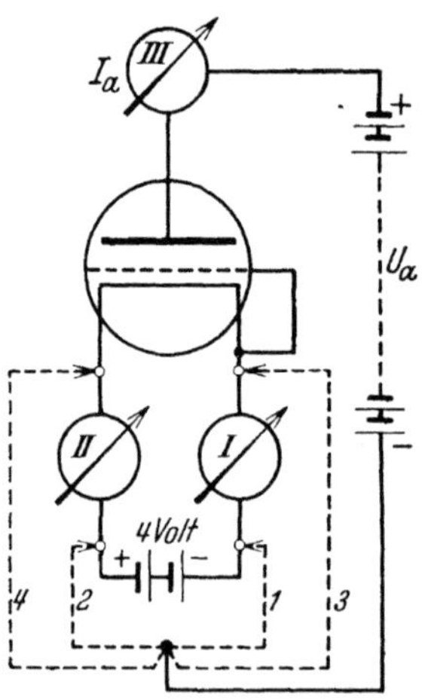

Abb. 29. Schaltung zur Untersuchung der Anodenstromverteilung auf dem Faden.

Tabelle 8.

Überlagerung von Heiz- und Anodenstrom auf dem Faden. RE 134.

Anodenspannung 150 Volt; Heizstrom I_h allein 128,0 Milliamp

Schaltung Nr.	I_a Instrument *III*	$I_a + I_h$ Instrument *II*	$I_a + I_h$ Instrument *I*
1	28,5	119,2	143,2
2	29,5	118,0	143,2
3	29,5	118,0	115,2
4	30,3	145,2	142,8
	$\cdot 10^{-3}$ Amp	$\cdot 10^{-3}$ Amp	$\cdot 10^{-3}$ Amp

14. Modell einer Exponentialröhre.

Wird die Charakteristik von parallelgeschalteten Röhren mit verschiedenem Durchgriff aufgenommen oder werden, was dasselbe ist, die Anodenströme von Röhren mit ungleichem Durchgriff für gleiche Gitterspannungen nach Tabelle 1 laufend addiert, z. B. der Röhren RE 604, RE 134 und RE 904, so ergibt sich eine resultierende Charakteristik nach Abb. 30. Die Kennlinie erfährt eine Umbiegung nach oben jedesmal dann, wenn diejenige Gitterspannung überschritten ist, die den Anodenstrom der Röhre mit kleinerem Durchgriff nicht mehr sperrt;

die Steilheit der Kennlinie wird dann plötzlich größer und behält nach Überwindung der Anfangskrümmung den größeren konstanten Wert. Die Steilheit des Röhrensatzes besitzt also außer der normalen Abhängigkeit von der Gitterspannung noch eine zusätzliche Abhängigkeit, die Steilheit nimmt sprungweise nach rechts zu; in dem Bereich zwischen —40 bis etwa —19 Volt ist ihr Wert am kleinsten und entspricht dem der RE 604, da der Anodenstrom der beiden anderen Röhren Null ist. Eine Durchgriffsbestimmung in der Brücke in diesem Bereich ergibt ebenfalls den Wert des Durchgriffs der RE 604; Messungen des Durchgriffs bei kleineren negativen Gitterspannungen bis etwa — 7 Volt zeigen Mittelwerte aus den Daten für RE 604 und RE 134, und für U_g nahe Null ergibt sich ein Mittel des Durchgriffs aller drei Röhren. Es ist leicht möglich, das Gitter einer einzigen Röhre gesetzmäßig nach dem gleichen Verfahren auszugestalten; die Röhre ändert dann ihre „Spannungsverstärkung" (vgl. Abschnitt 2) mit der Vorspannung am Gitter infolge der Änderung des Durchgriffs; die Änderung der Vorspannung kann auch automatisch erfolgen, und daher haben diese sog. „Exponentialröhren" wachsende Bedeutung zum Zweck des automatisch wirkenden Schwundausgleichs in Empfängern erhalten. Die Spannungsamplitude darf allerdings noch nicht groß sein, da sonst Verzerrungen der Sprechkurve auftreten.

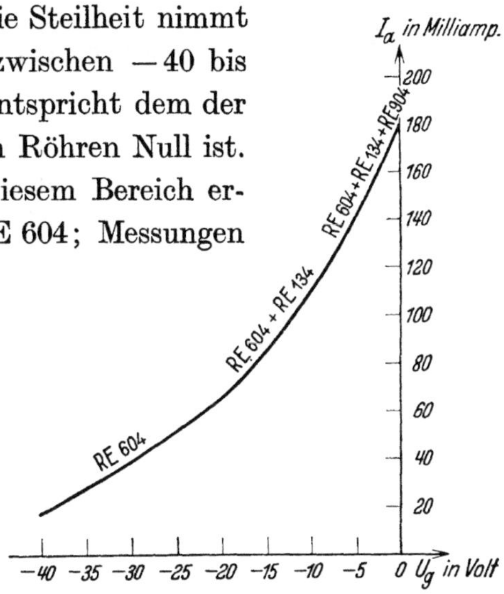

Abb. 30. Modellkennlinie einer Exponentialröhre.

Zweiter Abschnitt.

Die Einschaltung von Widerständen in den Anodenkreis der Röhre und ihre Folgen für den Anodenstrom und die Anodenspannung bei erregter Röhre[1].

A. Theorie.

Vorbemerkung. In der Folge ist die an der Anode liegende Spannung nicht mehr wesens- und größengleich der Spannung, die im Abschnitt 1 mit Anodenspannung bezeichnet wurde. Für alle folgenden Abschnitte soll die Spannung der den Anodenstrom treibenden Stromquelle, also die Netzspannung,

[1] **Zwischenerklärung. Für das Verständnis aller folgenden Abschnitte ist die Festlegung der Schreibweise einiger Formelzeichen notwendig, die dauernd gebraucht werden. Es sei (Abb. 31) *A* der konstante Ausschlag des Zeigers eines Instruments, das eine**

als Betriebsspannung U_b bezeichnet werden, während unter Anodenspannung U_a diejenige Spannung verstanden wird, die an der Anode liegt.

1. Die Grundregeln.

Wird in den Anodenkreis einer Dreielektrodenröhre ein Widerstand R_a gelegt (genannt Anodenwiderstand oder äußerer Widerstand), der die Dimension eines Ohmschen Widerstandes[1] habe (Abb. 32), so muß diesen der Anodenstrom durchfließen, der am Widerstande einen Spannungsabfall hervorruft von der Größe:

$$U_{R_a} = R_a \cdot I_a. \qquad (27)$$

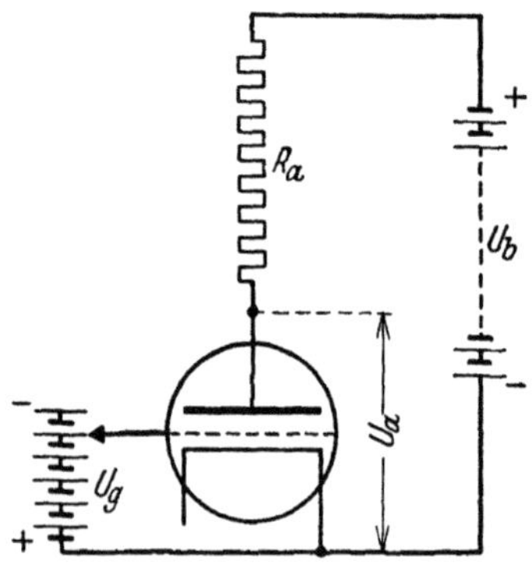

Abb. 32. Einschaltung eines Ohmschen Widerstandes in den Anodenkreis der Röhre.

Die Spannung zwischen Anode und Kathode der Röhre, d. h. die Anodenspannung, nimmt dann den Wert an:

$$U_a = U_b - R_a I_a. \qquad (28)$$

Nach Einsetzen dieses Wertes für U_a in die Gl. (25) erhält man:

$$I_a = f[U_g + D(U_b - I_a R_a)]. \quad U_b = \text{konst.} \qquad (29)$$

Um die Größe $D I_a R_a$ fällt die Steuerspannung mit wachsendem Anodenstrom, so daß die Steilheit der neuen Kennlinie einen geringeren Wert annehmen muß als die der normalen Charakteristik; die Steuerspannung nimmt ab mit wachsendem Durch-

---

physikalische Größe mißt. Der Ausschlag A sei in der Folge von einem zweiten wechselnden Ausschlag $\mathfrak{a}$ überlagert, der dem Gesetz gehorcht:

$$\mathfrak{a} = \mathfrak{A} \sin \omega t; \qquad (\omega = 2\pi f,\ f = \text{Frequenz})$$

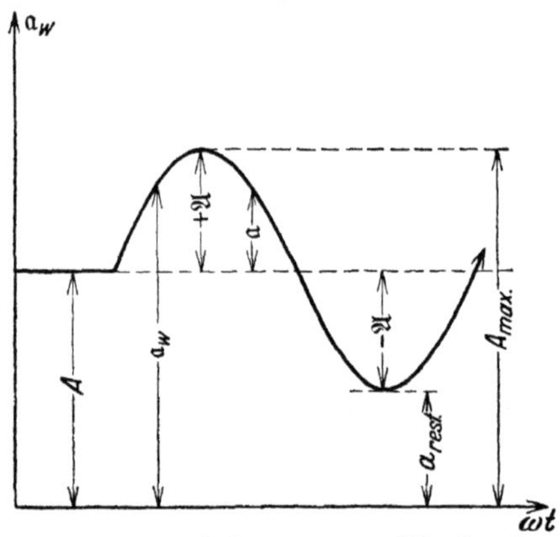

Abb. 31. Bezeichnung von Wechsel- und Gleichwerten.

$\mathfrak{A}$ ist der Scheitelwert oder die Amplitude, d. h. der höchste Wert, den der Zeitwert $\mathfrak{a}$ annehmen kann.

Der wahre Wert des Zeigerausschlags ist zu jeder Zeit gegeben durch die Gleichung

$$\mathfrak{a}_w = A + \mathfrak{A} \sin \omega t = A \pm \mathfrak{a}.$$

Der wahre Wert des Zeigerausschlags erreicht seinen Höchstwert für den Winkel $\pi/2$ und wird:

$$A_{max.} = A + \mathfrak{A}.$$

Der kleinste wahre Wert tritt für den Winkel $\frac{3}{2}\pi$ ein und ist:

$$a_{min.} = a_{rest.} = A - \mathfrak{A} \text{ (Restwert).}$$

Wechselnde Werte werden stets mit deutschen, konstante Werte mit lateinischen Lettern bezeichnet; die wahren Werte sind ebenfalls Wechselwerte und erhalten daher deutsche Schrift; die Maxima und Minima des wahren Wertes erreichen immer wieder (nach der Periode 2π) die gleiche Größe und sind daher lateinisch geschrieben.

In der Folge müssen für die allgemeineren Bezeichnungen $A, \mathfrak{A}, a, \mathfrak{a}$ in der Regel die besonderen Bezeichnungen $I, \mathfrak{J}, i, \mathfrak{i}$ für Ströme und $U, \mathfrak{U}, u, \mathfrak{u}$ für Spannungen gesetzt werden.

[1] In der Wechselstromlehre heißt ein Ohmscher Widerstand (R), der also einen Leistungsverbrauch bewirkt, „Wirkwiderstand"; nachfolgend wird diese Bezeichnung gebraucht, wenn der Zweck des Widerstandes ein Leistungsverbrauch ist. Wechselstromwiderstände, die durch Kapazität oder (und) Induktivität entstehen, heißen „Blindwiderstände".

griff der Röhre, woraus folgt, daß ihr „Steuervermögen" um so größer wird, je kleiner ihr Durchgriff ist; mit fallendem Durchgriff nähert sich die Steilheit der Kennlinie dem normalen Wert S.

Die Verminderung der Steilheit durch eingeschaltete Anodenwiderstände, die durch den Spannungsverbrauch des äußeren Widerstandes erfolgt, der also eine Verminderung der Spannung an der Anode bewirkt, heißt Anodenrückwirkung. Sie hat zur Folge, daß im Gegensatz zum Ohmschen Gesetz die Spannung an der Röhre abnimmt, wenn der Strom zunimmt, die Röhre verhält sich in dieser Schaltung als „negativer Widerstand". Da das Anwachsen des Anodenstromes durch zunehmende Gitterspannung veranlaßt wird, so läßt sich der allgemeingültige Satz aufstellen:

In den Anodenkreis einer Dreielektrodenröhre eingeschaltete Ohmsche Widerstände bewirken eine Verminderung der Steilheit S der normalen Charakteristik um so mehr, je größer der Widerstand und je größer der Durchgriff der Röhre ist. Der Anodenstrom wächst, aber die Anodenspannung fällt mit zunehmender Gitterspannung. Die entstehende Kennlinie bleibt geradlinig, solange die normale Charakteristik geradlinig ist. (30)

Dieser Satz ist fundamental für die Röhre als Verstärker und als Schwingungserzeuger (Wechselstromgenerator).

Wenn in Gl. (26) U_a als abnehmend angenommen wird, wie es bei Einschaltung eines Anodenwiderstandes nach Satz (30) der Fall ist, so geht der Ausdruck über in die Form:

$$\Delta I_a = S(\Delta U_g - D\Delta U_a)\,.$$

Die Änderungen Δ können als zunehmend oder abnehmend gedacht werden; es müssen dann nur die Vorzeichen vertauscht werden, so daß sich die Gleichung auch für Wechselströme beliebiger Amplitude schreiben läßt, solange S konstant ist. Es ist dann:

$$\mathfrak{i}_a = S(\mathfrak{u}_g - D\,\mathfrak{u}_a)$$

oder für die Amplituden geschrieben:

$$\mathfrak{J}_a = S(\mathfrak{U}_g - D\,\mathfrak{U}_a)\,. \tag{31}$$

Die Gl. (31) ist die Wechselstromgleichung der Röhre, in deren Anodenkreis ein Widerstand R geschaltet ist und die an ihrem Gitter mit einer Wechselspannung der Amplitude $\mathfrak{U}_g$ „erregt" wird. Anodenstrom und Gitterspannung sind stets in Phase, dagegen ist die Anodenspannung gegen jene um 180° phasenverschoben. Die Wechselstromamplitude wird um so größer, je kleiner der Durchgriff der Röhre ist.

Die Anodenwiderstände der Röhre sind oft keine rein Ohmschen Widerstände, sondern sie sind komplex, d. h. es ist neben dem Widerstand noch Induktivität oder (bzw. und) Kapazität vorhanden, die die Phasen verschieben[1]. Nur

[1] Über die Bezeichnung „komplex" vgl. weiter S. 71.

in dem besonderen Falle des schwach gedämpften Schwingungskreises (Abschnitt 3) verhält sich der komplexe Widerstand $\mathfrak{R}_a$ wie der Wirkwiderstand R_a gleichen Zahlwertes. In allen anderen Fällen macht der komplexe Widerstand $\mathfrak{R}_a$ die Phasenverhältnisse unübersichtlicher und die Rechnung schwieriger; diese Fälle können hier nicht erläutert werden.

Sobald die Röhre als Verstärkungsmittel benutzt wird, handelt es sich in der Regel darum, Wechselspannungen, die ihrem Gitter zugeführt sind, an ihrer Anode in erhöhter Amplitude aber sonst wesensgleich darzustellen und gegebenenfalls auf folgende Röhren zum Zwecke weiterer Verstärkung zu übertragen (Reihen- oder Kaskadenschaltung der Röhren). Wird die Röhre dagegen als Wechselstromgenerator benutzt, wobei dieser Generator „fremderregt“ oder „selbsterregt“ sein kann, so handelt es sich stets darum, mittels der ihrem Gitter zugeführten Wechselspannungen an dem äußeren Widerstand ihres Anodenkreises elektrische Wechselstromleistung zu gewinnen, die mittels der Röhre aus der ihr von der Betriebsspannung zugeführten Gleichstromleistung umgeformt wird. Die Röhre wirkt in diesem Sinne stets als Gleichstrom-Wechselstromumformer. Wenn angenommen wird, daß zur Aufrechterhaltung der am Gitter der Röhre wirksamen Spannung stets eine gewisse elektrische Leistung aufgebracht werden muß, so kann der Röhren-Wechselstromgenerator auch als Leistungsverstärker angesprochen werden.

2. Die Spannungsverstärkung.

Wird in Gl. (28) der Ausdruck U_a einmal $= 0$ und dann $= U_b$ gesetzt, so tritt die größte Spannungsschwankung an der Anode ein, die überhaupt möglich ist, denn sie wird gleich der Betriebsspannung. Der Wert $U_a = U_b$ des Ausdrucks ist praktisch leicht zu erreichen, denn es braucht nur durch die Wahl hinreichend großer negativer Gitterspannung der Strom I_a gesperrt zu werden; in diesem Falle liegt die volle Spannung der Betriebsbatterie an der Anode der Röhre. Die Bedingung $U_a = 0$ ist nicht erfüllbar[1], weil bei einer Anodenspannung 0 Volt ein Anodenstrom nicht fließen, ein Spannungsabfall am Anodenwiderstande daher auch nicht stattfinden könnte; bei positiver Amplitude $\mathfrak{U}_g$ der Gitterspannung muß aber nach dem Gesetz (30) auch der Anodenstrom den größten Wert haben; es muß daher stets eine Restspannung $u_{a\,\text{rest.}}$ an der Anode vorhanden bleiben, die mit der Spannung $+\mathfrak{U}_g$ zusammen die Amplitude $+\mathfrak{J}_a$ bewirkt. Eine Spannungsschwankung zwischen Anode und Kathode der Röhre von der Größe der Betriebsspannung ist also nicht herstellbar, sondern sie bleibt stets kleiner als dieser Wert.

Aus der Gl. (28) geht weiter hervor, daß irgendeine in den erwähnten Grenzen beliebige Spannungsänderung ebensowohl durch kleine Stromänderungen ΔI_a bei großem R_a wie durch große Stromänderungen ΔI_a bei kleinem R_a hervor-

[1] Das gilt nur für Ohmsche Widerstände; für Wechselstromwiderstände kann $U_a < 0$ werden, vgl. S. 125 (Abschnitt 3).

gerufen werden kann. Man wird stets kleine ΔI_a vorziehen, da größere Anodenströme die Anwendung von Röhren größeren Emissionsvermögens erforderlich machen; die Benutzung solcher Röhren wäre aber zwecklos, da nennenswerte elektrische Leistungen nicht aufgebracht werden sollen. Der Durchgriff der zu verwendenden Röhre muß klein sein, um ihr ein großes Steuervermögen zu geben, so daß durch kleine ΔU_g möglichst große ΔI_a und damit ΔU_a bewirkt werden. Es ergibt sich aus dieser Betrachtung, daß Spannungsverstärkerröhren einen kleinen Durchgriff besitzen müssen, aber nur ein geringes Emissionsvermögen zu haben brauchen.

Ist die Amplitude der Wechselspannung am Gitter $\mathfrak{U}_g$ und die Amplitude der Wechselspannung an der Anode $\mathfrak{U}_a$, so gilt die Beziehung:

$$\text{Verstärkungsverhältnis} = -\frac{\mathfrak{U}_g}{\mathfrak{U}_a}. \quad (32)$$

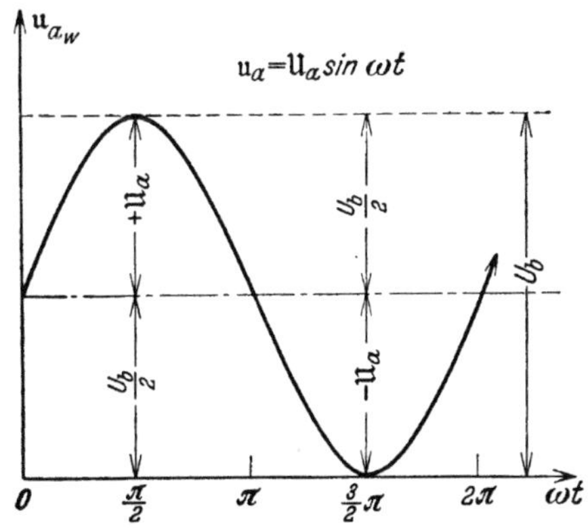

Abb. 33. Grenze der Amplitude der Anodenwechselspannung.

Die Amplitude $\mathfrak{U}_a$ kann im Grenzfalle bei sinusförmiger Spannungserregung am Gitter der Röhre den halben Wert der Betriebsspannung U_b erreichen (Abb. 33). Danach ist U_b die Betriebsspannung, $U_b/2$ der Wert der Anodenspannung in nicht erregtem Zustande der Röhre, d. h. dann, wenn keine Wechselspannung zwischen Gitter und Kathode gegeben wird, und $\mathfrak{U}_a = U_b/2$ der Scheitelwert der Wechselspannung zwischen Anode und Kathode, der praktisch wegen der Bedingung $u_{a\,\text{rest.}} > 0$ niemals erreicht wird.

Das negative Vorzeichen im Ausdruck (32) muß gesetzt werden, weil nach Satz (30) beide Spannungen eine Phasenverschiebung von 180° haben.

Die Gl. (32) läßt die Frage nach der Größe der Verstärkung unbeantwortet, sie wird durch folgende Betrachtung gelöst. Nach Gl. (31) wird:

$$\mathfrak{u}_g - D\,\mathfrak{u}_a = \frac{\mathfrak{i}_a}{S}.$$

Die Wechselspannung $\mathfrak{u}_a$ soll, durch $\mathfrak{u}_g$ verursacht, einen möglichst hohen Wert annehmen. Wird $\mathfrak{u}_a$ größer und größer — was durch Erhöhen des äußeren Widerstandes R_a geschieht —, so wird schließlich:

$$\mathfrak{u}_g = D\,\mathfrak{u}_a.$$

Einen höheren Wert, als dieser Gleichung entspricht, kann $\mathfrak{u}_a$ nicht annehmen, denn es wird für $\mathfrak{u}_g = D\,\mathfrak{u}_a$ die Steuerspannung $= 0$, so daß auch der Anodenwechselstrom $\mathfrak{i}_a = 0$ wird. Aus der Gleichsetzung der beiden Teilsteuerspannungen für $\mathfrak{i}_a = 0$ ergibt sich:

$$\text{Verstärkungsfaktor} = \frac{\mathfrak{u}_g}{\mathfrak{u}_a} = \frac{\mathfrak{U}_g}{\mathfrak{U}_a} = D\,(\text{Höchstwert der Spannungsverstärkung}). \quad (33)$$

Das ist der theoretisch mögliche Grenzwert des Verstärkungsverhältnisses, der jedoch praktisch nicht erreicht wird, weil der Röhrenwiderstand gegen den

Anodenwiderstand verschwinden müßte, was nicht der Fall ist; denn durch Erhöhung des Anodenwiderstandes wird der Röhrengleichstrom herabgesetzt, und mit Näherung an das Stromanlaufgebiet wird bekanntlich der Röhrenwiderstand sehr groß, so daß die Bedingung $R_a \rangle\rangle\rangle R_i$ nicht zu erfüllen ist. Die mögliche Verstärkung bleibt also stets unter dem Wert, der der Gl. (33) entspricht, sie wächst aber mit fallendem Durchgriff, wie zu erwarten war.

Als Spannungsverstärkerröhren eignen sich daher, um die Übungsröhren des Abschnittes 1 als Beispiel zu nehmen, die Typen RE 034 und RE 904 in gleicher Weise gut, die Typen RE 074, 1104 und RE 134 mittelmäßig und endlich die Type RE 604 sehr schlecht. Einen Vorzug als Spannungsverstärkerröhre besitzt die RE 134 gegen die RE 074 und RE 1104 trotz ihres größeren Emissionsvermögens in keiner Weise.

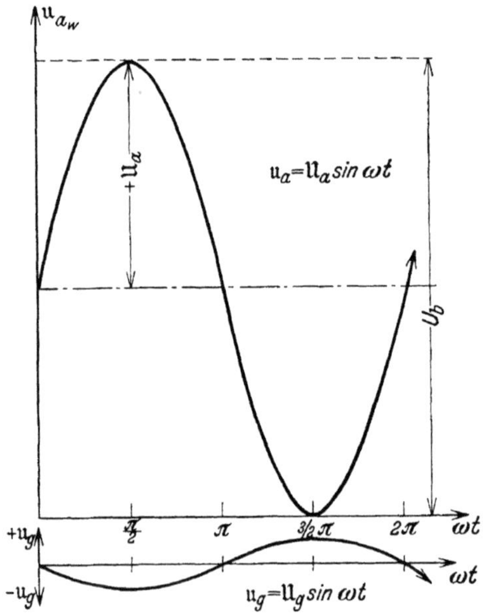

Abb. 34. Verstärkungsverhältnis $\mathfrak{U}_g : \mathfrak{U}_a = 1 : 10$.

Der Scheitelwert der Anodenwechselspannung kann nach den früheren Ausführungen höchstenfalls nur den halben Wert der Betriebsspannung erreichen, wenn formgetreue Abbildung der Gitterwechselspannung aufrechterhalten bleiben soll. Bei allen Röhrenverstärkern ist diese Bedingung als Regel zu betrachten (= lineare Verstärkung), Gitterwechselspannung und Anodenwechselspannung sind dabei um 180° phasenverschoben. In der Abb. 34 ist ein Röhrendurchgriff von 10%, also ein Verstärkungsfaktor = 10 vorausgesetzt, und es ist angenommen, daß dieser erreicht wird, $\mathfrak{U}_g : \mathfrak{U}_a$ verhalten sich demnach wie 1 : 10. Eine weitere Erhöhung der Gitterwechselspannung würde die Anodenwechselspannung über den Grenzwert $\mathfrak{U}_a = U_b/2$ zunehmen lassen. Da dies ohne Erhöhung der Betriebsspannung nicht möglich ist, so bleibt die wahre Anodenspannung eine Zeitlang = 0 bzw. = U_b; $\mathfrak{U}_a$ ist im Gegensatz zur sinusförmig angenommenen Gitterwechselspannung nicht mehr sinusförmig, „die Abbildung wird verzerrt" (= nichtlineare Verstärkung). Solche Aussteuerungszustände sollen wie bereits bemerkt bei Röhrenverstärkern nicht vorkommen, bei Röhrengeneratoren bzw. -sendern ist oft nichtlineare Aussteuerung notwendig (vgl. S. 60).

In den Gleichungen (31) und (33) ist eine Frequenzbedingung nicht vorhanden, so daß diese Spannungsverstärkungsmethode an sich für Verstärkung von Wechselspannungen jeder Frequenz und auch von Gittergleichspannungen benutzt werden könnte. Mit wachsender Frequenz tritt jedoch eine Schwierigkeit insofern auf, als die innere Röhrenkapazität Gitter-Kathode zur Gitterwechselspannungsquelle einen Nebenschluß darstellt, der mehr und mehr zu einem Kurzschluß wird, so daß bei sehr hohen Frequenzen eine Verstärkung nach diesem Verfahren nicht mehr möglich ist. Grenzen sind zahlenmäßig genau nicht anzugeben, da die Röhrenkapazitäten je nach der Type große Unterschiede aufweisen (etwa 5 bis 25 $\mu\mu$F). Gleichspannungsverstärkung hat, falls sie formgetreu geschehen soll, die Bedingung zu erfüllen, daß der Widerstand der Apparatur, der die verstärkte Gleichspannung zugeführt werden soll, groß ist gegen den inneren Widerstand der Röhre.

Es liegen keinerlei Bedenken vor, die Spannungsverstärkung fortzusetzen, d. h. die an der Anode der Röhre hervorgerufene Spannung auf eine folgende Röhre zu übertragen, deren Gitter diese Spannung erhält und an deren Anode dann eine abermals verstärkte Spannung entsteht. Bei einem Röhrendurchgriff z. B. = 3% (RE 034, RE 904) würde dann an der Anode der zweiten Röhre im Idealfall schon ein Spannungsverhältnis $\mathfrak{U}_g : \mathfrak{U}_a = 1 : 1100$, an der Anode einer dritten in gleicher Weise angeschalteten Röhre schon ein Spannungsverhältnis 1 : 36000 vorhanden sein. In Fortsetzung dieses Verfahrens würde es gelingen, beliebig kleine Spannungsdifferenzen am Gitter der Eingangsröhre so weit zu verstärken, daß sie mit groben Mitteln nachweisbar werden. Eine untere Grenze für die Eingangsspannungen gäbe es danach nicht, weil sich ja die Verstärkung beliebig fortsetzen ließe. Indessen ist diese Schlußfolgerung falsch, da sowohl physikalische wie technische Schwierigkeiten auftreten, die der endlos weiteren Verstärkung eine Grenze setzen. Diese ist zunächst darin gegeben, daß bei fortgesetzter Serienschaltung der Röhren Selbsterregungserscheinungen infolge Rückkoppelung (Abschnitt 3) auftreten, der Verstärker erhält „Pfeifneigung", wobei die Schwingungen entweder niederfrequent oder auch hochfrequent sein können; dadurch wird der Verstärker labil und unbenutzbar zur Verstärkung der gewollten Frequenz oder der Gleichspannung. Allerdings lassen sich durch sorgfältigste elektrische und magnetische Abschirmung der Verstärkerteile gegeneinander Rückkoppelungen in hohem Grade vermeiden, so daß eine 10^6fache Verstärkung heute nichts Besonderes ist.

Wechselspannungen unterhalb einer gewissen Grenze (unterer Schwellwert) zu verstärken, gelingt außerdem deswegen nicht, weil die Röhre selbst gewisse Wechselströme geringster Amplitude erzeugt, die man als „Röhrenrauschen" bezeichnet; das Röhrenrauschen tritt auf als Folge von unvermeidlicher unregelmäßiger Elektronenemission (Schroteffekt) und als Folge von anderen Ursachen. Bei Wiedergabe von Sprechsendungen gibt es außerdem einen „Störpegel", d. h. es kommen auf das Mikrophon Geräusche, die nicht vermeidbar sind, so daß etwa gewollte noch leisere Töne dadurch unterdrückt werden.

Sollen geringe Gleichspannungsdifferenzen verstärkt werden, so muß eine Zusammenschaltung der Röhren (Kaskaden- oder Reihenschaltung) nach dem Schema der Abb. 35 erfolgen, nach welcher drei Röhren in dieser Weise geschaltet sind. Am Eingang der ersten Röhre liege eine geringe negative Spannung U_{g_1}, deren Zu- oder Abnahme $\varDelta U_{g_1}$ so klein sei, daß sie ohne weiteres nicht bestimmbar sei. Die „negativen Vorspannungen" U_{g_2} und U_{g_3} an den Gittern der beiden folgenden Röhren werden nötig, weil ohne sie die Gitter eine hohe „positive Vorspannung" über den Anodenwiderstand der Vorröhre erhalten, so daß ein starker Gitterstrom, der diesen Anodenwiderstand durchfließt, die Verstärkerwirkung der folgenden Röhre verhindern würde. Die negativen Spannungen U_{g_2} und U_{g_3} müssen so groß sein, daß die Vorspannung der betreffenden Röhre wieder negativ wird ($-U_g + \Delta U_a < 0$). Eine Spannungsänderung $\Delta U_{g_1} = {}^1/_{1000}$ Volt ergäbe dann an der Anode der dritten Röhre unter Voraussetzung des erwähnten Verstärkungsverhältnisses schon eine Spannungszunahme $\Delta U_{a_3} = 1{,}1$ Volt; die Verwendung einer weiteren Röhre würde diese Zunahme auf mehr als 30 Volt bringen. Die Bestimmung von ΔU_{g_1} ergibt sich nach der Messung von ΔU_{g_3} aus dem Verstärkungsverhältnis der ganzen Anordnung, das nach den früheren Ausführungen ja nicht das theoretisch mögliche Höchstmaß erreicht; es ist aber leicht zu erfahren, wenn zunächst größere ΔU_{g_1} genommen werden, die noch mit einem Instrument ablesbar sind. Der Aufbau eines solchen Verstärkers ist umständlich und teuer, weil die Batterien U_{g_2}, U_{g_3} ... nicht klein sind, worin schließlich ein technischer Hinderungsgrund für weitere Verstärkungsmöglichkeit eintreten würde. Es gibt noch einige weitere Schaltungen für die Verstärkung von Gleichströmen, die aber nur technische Abweichungen des erläuterten Verfahrens darstellen.

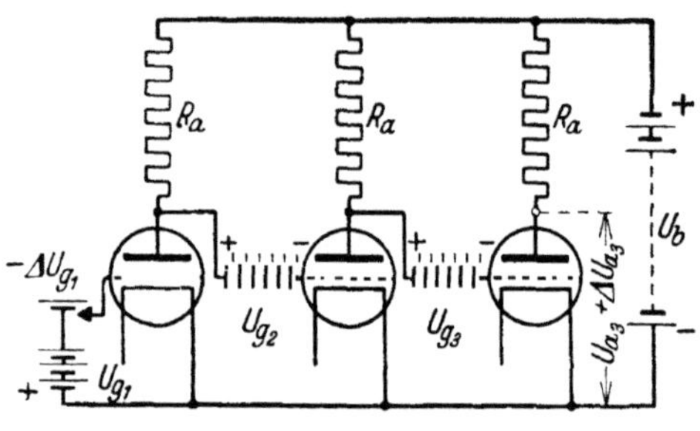

Abb. 35. Gleichspannungs-Dreifachverstärker.

Bei Verstärkung von Wechselspannungen wird der Verstärker anders aufgebaut. Wechselspannungen lassen sich je nach ihrer Frequenz durch größere oder kleinere Kondensatoren übertragen, wodurch die Vorspannungsbatterien U_{g_2} und U_{g_3} der Abb. 35 unnötig werden. Die Anode der Vorröhre wird mit dem Gitter der folgenden Röhre durch einen sog. Kopplungskondensator C_g verbunden, der die Anodenwechselspannungen überträgt (Abb. 36). Das Gitter der auf diese Weise angekoppelten Röhre braucht eine negative Vorspannung, die auf zweierlei Art zugeführt werden kann. Entweder benutzt man als „Gitterableitung" eine Drosselspule, die aber die notwendige Bedingung erfüllen muß, daß ihr induktiver Widerstand gegen alle zu übertragenden Frequenzen sehr groß ist; sie wird mit ihrem zweiten Pol an den negativen Pol der Vorspannungsbatterie geführt. Da solche Spulen oft Resonanzkreise darstellen (wegen ihrer unvermeidbaren Eigenkapazität), wird in der Regel von einer anderen Art der Ableitung Gebrauch gemacht, die in der Abb. 36 schematisch angegeben ist. Die Widerstände R_g sind sog. Hochohmwiderstände (etwa 1 MΩ) gleicher Art wie die Widerstände R_a, deren Belastungsfähigkeit

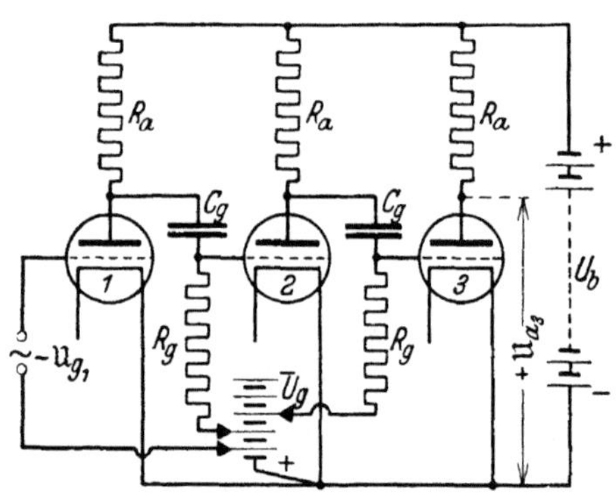

Abb. 36. Wechselspannungs-Dreifachwiderstandverstärker.

nur gering zu sein braucht, die aber die unerläßliche Bedingung erfüllen müssen, daß sie ihren Widerstand mit der angelegten Spannung nicht ändern. In den ersten Jahren der Funktechnik wurden diese Widerstände aus Kohleniederschlaghäutchen hergestellt, die die erwähnte Forderung keineswegs befriedigten; heute sind Widerstände im Handel, die in dieser Beziehung einwandfrei arbeiten. Die Ableitungen werden zu einer gemeinsamen Vorspannbatterie U_g geführt, die je nach Bedarf abgegriffen wird.

Die Wechselspannungsverstärker solcher Bauart sind nicht mehr frequenzunabhängig in den Grenzen, wie sie eingangs festgelegt wurden. Das ist erklärlich, weil die Kopplungskondensatoren für verschiedene Frequenzen ungleich durchlässig sind. Die Berechnungen der einzelnen Kopplungselemente für eine gute Abbildung eines gewissen Frequenzbereiches (etwa 30 bis 10000 Hertz) sind umfangreich und können hier nicht näher angegeben werden; als Resultat ergeben sich Übertragungskondensatoren der Größenordnung 5000 $\mu\mu$F. Zur Bezeichnung dieser Verstärkerart hat sich der Name „Widerstandverstärker" eingebürgert.

Als Grenze für die Amplitude der Wechselspannung an der letzten Röhre gilt die gleiche wie für eine einzige Verstärkerröhre; die Wechselspannung kann nicht größer als $\mathfrak{U}_a = U_b/2$ sein, ist aber praktisch wegen der Bedingung $u_{a\,\text{rest.}} > 0$ stets kleiner. Ferner muß die Bedingung erfüllt sein, daß bei positivem Scheitelwert der Gitterspannung die Differenz $\mathfrak{U}_g - U_g$ noch kleiner als 0 Volt ist, um Gitterströme auszuschließen.

In Abb. 37 sind die Phasenverhältnisse der einzelnen Röhrenwechselspannungen eines Dreiröhrenwiderstandverstärkers nach Schaltart der Abb. 36 dargestellt, die Eingangsspannung $\mathfrak{U}_{g_1}$ hat zu der Spannung $\mathfrak{U}_{a_1} = \mathfrak{U}_{g_2}$ eine Phasenverschiebung von 180°, dagegen mit der Anodenspannung $\mathfrak{U}_{a_2}$ an der zweiten bzw. der Gitterspannung $\mathfrak{U}_{g_3}$ an der dritten Röhre wieder die gleiche Phase, endlich zur Anodenspannung an der dritten Röhre wieder eine Phasenverschiebung von 180°. Die Amplitudenverhältnisse richtig darzustellen, ist wegen der großen Verstärkungsziffer nicht mehr möglich gewesen, als Scheitelwert der Endwechselspannung $\mathfrak{U}_{a_3}$ ist der theoretische Grenzwert $U_b/2$ angenommen.

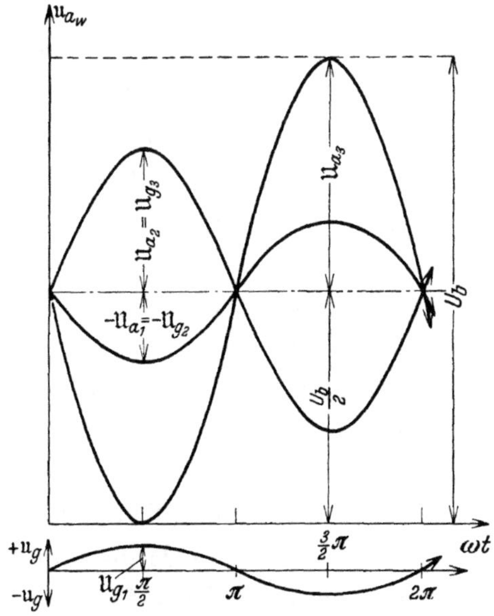

Abb. 37. Phasenverhältnisse bei einem Dreifachwiderstandverstärker.

In der Verstärkertechnik sind außer der Widerstandverstärkung noch zwei weitere Verfahren weitgehend im Gebrauch, die Transformatorkopplung der aufeinanderfolgenden Röhren und die Ankopplung mittels Schwingungskreisen, die unter sich auf Abstimmung gebracht sind. Ersteres Verfahren wird nur für niederfrequente (= Ton-) Verstärkung, letzteres nur für

Hochfrequenzverstärkung benutzt. Die Ankopplung mittels eines Transformators, auch Übertrager genannt, ist in Abb. 38 im Schema angegeben. Die Primärwicklung des Transformators (*Tr.*) ist in den Anodenkreis der ersten Röhre, die Sekundärwicklung in den Gitterkreis der zweiten Röhre gelegt, eine Schaltung, die auf weitere Röhren fortgesetzt werden kann. Während beim Widerstandverstärker wie erläutert die Phasenverhältnisse der einzelnen verstärkten Spannungen untereinander festgelegt sind, kann beim Transformatorverstärker durch Umpolung der Anschlüsse einer Wicklung die Phase willkürlich um 180° gedreht werden, ein Verfahren, von dem zur Verhütung von Rückkopplungen umfangreich Gebrauch gemacht wird. Die Transformatorverstärkung ist älter als die Widerstandverstärkung, auch ist erklärlicherweise ihre Theorie früher entwickelt worden. Für Telephonieverstärker hat sie weitgehend der letzteren das Feld räumen müssen, weil es sehr schwierig gewesen ist, Sprechtransformatoren zu entwickeln, die keine Frequenzabhängigkeit zeigen; das Problem ist heute als gelöst zu betrachten, doch ist trotzdem der Widerstandverstärker in dieser Beziehung überlegen. Die Spannungsamplitude an der Sekundärwicklung scheint zunächst willkürlich beliebig hoch wählbar, da das Übersetzungsverhältnis in weitesten Grenzen veränderbar ist; praktisch ist jedoch sehr bald zumal für hohe Frequenzen eine Grenze erreicht, weil die Eigenkapazität der Wicklung dann einen Kurzschluß darstellt; Spannungsverstärkungen 1 : 20 eines Transformators müssen schon als hoch angesprochen werden, so daß in dieser Beziehung eine andere Größenordnung als beim Widerstandverstärker nicht erreicht wird. Eine Ausnahme gilt nur für spezielle Fälle der drahtlosen Telegraphie, wo die Buchstaben nach dem Morsealphabet mittels Tonsendung durch Kopfhörer hörbar gemacht werden. Man wählt einen Tonbereich, für den das Ohr besonders empfindlich ist, etwa 1000 Hertz, und wickelt den Transformator so, daß er auf diese Frequenz abgestimmt ist; die entstehenden Resonanzschwingungen ergeben dann eine größtmögliche Spannungsverstärkung nur für diese Frequenz (Tonverstärker für Telegraphie).

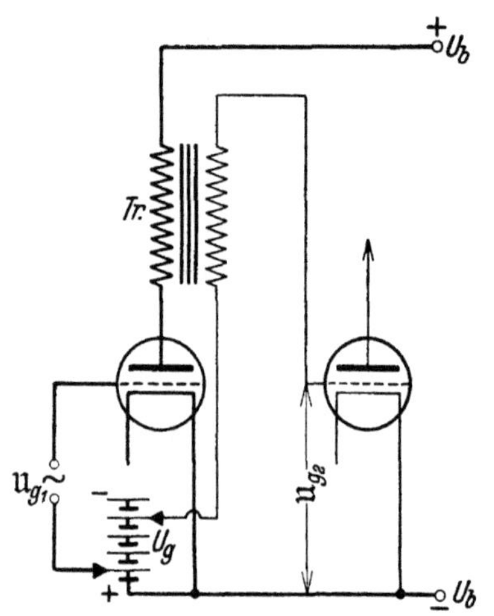

Abb. 38. Transformatorverstärker.

Die Theorie des Transformatorverstärkers kann hier nicht näher angegeben werden, weil die Transformatortheorie nicht als bekannt vorausgesetzt werden soll; zur Theorie der Röhre selbst bringt das Problem keine weitere Aufklärung.

Der Hochfrequenzverstärker mittels abgestimmter Schwingungskreise soll in Abschnitt 3 behandelt werden.

3. Die Gleichstrom-Wechselstromumformung (Leistungsverstärkung).

Es sei wiederum in den Anodenkreis der Röhre ein Ohmscher Widerstand (= Wirkwiderstand) R_a gelegt (Abb. 32), in dem Wechselstromleistungen gewonnen werden sollen. Die Forderung, daß möglichst die gesamte zur Verfügung stehende Betriebsspannung U_b bis auf die Restspannung, die zur Herstellung des maximalen Anodenstroms nötig ist, an dem Anodenwiderstand R_a umgesetzt werden soll, gilt auch hier. Da aber elektrische Leistungen gewonnen werden sollen, ist einleuchtend, daß die für die Spannungsverstärkung ausreichende Forderung der Bereitstellung nur sehr geringer Emissionsströme hier keine Geltung haben kann. Weil es sich stets um die Umformung von Gleichstromleistungen handelt, die der Röhre von der Betriebsspannung zugeführt werden, ist klar, daß auch die Wechselstromleistungen um so größer werden müssen, je größer die Emissionsfähigkeit der Röhre ist.

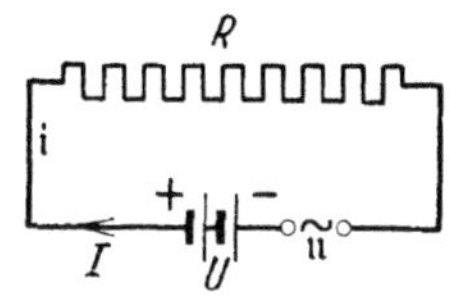

Abb. 39. Gleichspannung und Wechselspannung, in Reihe auf einen Wirkwiderstand geschaltet.

Für die an einem Wirkwiderstand R verbrauchte Wechselstromleistung gilt, falls es sich um sinusförmig verlaufende Wechselspannungen handelt (Abb. 39):

$$\mathfrak{N}_{\text{verl.}} = \frac{\mathfrak{U}\,\mathfrak{J}}{2} = \frac{\mathfrak{J}^2}{2} \cdot R = \mathfrak{i}_{\text{eff}}^2 \cdot R\,. \tag{34}$$

Überlagert sich die Wechselspannung einer Gleichspannung bzw. der Wechselstrom einem Gleichstrom, so daß $\mathfrak{U} = U$ und $\mathfrak{J} = I$, wird ferner festgesetzt, daß Wechselstrom und Wechselspannung in der Phase um 180° verschoben sind (Abb. 40), so gilt:

$$\mathfrak{N}_{\text{nutz.}} = -\frac{\mathfrak{U} \cdot \mathfrak{J}}{2} = \frac{IU}{2}\,, \tag{35}$$

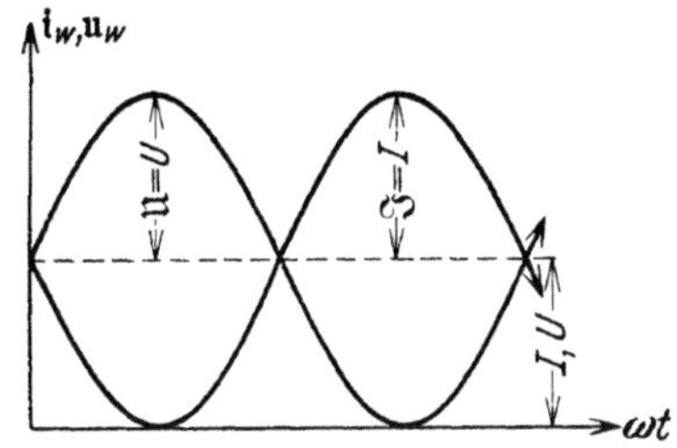

Abb. 40. Wahre Werte von Strom und Spannung bei 180° Phasenverschiebung und für $\mathfrak{U} = U$ und $\mathfrak{J} = I$.

Die Wechselstromleistung hat jetzt ein negatives Vorzeichen, d. h. sie ist an dem Widerstand gewonnen worden; an einem normalen Widerstand ist das nicht möglich, sondern nur an einem negativen Widerstand. Die gewonnene Wechselstromleistung ist zahlenmäßig gleich der Hälfte derjenigen Leistung, die verbraucht wird, wenn durch den Widerstand ein Gleichstrom I fließt, der die Klemmenspannnung U bewirkt, denn der Wert des Produktes der wahren Spannungen und Ströme $\mathfrak{i}_w \cdot \mathfrak{u}_w$ wird zweimal während einer Periode gleich Null. (In der Abb. 40 sind die Maßstäbe von U und I gleichgesetzt, was belanglos ist.) Ist $\mathfrak{U} < U$ oder (bzw. und) $\mathfrak{J} < I$, so wird $\mathfrak{N} < UI/2$. Diese allgemeine Betrachtung hat Wichtigkeit für das Verständnis der folgenden Darlegungen. —

Bei Wechselstromleistungsverstärkung (um solche handelt es sich stets) mittels der Röhre können vier verschiedene Fälle streng unterschieden werden:

a) Leistungsverstärkung bei unterdrücktem Gitterstrom und sehr kleinen Aussteuerungsamplituden;

b) Leistungsverstärkung bei unterdrücktem Gitterstrom und großen Aussteuerungsamplituden (Kraftverstärker)[1];

[1] Über diesen Ausdruck vgl. S. 146 oben.

c) Leistungsverstärkung bei nicht unterdrücktem Gitterstrom und Aussteuerung der Charakteristik bis zur Null- und Sättigungsgrenze;

d) Leistungsverstärkung bei nicht unterdrücktem Gitterstrom und Aussteuerung der Charakteristik weit über die Sättigungs- und Nullgrenze hinaus.

Alle Röhren, die als Leistungsverstärker dienen sollen, besitzen oft einen „Vorverstärker" mit einer oder mehreren in Reihe geschalteten Röhren, die lediglich die Aufgabe haben, die „Eingangswechselspannung", d. h. die Wechselspannung am Gitter der ersten Röhre, so weit zu verstärken, bis die Erregerspannung am Gitter der Leistung abgebenden Röhre, der sog. „Endröhre", groß genug geworden ist.

a) Leistungsverstärkung bei unterdrücktem Gitterstrom und sehr kleinen Aussteuerungsamplituden.

Der Gitterstrom kann nur bei negativen Gittervorspannungen unterdrückt werden, es muß also die Bedingung erfüllt sein, daß die wahre Gitterspannung stets < 0 bleibt. Das ist nur möglich, wenn das Gitter eine so hohe negative Vorspannung erhält, daß

$$-U_g + \mathfrak{U}_g < 0\,. \tag{36}$$

Das Auftreten von Gitterströmen ist wegen ihrer dämpfenden Wirkung[1] bei allen Verstärkern zu verhindern, die linear verstärken sollen (Telephonieverstärker), alle derartigen Verstärkeranordnungen müssen daher bei hinreichend hohen negativen Gittervorspannungen (= hinreichend kleinen konstanten Gitterspannungen als mittlere Spannung) arbeiten. In der Anodenstromkennlinie wird die Linearität gewahrt, weil die Charakteristik in kleinen Aussteuerungsbereichen als geradlinig angesehen werden kann; das Aufsuchen einer Gegend großer Steilheit ist dabei Voraussetzung.

Wie für eine gegebene Röhre mit dem Durchgriff D und der Steilheit S durch eine an ihrem Gitter erzeugte Wechselspannung mit dem Scheitelwert $\mathfrak{U}_g$ die maximale Leistung auf ihren Anodenwiderstand R_a übertragen wird, ergibt sich aus einer einfachen Rechnung:

Nach der Gl. (33) ist $\mathfrak{U}_g/\mathfrak{U}_a = D$ das größtmögliche Spannungsverhältnis zwischen Gitter- und Anodenspannung, das herstellbar ist. Es tritt ein, wenn der innere Widerstand gegen den äußeren Widerstand verschwindet, wenn also der Spannungsabfall der Wechselspannung innerhalb der Röhre $= 0$ ist. Es ist deshalb:

$$\mathfrak{U} = \frac{\mathfrak{U}_g}{D} \tag{37}$$

die Amplitude der wirksamen EMK der Röhre, die mit der Spannungsamplitude $\mathfrak{U}_g$ erregt wird. Ist der innere Widerstand gegen den äußeren Widerstand nicht zu vernachlässigen, so gilt:

$$\mathfrak{U} = \text{Amplitude der EMK} = \frac{\mathfrak{U}_g}{D} = \mathfrak{J}_a(R_i + R_a)\,. \tag{38}$$

---

[1] Es liegt bei auftretendem Gitterstrom plötzlich ein Belastungswiderstand R_{ig} zwischen Gitter und Kathode; er ist ∞ bei $I_g = 0$.

Die Röhre wirkt als ein Wechselstromgenerator mit dem inneren Widerstand R_i und der Amplitude der EMK $\mathfrak{U}_g/D$, der auf einen äußeren Widerstand R_a arbeitet. Die Amplitude der am äußeren Widerstand verbrauchten Spannung ist dann

$$\mathfrak{U}_{R_a} = \mathfrak{J}_a \cdot R_a\,.$$

Hieraus und aus Gl. (38) folgt:

$$\mathfrak{U}_{R_a} = \frac{\mathfrak{U}_g}{D}\,\frac{R_a}{R_i + R_a}\,.$$

Die am Widerstand R_a verbrauchte Wechselstromleistung ist nach Gl. (34):

$$\mathfrak{N}_{R_a} = \frac{\mathfrak{U}_{R_a} \cdot \mathfrak{J}_a}{2}$$

oder für $\mathfrak{J}_a = \mathfrak{U}_{R_a}/R$

$$\mathfrak{N}_{R_a} = \frac{\mathfrak{U}_{R_a}^2}{2R}\,.$$

Die Leistung wird ein Maximum für $R_a = R_i$, so daß sich schließlich ergibt:

$$\mathfrak{N}_{R_a\,\text{max.}} = \frac{\mathfrak{U}_g^2}{8R_i} \quad \text{für} \quad R_a = R_i\,,$$

und weil $R_i = 1/SD$ nach Gl. (16), so ist:

$$\mathfrak{N}_{R_a\,\text{max.}} = \frac{\mathfrak{U}_g^2}{8}\,\frac{S}{D} \quad \text{für} \quad R_a = R_i \tag{39}$$

die maximale Leistung, die von der Röhre auf den Widerstand R_a abgegeben werden kann; der Ausdruck S/D heißt „Güte“ der Röhre.

Diese Leistung wird durch Umwandlung der der Röhre zugeführten Gleichstromleistung gewonnen; die Röhre ist mehr belastet, wenn sie nicht erregt ist, d. h. ihre Anodenverlustleistung fällt nach erfolgter Erregung durch die Wechselspannung an ihrem Gitter. Die nähere Begründung und der Beweis für diese Aussage wird erst weiterhin gegeben.

Die Leistungsverstärkung für geringe Spannungs- und Stromamplituden besitzt heute kaum noch Bedeutung; in der Regel werden an der Endröhre so große Spannungsamplituden erzeugt, daß ihre Charakteristik für solchen Aussteuerbereich nicht mehr als geradlinig betrachtet werden darf.

b) Die Leistungsverstärkung bei unterdrücktem Gitterstrom für große Aussteuerungsamplituden (Kraftverstärker)[1].

Bei größeren Gitterwechselspannungsamplituden ist Linearität zwischen Gitterspannung und Anodenstrom nicht mehr vorhanden, da wie bekannt die Charakteristik nicht geradlinig verläuft, sondern nach rechts an Steilheit zunimmt. Deshalb ist auch bei größeren Amplituden die Bezeichnung „unverzerrte Ausgangsleistung“ nicht berechtigt, wenn sie rein theoretisch genommen wird; eine gewisse Verzerrung besteht stets, und es ist nur dafür zu sorgen, daß sie eine gewisse Größe nicht überschreitet; ist diese nicht erreicht, so ist praktisch die Annäherung an die Linearität so weit getrieben, daß die Bezeichnung „nichtverzerrt“ zulässig ist.

[1] Vgl. Fußnote S. 47.

Die Größe der Verzerrung ist theoretisch definiert und kann durch verhältnismäßig einfache Verfahren einwandfrei gemessen werden. Durch die Nichtlinearität der Charakteristik wird bei Erregung der Röhre mit einer Frequenz n einer bestimmten Amplitude im Anodenstromkreis nicht nur die Erregerfrequenz mit der Amplitude $\mathfrak{A}_n$ erzeugt, sondern es entstehen eine Reihe von anderen höheren Frequenzen $2\,n$, $3\,n$ ... mit den Amplituden $\mathfrak{A}_{2n}$, $\mathfrak{A}_{3n}$ ..., die kleiner sind als die Amplitude der Grundfrequenz. Nach K. Küpfmüller heißt der Ausdruck

$$\sqrt{\frac{\mathfrak{A}_{2n}^2 + \mathfrak{A}_{3n}^2 + \cdots}{\mathfrak{A}_n^2}} \quad \text{Klirrfaktor.}$$

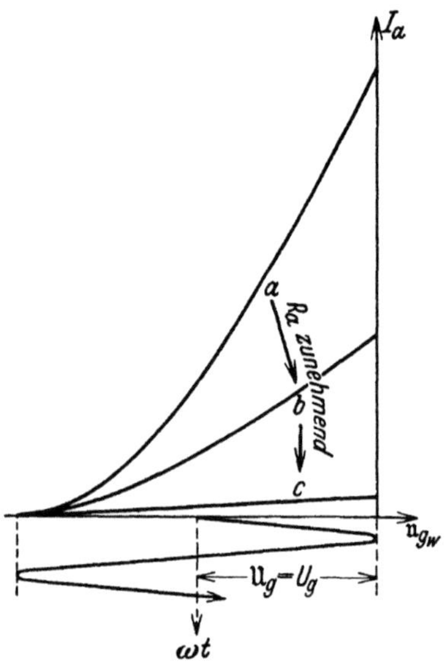

Abb. 41. Zunehmende Linearität und abnehmende Steilheit der Kennlinie mit wachsendem R_a.

Der Klirrfaktor darf eine bestimmte Größe, die nach dem Gehör zu etwa 5% gefunden worden ist, nicht überschreiten, wenn eine Verzerrung (= Veränderung der Klangfarbe) nicht gehört werden soll; bleibt er kleiner, so ist die Ausgangsleistung der Röhre als unverzerrt zu bezeichnen.

Wie eine Herabsetzung des Klirrfaktors durchgeführt wird, zeigt folgende Überlegung (Abb. 41). Es sei die Kennlinie a die natürliche Charakteristik einer Röhre, in deren Anodenkreis also zunächst ein Widerstand nicht eingeschaltet sei; die Kennlinien b und c sind entstanden, indem schrittweise ein Widerstand R_a (Abb. 32) für jede neue Kennlinie vergrößert worden ist. Die Kennlinien müssen eine abnehmende Steilheit zeigen, weil die Steuerspannung $U_{\text{st.}}$ infolge der Anodenrückwirkung stets abnimmt. Die Krümmung, die für die normale Charakteristik den größten Wert annimmt, wie das Diagramm zeigt, wird mit wachsenden Widerständen kleiner und kleiner, während die Amplitude der Wechselspannung stets die numerische Größe $\mathfrak{U}_g = U_g$ behält. Für die Kurve c ist die Restspannung $(U_b - I_a R_a)$ bereits sehr klein, die Kurve gibt etwa die Stromamplituden der Spannungsverstärkung wieder, die also stets sehr nahe als unverzerrt angesehen werden kann. Da aber die Stromamplituden sehr klein sind, ist auch das Produkt $\mathfrak{U}_a \mathfrak{J}_a$, das ein Maß für die übertragene Leistung darstellt, ebenfalls sehr gering und die Ausnutzung der Röhre in dieser Beziehung sehr schlecht. Man verkleinert deswegen den Widerstand R_a, und erhält dann eine wachsende Leistungsabgabe, die aber eine Erhöhung des Klirrfaktors unausbleiblich im Gefolge hat; R_a kann nur so weit verkleinert werden, bis der Klirrfaktor 5% nicht übersteigt.

Für das Maximum der Leistungsübertragung auf den Anodenwiderstand gilt wieder die Gl. (39); es ist aber zu bedenken, daß dieses Maximum unter Umständen wegen des dann zu großen Klirrfaktors nicht erreicht werden kann; ferner ist noch zu berücksichtigen, daß die Anodenverlustleistung für $R_i = R_a$ vielleicht den zulässigen Höchstwert überschreitet. Die Theorie des Verstärkers bei unterdrücktem Gitterstrom für große Aussteuerungsamplituden ist sehr verwickelt und kann deswegen hier nur gestreift werden; für eingehendere Kenntnisnahme muß auf ausführlichere Werke verwiesen werden[1].

Leistungsverstärker bei unterdrücktem Gitterstrom für großen Aussteuerbereich, bei denen in weitgehendem Maße Linearität zwischen Gitterspannung und Anodenstrom (bzw. -spannung) bestehen sollte, werden auf der Wiedergabestation (Empfänger) für Rundfunk- und Tonfilmübertragungen gebraucht; die notwendige „unverzerrte Ausgangsleistung" liegt zwischen $^1/_2$ bis 1 Watt (für Hausgeräte) und 200 Watt und mehr (für große Säle und Außenübertragungen); alle Geräte dieser Art besitzen einen Vorverstärker, der die oben erläuterte Bedingung erfüllen muß; die Spannungen sind nicht sinusförmig, sondern aus einem Gemisch einer großen Zahl von Frequenzen zusammengesetzt (vgl. Abschnitt 4). Die Emissionsfähigkeit der Endröhre (und ihre Betriebsspannung) muß um so größer sein, je größer die abzugebende Nutzleistung sein soll, wobei auch die Anodenverlustleistung im gleichen Maße wächst. Der Anodenstrom z. B. der RE 134 und RE 604, die beide als Endröhren Verwendung finden, ist bekannt; die unverzerrte Höchstausgangsleistung der RE 134 wird mit etwa 0,4 Watt, der RE 604 mit etwa 1,5 Watt angegeben (vgl. die Messung S. 127). Durch Parallelschaltung der Röhren lassen sich entsprechend größere Nutzleistungen erzielen. Eine Röhre für unverzerrte Ausgangsleistungen z. B. bis 10 Watt ist die RV 239, ihre Betriebsspannung ist 800 Volt, ihr Anodenstrom bei $U_g = 0$ Volt beträgt bereits weit über 200 Milliamp. Röhren, die eine unverzerrte Ausgangsleistung von 200 Watt übertragen sollen, besitzen schon einen Emissionsstrom von 1 Amp. und eine Betriebsspannung von mehreren tausend Volt.

Der Vorgang der Energieübertragung von der Röhre auf ihren Anodenwiderstand ist auch im vorstehenden noch nicht behandelt worden, er soll im folgenden Absatz c) erläutert werden.

c) Die Leistungsverstärkung bei nicht unterdrücktem Gitterstrom und Aussteuerung der Charakteristik bis zur Null- und Sättigungsgrenze.

Es sei angenommen, daß die Charakteristik der Röhre ideal verlaufe, d. h. sie sei geradlinig, und der Anlauf- und Sättigungsknick sei scharf ausgeprägt. Die Charakteristik sei, wie hoch auch immer der Anodenwiderstand gewählt werde, so weit durch die Gitterwechselspannung ausgesteuert, daß gerade die beiden Knicke erreicht sind; solche Aussteuerungswechselspannungen, die die Charakteristik nicht oder gerade bis zu dieser Grenze aussteuern, seien als Schwingungen erster Art bezeichnet. Unter der Voraussetzung, daß die Charakteristik geradlinig sei, was ja praktisch nicht der Fall ist, sind die Aussteuerungen a) und b) ebenfalls als zu den Schwingungen erster Art gehörig anzusehen. Falls der Anodenstrom gerade die Sättigungsgrenze erreicht, so gilt die Beziehung:

$$U_b - I_s R_a = u_{\text{rest.}}, \qquad (u_{\text{rest.}} > 0) \tag{40}$$

[1] Vgl. Barkhausen: Elektronenröhren; Bd. 2 (1933) S. 50.

wo U_b die Betriebsspannung, I_s der Sättigungsstrom und $u_{rest.}$ die Restspannung ist, die an der Anode übrigbleibt. Sie bildet zusammen mit der Gitterspannung diejenige Steuerspannung, die den Sättigungsstrom hervorruft, und die deswegen die Sättigungsspannung U_s genannt wird. Die Sättigungsspannung ist eine ganz bestimmte konstante Größe, die mit der Gitterspannung und der Anodenrestspannung durch den Ausdruck verbunden ist:

$$U_s = U_g + D u_{rest}. \tag{41}$$

Restspannung und Gitterspannung sind innerhalb dieses Ausdrucks veränderbar, je kleiner die eine ist, um so größer muß die andere werden. Abb. 42 möge dies veranschaulichen! Die Kurve a sei die normale Charakteristik ohne eingeschalteten Widerstand R_a, die Steuerspannung ist dann:

$$U_s = U_g + D U_b = \text{konst.}$$

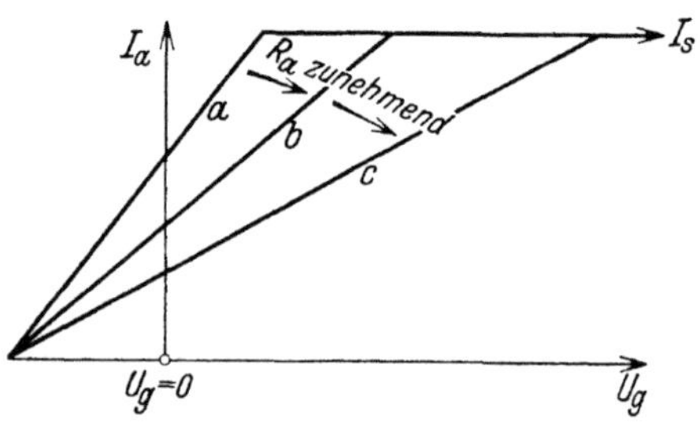

Abb. 42. Zunahme der Gitterspannung mit wachsenden Anodenwiderständen bei vollständiger Ausnutzung der Emission (Sättigungsgrenze).

Wird ein Anodenwiderstand eingeschaltet, so gilt nach (40) und (41):

$$U_s = U_g + D(U_b - I_s \cdot R_a) = \text{konst.} \tag{42}$$

Da in dieser Gleichung U_s, U_b und I_s konstante Größen sind und der Durchgriff D ebenfalls konstant ist, ist die Gleichung nur erfüllt, wenn bei wachsendem R_a auch U_g zunimmt. Die Kennlinien erhalten mit wachsendem R_a (Kurven b und c) eine geringere Steilheit, erreichen aber stets den Sättigungswert I_s, wenn U_g groß genug wird.

Die Restspannung $u_{rest.}$ kann nicht auf Null sinken, weil dann der Anodenstrom nicht $= I_s$, sondern $= 0$ werden würde; für die Gitterspannung besteht ebenfalls eine Grenze, und zwar nach oben, die im Gitterstrom ihre Ursache hat. Wird die wahre Gitterspannung zu groß, d. h. wird $U_g > D \cdot u_{rest.}$, so fliegt ein großer Teil der Elektronen zum Gitter, anstatt zur Anode; der Anodenstrom nimmt dadurch ab, wodurch automatisch auch ein weiteres Abnehmen der Anodenspannung verhindert wird; es wird allerdings auch auf diese Weise der Sättigungszustand der Emission erreicht, aber in unerwünschter Weise durch den Gitterstrom. Tritt ein Abweichen der Anodenstromkennlinie von der Geradlinigkeit infolge Abwanderns der Elektronen zum Gitter ein, so spricht man von einer „Übersteuerung" der Röhre, die also einer weiteren Herabsetzung der Anodenspannung mit wachsender Gitterspannung ein Ziel setzt. Übersteuerung bedeutet eine Belastung der Röhre, da die Gitterfäden durch den hohen Gitterstrom erwärmt werden. Durch Benutzung dünner Gitterfäden kann der Gitterstrom verringert und dadurch die Gefahr der Übersteuerung wesentlich gemildert werden, wie es bei den Senderöhren geschieht.

Je größer der Widerstand R_a ist, um so eher wird mit wachsender Gitterspannung die Übersteuerung einsetzen, weil die Restspannung mit wachsendem R_a kleinere Werte erreicht. In dem Falle, für den mit wachsender

Gitterspannung ein Abweichen der Anodenstromkennlinie von der Geradlinigkeit genau dann eintritt, wenn der Sättigungszustand erreicht ist, nimmt die Spannung $u_{\text{rest.}}$ den günstigsten Wert an, der überhaupt möglich ist, er genügt der Gleichung:

$$\left.\begin{aligned} U_s &= U_{g\,\text{opt.}} + D(U_b - I_s R_{a\,\text{opt.}}), \\ &= U_{g\,\text{opt.}} + D(U_b - u_{\text{rest. opt.}}). \end{aligned}\right\}* \qquad (43)$$

Bleibt der wahre Wert der Anodenspannung größer als dieser Wert $u_{\text{rest. opt.}}$, so spricht man von einem unterspannten Zustand der Röhre; die wahre Spannung an der Anode behält bei größter positiver Gitterspannung einen größeren Wert als notwendig, wodurch auch die Anodenverluste anwachsen. Im anderen Falle, wenn die wahre Anodenspannung kleiner als $u_{\text{rest. opt.}}$ wird, heißt der Zustand der Röhre „überspannt", der jedoch nicht den ausgeprägten Charakter wie der unterspannte Zustand annehmen kann, weil wie bereits erwähnt der zunehmende Gitterstrom eine gewisse automatische Regelung der Restspannung bewirkt. Der überspannte Zustand der Röhre macht sich bei starken Überspannungen durch Abnehmen des Anodenstromes bemerkbar, der zum Gitter überwechselt.

Es gibt im Gegensatz zum übersteuerten Zustand auch einen untersteuerten Zustand der Röhre, der dann eintritt, wenn die Gitterwechselspannung zu klein bleibt; in diesem Falle bleibt die Restspannung ebenfalls zu hoch und die Folgen sind die gleichen beim unterspannten Zustand. Überspannter und übersteuerter bzw. unterspannter und untersteuerter Zustand haben im allgemeinen die gleichen Folgen.

Die Restspannung $u_{\text{rest. opt.}}$ ist für die gleiche Röhre eine konstante Größe, sie hängt vor allem in keiner Weise von der Höhe der Betriebsspannung ab. Daher wächst $R_{a\,\text{opt.}}$ mit der Höhe der Betriebsspannung an, und die Restspannung $u_{\text{rest. opt.}}$ verschwindet bei hohen Betriebsspannungen gegen diese, ein Zustand, der anzustreben ist.

Der numerische Wert für $R_{a\,\text{opt.}}$ berechnet sich aus der Gleichung

$$R_{a\,\text{opt.}} = (U_b - u_{\text{rest. opt.}})/I_s\,. \qquad (44)$$

Der Zustand der unter- bzw. überspannten und unter- bzw. übersteuerten Röhre läßt sich an einer Kennlinienschar erklären, die Abb. 43 zeigt; sie ist auf folgende Weise entstanden, zur besseren Einsichtnahme sind numerische Werte der Spannungen und Ströme gewählt. Auf der Abszisse sind die Gitterspannungen U_g von 10 zu 10 Volt fortschreitend bis zu den Endwerten -80 und $+80$ Volt aufgetragen. Der Sättigungsstrom der Röhre sei 100 Milliamp.,

* H. Barkhausen nennt den Ausdruck $R_{a\,\text{opt.}}$ Grenzwiderstand (vgl. sein Werk „Elektronenröhren", II. Bd. S. 17, 1926); das Wort soll den Zustand zwischen unterspanntem und überspanntem Zustand bezeichnen. Auch neuerdings hat Barkhausen (vgl. Elektronenröhren. II. Band S. 107 und 158, 1933) die Bezeichnung mehrfach gebraucht. Da der physikalische Sinn (= Bestwiderstand) im Worte Grenzwiderstand keine Festlegung erfährt, wird es in der vorliegenden Arbeit nicht benutzt.

wobei wiederum eine ideale Charakteristik mit scharfen Knickpunkten angenommen ist. Bei einer Anodenspannung $U_a = 160$ Volt, wobei zunächst $R_a = 0$ angenommen sei, so daß $U_a = U_b$ wird, erreiche der Anodenstrom I_a für die Gitterspannung 0 Volt gerade den Wert $I_s/2$; dann stellt die Kennlinie l die normale Charakteristik der Röhre nach Gl. (10) dar. Der Durchgriff D der Röhre sei 25% (aus zeichnerischen Gründen so groß genommen). Es werde nun nach Abb. 8 eine Kennlinienschar aufgenommen (Verschiebungskennlinien); weil ein Gitterspannungsfortschritt $\Delta U_g = 10$ Volt gewählt ist, muß der zugehörige Anodenspannungsfortschritt ΔU_a 40 Volt sein. Zu einer Gitterspannung -80 Volt gehört demnach eine Anodenspannung 320 Volt (vgl. Gl. 5), und zu einer Gitterspannung $+80$ Volt die Anodenspannung 0 Volt. (Diese Kennlinie ist praktisch nicht möglich, weil die zugehörige Endgitterspannung $+80$ Volt sämtliche Elektronen zum Gitter ziehen würde.) Es werde jetzt eine Betriebsspannung $U_b = 320$ Volt benutzt, wobei in den Anodenkreis ein Widerstand R_a eingeschaltet ist, der so groß gewählt sei, daß der Anodenstrom bei der Gitterspannung 0 Volt gerade so groß wie vorher, also $= I_s/2$, sei; dann ist die Spannung an der Anode wiederum $= 160$ Volt, denn zu gleichen Anodenströmen gehören die gleichen Steuerspannungen. Wird der Anodenstrom infolge abnehmender Gitterspannung kleiner und kleiner, so wächst die Anodenspannung, die endlich den Wert 320 Volt erreicht, wenn $I_a = 0$ wird. Die Gitterspannung muß dann gerade den Wert -80 Volt annehmen, denn es ist ja wieder nach Gl. (5) $-U_g = D U_a$ für $I_a = 0$; auf der anderen Seite muß die Anodenspannung dann gleich Null werden, wenn die Gitterspannung auf $+80$ Volt angewachsen ist. Die sog. „Arbeitskennlinie" der Röhre nimmt demnach den Verlauf der Kennlinie *1* an, Strom und Spannung sind vollkommen ausgesteuert. Die Ausbildung der Kennlinie *1* ist auch näherungsweise nicht möglich, weil $U_g \gg u_{\text{rest.}}$ bleibt; die Röhre ist vollkommen übersteuert und ebenso stark überspannt, weil die Restspannung zu klein ist; der Anodenstrom würde den Sättigungswert nicht erreichen, sondern es würde sich auf Kosten des Anodenstroms ein starker Gitterstrom ausbilden.

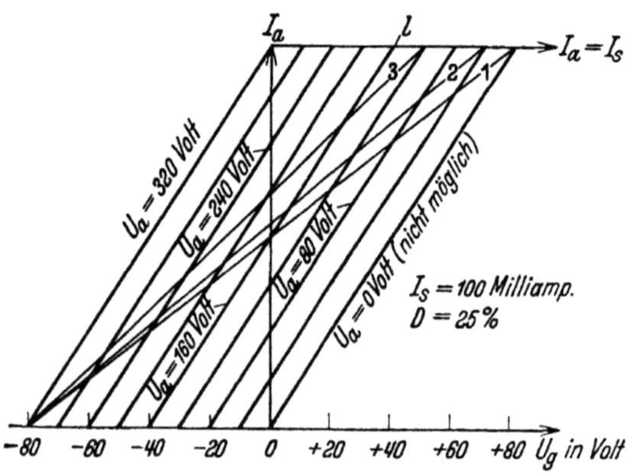

Abb. 43. Arbeitskennlinien bei Einschaltung Ohmscher Widerstände in den Anodenkreis der Röhre für verschiedene Aussteuerungszustände.

Wenn angenommen wird, daß eine Anodenspannung 40 Volt gerade zur Ausbildung des Sättigungsanodenstroms hinreichend ist und dabei eine Gitterspannung 70 Volt nur einen geringen Gitterstrom zur Folge haben würde, dann würde die Arbeitskennlinie *2* die Gl. (43) befriedigen. Die Kennlinie *3* zeigt einen stark unterspannten Zustand an, es bleiben bei einer maximalen Gitterspannung $+50$ Volt 120 Volt an der Anode der Röhre, der Widerstand R_a ist in diesem Falle zu klein angenommen; eine Erhöhung der Gitterspannung würde keinen Zweck haben, da ja der Sättigungsstrom schon erreicht ist. Ein Zustand der Untersteuerung würde eintreten, wenn z. B. die Kennlinie *2* nicht ganz durchlaufen, die Wechselspannungsamplituden $\mathfrak{U}_g < 70$ Volt bleiben würden.

Für die Arbeitskennlinie *1* ist die Gitterspannung $U_g = 0$ Volt der „Arbeitsmittelpunkt" oder „Arbeitspunkt" der Röhre, wenn symmetrische Wechselspannungen angenommen werden. Der Arbeitspunkt verschiebt sich für die Kennlinie *2* auf -5 Volt und für die Kennlinie *3* auf -15 Volt. Die Steuerspannung für den Sättigungsstrom I_s ist für alle Kennlinie $U_{\mathrm{st.}} = U_g + D U_a = 80$ Volt.

Sind die Widerstände R_a nicht reell (= Wirkwiderstände), sondern teilweise induktiv oder kapazitiv, so werden die Verhältnisse wesentlich schwieriger; die Arbeitskennlinien sind dann nicht mehr geradlinig, sondern ellipsenförmig, weil zwischen Gitterspannung und Anodenstrom ein Phasenunterschied besteht, ein Fall, der bei jedem Verstärker in der sog. Endstufe die Regel ist; hier wird die an der Röhre gewonnene Wechselstromleistung (teilweise) auf den Lautsprecher übertragen, der zusammen mit seinem Transformator stets erhebliche Induktivität besitzt. Ein schwach gedämpfter, in den Anodenkreis eingeschalteter Schwingungskreis spielt in vieler Beziehung die gleiche Rolle wie ein Ohmscher Widerstand (Abschnitt 3).

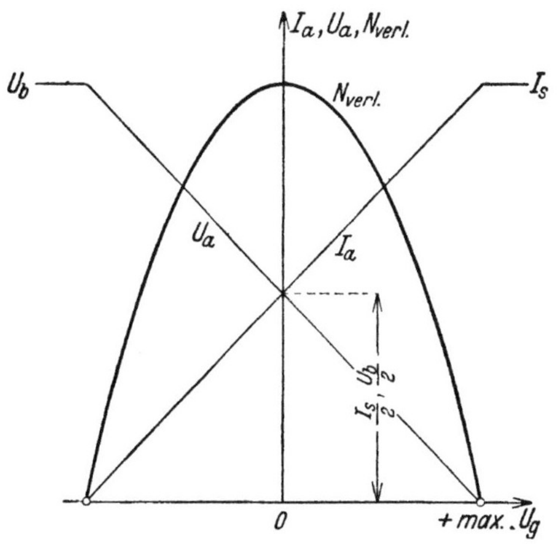

Abb. 44. Anodenverlustleistungsdiagramm (statisch).

Im folgenden soll nun erörtert werden, wie die Übertragung der Wechselstromleistung von der Röhre auf ihren Anodenwiderstand geschieht, der wieder ein Wirkwiderstand sei. Zunächst sei angenommen, daß die Röhre vom Anodenstrom $I_a = 0$ bis zum Sättigungswert $I_a = I_s$ voll ausgesteuert und die Betriebsspannung U_b ganz ausgenutzt werde; ferner sei vorausgesetzt, daß es sich um eine Röhre mit idealer Charakteristik handelt, daß also unterer und oberer Knick scharf ausgeprägt seien. Für den Arbeitspunkt der Röhre $U_g = 0$ Volt sei $I_a = I_s/2$. Auf das Gitter der Röhre sei stufenweise fortschreitend von $U_g = -U_{g\max.}$ bis $U_g = +U_{g\max.}$ eine Spannung gegeben, die bei den Grenzwerten die oben aufgestellte Forderung der vollen Aussteuerung erfüllt. Abb. 44 zeigt die Ausführung (statisches Diagramm). I_s in Milliampere und U_b in Volt sind gleich groß angenommen und gezeichnet, für das Produkt $I_a U_a$ ist ein anderer willkürlicher Maßstab genommen (aus zeichnerischen Gründen). $N_{\mathrm{verl.}} = I_a \cdot U_a$ ist nach Gl. (17) die Anodenverlustleistung in Watt; sie erreicht für $U_g = 0$ ein Maximum und wird an beiden Enden gleich Null, weil einmal der Anodenstrom und dann die Anodenspannung gleich Null wird (vgl. Satz [30]).

Jetzt werde der Verlauf der Gitterspannung sinusförmig angenommen, der Arbeitspunkt sei $U_g = 0$ Volt, es sei also:

$$\mathfrak{u}_g = \mathfrak{U}_g \sin \omega t, \qquad \mathfrak{U}_g = U_{g\max}.$$

Diese Wechselspannung ist in Abb. 45 dargestellt (wobei der Maßstab für $U_{g\max.}$ gegen Abb. 44 stark verkleinert ist). Anodenstrom und Anodenspannung verlaufen dann entsprechend der Darstellung von Strom und Spannung in Abb. 44, sie sind um 180° phasenverschoben, und ihre wahren Werte werden je einmal innerhalb einer Periode gleich Null. Zu den Momentanwerten $\mathfrak{u}_g$ seien aus Abb. 44 die zugehörigen Werte der Anodenverlustleistung gesucht und über den Gitterspannungswerten in Abb. 45 eingetragen (wobei der Maßstab für $N_{\text{verl.}}$ der gleiche geblieben ist). Es entsteht dann ein Verlauf der Anodenverlustleistung als Funktion der Gitterwechselspannung, wie das obere Diagramm zeigt (dynamisches Diagramm). Die Anodenverlustleistung fällt zweimal auf Null und erreicht zweimal während einer Periode einen maximalen Wert. Die schraffierte Fläche stellt die an der Anode der Röhre verlorene Leistung in Watt dar, wenn sie integriert wird gemäß dem Ausdruck:

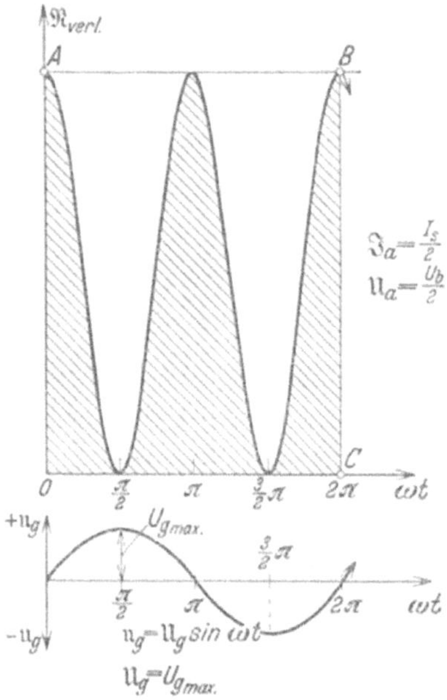

Abb. 45. Anodenverlustleistungsdiagramm (dynamisch), nach Abb. 44 entworfen.

$$\mathfrak{N}_{\text{verl.}} = \frac{1}{\tau}\int_0^{\tau} \mathfrak{i}_{a_w}\, \mathfrak{u}_{a_w}\, dt. \tag{45}$$

τ ist die Schwingungsdauer in Sekunden, $\mathfrak{i}_{a_w}$ und $\mathfrak{u}_{a_w}$ sind die wahren Augenblickswerte von Anodenstrom und Anodenspannung. Die im Ruhezustande, d. h. bei nicht erregter Röhre entstehende Anodenverlustleistung $N_{\text{verl.}}$ entspricht dem Rechteck $OABC$ (Abb. 45), denn im Ruhezustande $U_g = 0$ wird die an der Anode verbrauchte Leistung

$$N_0 = \frac{U_b}{2}\,\frac{I_s}{2} = \frac{1}{4}\,U_b I_s. \tag{46}$$

Wird die Röhre erregt, so ändert sich an der im gesamten Kreise umgesetzten Leistung nichts, weil die Betriebsspannung erhalten und der Anodenstrom im mittleren Wert der gleiche bleibt, da er um gleiche Werte zu- und abnimmt. Die erregte Röhre nimmt jedoch nach dem Diagramm Abb. 45 eine kleinere Leistung auf als vorher, woraus folgt, daß der äußere Widerstand eine größere Leistung verbraucht als bei nicht erregter Röhre. Die Röhre ist ein negativer Widerstand im Sinne der Ausführungen, die sich an Gl. 35 anschlossen (S. 47). Die in der Abb. 45 nicht schraffierte Fläche stellt die von der Röhre an ihren Anodenwiderstand „abgegebene" Wechselstromleistung (Nutzleistung) dar, sie wird zahlenmäßig für diesen besonderen Fall der vollständigen Aussteuerung:

$$\mathfrak{N}_{\text{nutz.}} = \mathfrak{N}_a{}^*{}_{\max.} = \tfrac{1}{2} N_0 = \tfrac{1}{8} U_b I_s, \tag{47}$$

d. h. gleich der Hälfte der an die nicht erregte Röhre gelieferten Leistung.

---

* Eigentlich müßte $\mathfrak{N}_{R_a}$ geschrieben werden, es hat sich aber die Schreibweise $\mathfrak{N}_a$ eingebürgert.

Wenn auch die Röhre die Energie nicht erzeugt, sondern nur umsetzt, so spricht man doch von der Röhre als „Wechselstromgenerator".

Die abgegebene Leistung muß im äußeren Widerstand R_a nachweisbar sein, wenn für diesen in gleicher Weise wie für die Röhre die Diagramme gezeichnet werden. Die Abb. 46 und 47 sind in gleicher Weise entstanden wie die Abb. 44 und 45, und gelten für den äußeren Widerstand R_a, nur mußte für die Leistungen ein weit kleinerer Maßstab genommen werden, um die Zeichnungen nicht übermäßig groß werden zu lassen. Das Rechteck $O\,A\,B\,C$ entspricht wiederum der am Widerstande verbrauchten Leistung bei nicht erregter Röhre (es wäre bei gleichem Maßstab inhaltsgleich dem Rechteck der Abb. 45), die schraffierte Fläche kennzeichnet die vom Widerstand aufgenommene Leistung, wenn die Röhre erregt ist; der Größenunterschied des Inhaltes der beiden Flächen ist ohne weiteres erkennbar. Strom und Spannung sind am Widerstand R_a in Phase, wodurch sich die Leistungsaufnahme von der Röhre her ergibt.

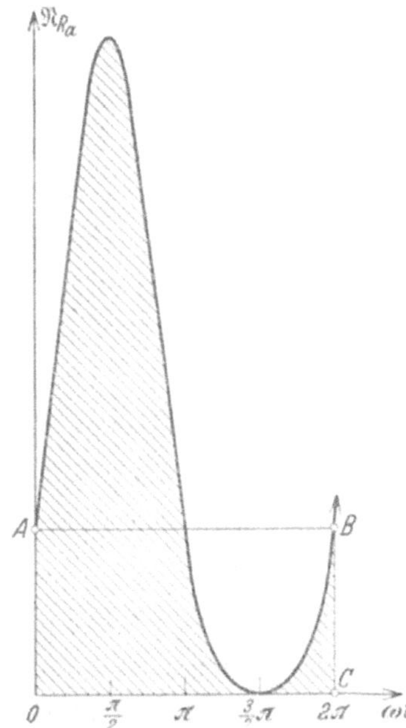

Abb. 46. Die Leistungsaufnahme des Anodenwiderstandes (statisch) unter Annahme des Anodenverlustleistungsdiagrammes nach Abb. 44.

Das Verhältnis
$$\eta = \frac{\mathfrak{N}_a}{N_0} \qquad (48)$$
kann man als den Wirkungsgrad der Röhre bezeichnen, der also in diesem Falle 50% beträgt; von der im Ruhezustand aufgenommenen Leistung wird die Hälfte bei erregter Röhre an den Widerstand abgegeben. Ein besserer Wirkungsgrad als 50% ist bei Schwingungen erster Art schon theoretisch nicht erreichbar, praktisch ist er auch im günstigsten Falle wegen der Bedingung Gl. (40) kleiner.

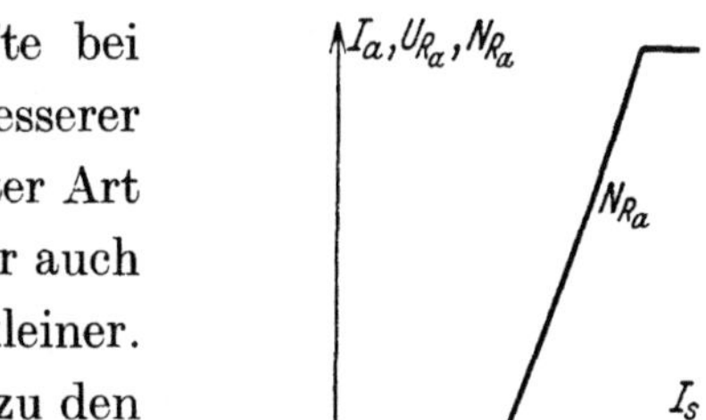

Abb. 47. Die Leistungsaufnahme des Anodenwiderstandes (dynamisch), nach Abb. 46 entworfen.

Die Aussteuerung am Gitter braucht nicht bis zu den Grenzen $\pm \mathfrak{U}_g = \pm U_{g\,\max.}$ zu erfolgen, $\mathfrak{U}_g$ kann auch kleiner bleiben. Je kleiner die Amplituden der Wechselspannung sind, um so weniger wird die Röhre ausgenutzt, um so schlechter wird also der Wirkungsgrad η, der im Grenzfalle bei nicht erregter Röhre gleich Null wird.

Die vorstehenden Folgerungen für die Röhre als Wechselstromgenerator gelten auch für die Leistungsabgabe bei unterdrücktem Gitterstrom; auch hier tritt die Energieübertragung von der Röhre auf den Widerstand R_a ein, sobald die Röhre erregt wird; auch hier kann der Wirkungsgrad der Röhre theoretisch nicht höher als 50% werden, praktisch aber wegen der Bedingung Gl. (40) diesen nicht erreichen. Der Wirkungsgrad ist hier verhältnismäßig hoch bei hoher Spannungsausnutzung, also hohem Widerstande R_a und daher kleinem Anodenstrom I_a, um dessen halben Wert $I_a/2$ der Strom zwischen $I_a = 0$ und $I_a = I_a$ schwanken kann. Mit fallendem R_a (bis $R_a = R_i$) wächst die übertrageneLeistung, aber der Wirkungsgrad fällt, weil die Spannungsausnutzung nicht mehr so gut ist.

Der Arbeitspunkt liegt bei unterdrücktem Gitterstrom wie erläutert immer im Bereich der negativen Gitterspannung (Gl. [36]), bei nicht unterdrücktem Gitterstrom ist es nicht nötig, wenn es auch in der Regel bei kleineren Röhren infolge der Lage der Charakteristik der Fall ist; bei großen Röhren liegt der Arbeitspunkt oft auf positiven Vorspannungen (vgl. Abb. 26).

Die Gl. (39) für das Maximum der Leistungsabgabe ist für Aussteuerungen erster Art mit Gitterstrom vollkommen hinfällig geworden, weil irgendeine Beziehung zwischen R_a und R_i nicht mehr besteht. R_a kann sehr große Werte annehmen, sobald nur die Betriebsspannung hinreichend erhöht wird; die Leistungsabgabe, die möglich ist, wächst in gleicher Weise. Die Größe der Nutzleistung $\mathfrak{N}_a$ richtet sich daher nur nach der zulässigen Anodenverlustleistung $\mathfrak{N}_{\text{verl.}}$ der Röhre, die ja mit der Nutzleistung wächst. — Der Durchgriff, der früher nach der Formel (39) möglichst klein zu halten war, spielt nicht mehr die gleiche Rolle, sobald nur die Gitterwechselspannungen groß genug werden können, um die Röhre bis zum Sättigungsstrom auszusteuern.

Schwingungen erster Art mit nicht unterdrücktem Gitterstrom werden bei Telephoniesendungen benutzt (vgl. Abschnitt 4).

d) Die Leistungsverstärkung bei nicht unterdrücktem Gitterstrom und Aussteuerung der Charakteristik über die Null- und Sättigungsgrenze hinaus.

Wird die Gitterwechselspannung noch höher als in c) festgesetzt, so entstehen sog. Aussteuerungszustände (Schwingungen) zweiter Art. Es sei die Gitterwechselspannung wiederum sinusförmig und Strom und Spannung wie vorher als voll ausgenutzt angenommen, und es seien für den statischen Verlauf von Strom und Spannung die Kennlinien der Abb. 44 benutzt; gegenüber den dort gewählten Festsetzungen sei nur die Änderung getroffen, daß die Gitterwechselspannung die doppelte Amplitude $= 2\,U_{g\max.}$ annehme. Ein entsprechend Abb. 45 mit gleichem Maßstab entwickeltes Leistungsdiagramm nimmt dann die Form an, die Abb. 48 zeigt. Die schraffierte Fläche kennzeichnet wiederum die Anodenverlustleistung $\mathfrak{N}_{\text{verl.}}$; sie ist weit kleiner als in Abb. 45, weil sowohl Anodenstrom wie Anodenspannung längere Zeit den Wert Null beibehalten, so daß dann auch die verlorene Leistung gleich Null wird. Da mittlere Spannungen und Ströme die gleichen sind wie früher, kann alles in Bezug auf Abb. 45 Gesagte für Abb. 48 übernommen werden, und es ergibt sich als Resultat, daß der Wirkungsgrad η (Gl. [48]) sehr zugenommen hat, da $\mathfrak{N}_a$ gewachsen, N_0 aber gleich geblieben ist. Falls die Gitterwechselspannungen größer und größer werden, so müßte schließlich der Wirkungsgrad $\eta = 1$ werden, da im

Grenzfalle Ströme und Anodenspannungen beim Vorzeichenwechsel der Gitterspannung sofort auf ihre Grenzwerte springen. Es ist dann die an der Anode verlorene Leistung dauernd gleich Null, da entweder Anodenstrom oder Anodenspannung gleich Null sind, die Röhre formt dann die gesamte ihr von der Betriebsspannungsquelle zugeführte Leistung in Wechselstromleistung um. Die Form der Anodenwechselspannungen und Anodenwechselströme ist allerdings nicht mehr sinusförmig, sie besitzt keinerlei Ähnlichkeit mehr mit der Form der Erregerspannung am Gitter. — Da die Restspannung vernachlässigt wurde, erreicht der Wirkungsgrad nicht so hohe Werte, wie gefolgert wurde, er kann aber immerhin bei Betriebsspannungen, gegen die die Restspannung klein ist, 80% und mehr betragen, wenn R_a richtig gewählt wird.

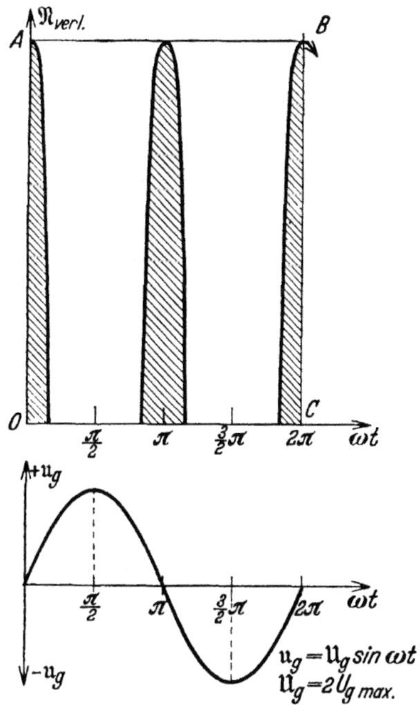

Abb. 48. Anodenverlustleistungsdiagramm (dynamisch) bei erhöhter Gitterwechselspannung unter sonst gleichen Betriebsbedingungen nach Abb. 44 u. 45. (Aussteuerung zweiter Art.)

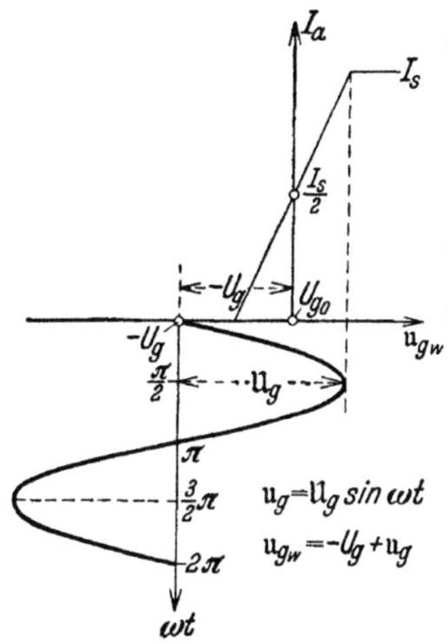

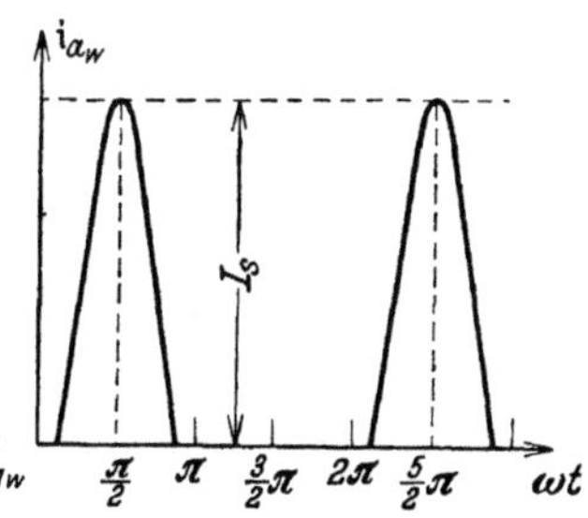

Abb. 49. Verlauf des Anodenstromes bei Aussteuerung zweiter Art und unter Benutzung negativer Gittervorspannung.

Bisher war angenommen worden, daß eine „negative Vorspannung" nicht benutzt werde, daß also der Arbeitspunkt der Röhre $U_g = 0$, der mittlere Anodenstrom $= I_s/2$ war. Praktisch kann jedoch der Arbeitspunkt niemals in dieser Weise für Schwingungen zweiter Art festgelegt werden, weil die wahre Gitterspannung zeitweise sehr hohe Werte erreichen, die Röhre also völlig übersteuert werden würde. Es ist deswegen notwendig, den Arbeitspunkt der Röhre in das Gebiet negativer Gitterspannung zu verlegen, also eine negative konstante Vorspannung in den Gitterkreis zu schalten. Die Gitterwechselspannung muß dann höhere Amplituden als vorher annehmen, da der Sättigungswert des Anodenstromes erreicht werden soll. In Abb. 49 ist der Verlauf des Anodenstromes als Funktion der wahren Gitterspannung näher erläutert. Der Punkt U_{g_0} ist der frühere Arbeitspunkt in Abb. 44, $-U_g$ der neue Arbeitspunkt, der durch Einschaltung der negativen Vorspannung $-U_g$ entstanden ist; dieser Vorspannung überlagert sich die Gitterwechselspannung. Der Anodenstrom I_a ist eine Funktion der wahren Gitterspannung $\mathfrak{u}_{g_w} = -U_g + \mathfrak{u}_g$. Der Arbeitspunkt U_g ist in diesem Beispiel so weit in das negative Gebiet der Gitterspannung gelegt, daß bei nicht erregter Röhre ein Anodenstrom überhaupt nicht fließt. Nach unten sind die Gitterwechselspannungen als Funktion von ωt, nach oben ist die Kennlinie aufgetragen. Die Abb. 49 rechts zeigt den Verlauf des wahren Anodenstromes i_{a_W} als Funktion von ωt, lange stromlose Zeiten folgen auf kürzere Stromstöße, ein Verhältnis, das um so größer wird, je größer die Gittervorspannung genommen wird; um so größer müssen dann aber auch die Gitterwechselspannungen sein, um den Anodenstrom voll auszusteuern. Die wahre Gitterspannung nimmt auch hier noch größere positive Werte an, die jedoch weit kleiner bleiben als früher, so daß ein Übersteuern der Röhre nicht mehr eintritt.

Während früher auf dem Arbeitspunkt U_{g_0} der Mittelwert des Anodenstromes bei erregter und nicht erregter Röhre der gleiche blieb, wächst jetzt nach erfolgter Erregung der Strom plötzlich an, erreicht aber im Mittel niemals den Wert $I_s/2$.

In vielen praktischen Fällen (Selbsterregung, vgl. S. 85) darf der Anodenstrom im Ruhezustande der Röhre nicht ganz Null sein, sondern muß schon einen gewissen Wert haben, der mittels der Vorspannung einzuregulieren ist, er bleibt aber klein, und nach erfolgter Erregung ist der Mittelwert des Wechselstromes stets weit größer. Der Zeiger eines in den Anodenkreis eingeschalteten Milliamperemeters springt nach Erregung der Röhre auf einen sehr viel höheren Stromwert, ein charakteristisches Zeichen für Schwingungen zweiter Art.

Die Bestimmung des Wirkungsgrades η kann jetzt nicht mehr in der früher in Gl. (48) angegebenen einfachen Weise erfolgen, sie wird jetzt weniger einfach, weil ein neues Anodenverlustleistungsdiagramm nach Art der Abb. 48 für den Schwingungsmittelpunkt $-U_g$ zu zeichnen ist, und außerdem der Anodenstrommittelwert graphisch gefunden werden muß, um den Mittelwert der der Röhre von der Betriebsspannung gelieferten Leistung zu erhalten. Da für alle praktischen Fälle die Feststellung des Strommittelwertes aus der Ablesung eines Gleichstrominstrumentes erfolgt, also sehr einfach ist, erübrigen sich weitere graphische Darstellungen.

Schwingungen zweier Art erzielen, wie die vorstehenden Erläuterungen zeigen, einen weit höheren Wirkungsgrad als Schwingungen erster Art und daher eine bessere Ausnutzung der Röhre bei zugleich geringerer Anodenbelastung; sie werden stets dort hergestellt, wo es sich um Erzeugung einer einzigen Frequenz handelt (Telegraphiesender), wobei die immer auftretenden recht starken Oberschwingungen durch Siebkreise entfernt werden müssen; auch bei allen Versuchen, die mit kleinen Röhrengeneratoren angestellt werden, ist stets die Erzeugung von Schwingungen zweiter Art wegen der dadurch zur Verfügung stehenden höheren Nutzleistung zweckmäßig, wenn es sich nicht gerade um Telephonieversuche handelt.

Die Höhe der Gitterwechselspannung, die gewählt werden muß, um eine Röhre auszusteuern, hängt sehr von ihrem Durchgriff ab. Um die Wechselspannungen möglichst klein zu halten, macht man bei Röhren für große Leistung (große Senderöhren) den Durchgriff so klein wie angängig, wodurch allerdings zwangsläufig auch die Betriebsspannung anwachsen muß. Hohe

Betriebsspannungen sind andererseits auch erwünscht, um die Restspannung gegen die Betriebsspannung möglichst gering zu halten, denn um so besser kann diese wie erläutert ausgenutzt werden. Die Betriebsspannung der großen Senderröhren beträgt daher etwa 12000 Volt, ihre Gitterfäden sind möglichst dünn, um den Gitterstrom klein zu halten, und ihr Durchgriff beträgt etwa 1 bis 2%.

Einschränkungen. Die für die Aussteuerungszustände c) und d) entwickelten Formeln gelten nur für eine Röhre mit idealer Charakteristik, die wie bekannt bei den hier benutzten Empfangsröhren nicht annähernd vorhanden ist. Insbesondere tritt eine ausgeprägte Sättigung nicht ein, so daß der Begriff Sättigungsstrom I_s nicht gebraucht werden kann; damit sind die Gleichungen (40) und folgende für diese Röhren nicht gültig. Wenn wirklich eine merkliche Sättigungsgrenze vorhanden ist, so liegt diese so weit in den positiven Gitterspannungen, daß lange vorher eine Übersteuerung der Röhre eintritt. Da also praktisch hier die Charakteristik auch bei positiven Gitterspannungen fortdauernd geradlinig verläuft, so gilt teilweise das für den Wirkungsgrad und die Leistungsabgabe bei unterdrücktem Gitterstrom Gesagte (S. 50), aber doch nur teilweise; denn es lassen sich auch bei den in Abschnitt 1 benutzten Röhren Schwingungen zweiter Art durch lange stromlose Zeiten erzeugen, so daß der Wirkungsgrad größer als 50% wird insbesondere bei höheren Widerständen, wo die Leistungsabgabe schon wieder kleiner wird. Sehr groß kann der Wirkungsgrad nicht werden, zumal bei kleineren Widerständen R_a, weil die Restspannungen gegen die Betriebsspannungen, die nur bis 220 Volt betragen, nicht sehr klein werden. Die Bezeichnungen „unterspannt“ und „überspannt“, „untersteuert“ und „übersteuert“ sind auch bei den kleineren Röhren durchaus anwendbar, doch sind sie weit eher praktisch durch den Versuch festzustellen, als theoretisch abzuleiten. Auch für große Senderöhren gilt, wenn auch in geringerem Ausmaße, daß alle theoretischen Erörterungen nur den Sinn haben können, dem praktischen Versuch insofern die Wege zu ebnen, als sie das vielfach sehr verwickelte Verhalten der Röhre in den großen Ursachen erkennen lassen. In diesem Sinne müssen wenigstens teilweise die folgenden Messungen und auch die Messungen des Abschnittes 3 gewertet werden.

B. Übungen.

I. Die Apparatur.

Apparate und Röhren sind die gleichen wie in den Übungen des Abschnittes 1; die Röhren RE 904 und RE 1104 werden nicht mehr benutzt. Außerdem werden gebraucht:

1. einige Widerstände je 1000, 4000 und 10000 Ohm,
2. einige Widerstände je 30000, 100000 und $2 \cdot 10^6$ Ohm.

Für 1. können Telephonspulen oder auch die Widerstände benutzt werden, die S. 112 Fußnote beschrieben sind; am besten ist ein Schiebewiderstand bis etwa 10000 Ohm (0,2 Amp.). Als Widerstände 2 dienen die bekannten Dralowidstäbe, die als Gitterableitungs- und Anodenwiderstände im Empfängerbau benutzt werden (vgl. Abb. 36). Zum Messen der Spannung an der Röhre ist ein Vorschaltwiderstand mit dem Meßbereich bis 500 Volt zweckmäßig, wie später gezeigt wird.

II. Die Messungen.

1. Die Herabsetzung der Steilheit durch den Anodenwiderstand.

Der Versuch kann mit jeder Röhre ausgeführt werden, wobei die Widerstände R_a um so größer gewählt werden müssen, je größer der innere Widerstand der Röhre ist; hier wird die RE 134 genommen, bei welcher R_i und die Steuerspannungen nicht allzu groß werden. Als Widerstände R_a sind eine Anzahl von

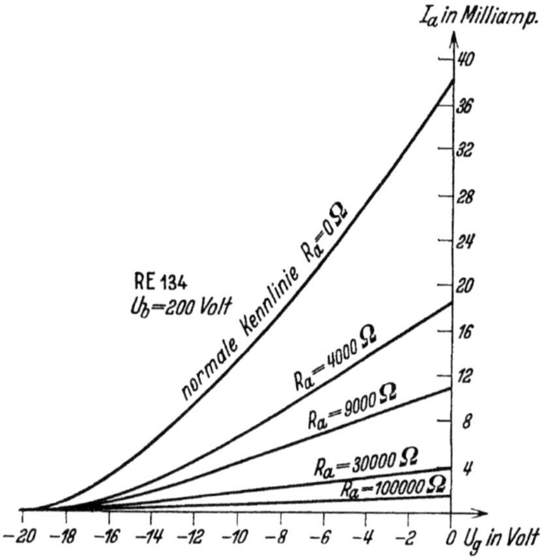

Abb. 50. Abnehmende Steilheit der Kennlinie einer RE 134 durch Einschaltung von Anodenwiderständen.

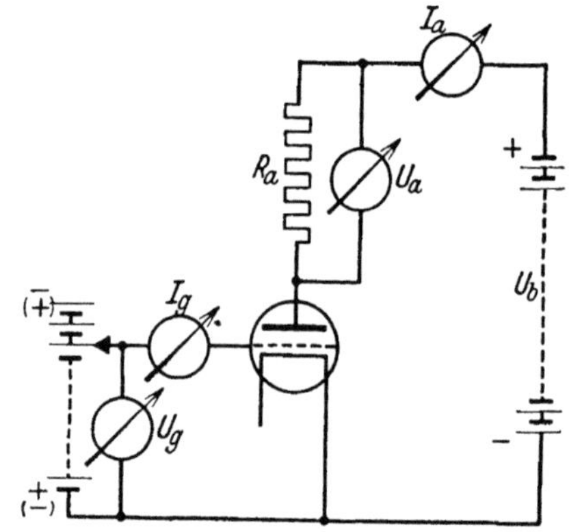

Abb. 51. Schaltanordnung zur Messung der Anodenspannung bei eingeschalteten Anodenwiderständen R_a. (Statt U_a schreibe U_{R_a}.)

4000 Ohm, steigend bis 100000 Ohm, gewählt, wie in Abb. 50 zu jeder Kennlinie angegeben ist. Die Steilheit nimmt mit wachsendem R_a ab und die Krümmung der Kennlinien ebenfalls, wie die Theorie fordert; die letzten beiden Kennlinien können schon als geradlinig angesehen werden. Die Schaltung für diese Messung zeigt Abb. 51; die Instrumente U_{R_a} und I_g werden noch nicht gebraucht.

2. Die Abnahme der Anodenspannung infolge der Anodenwiderstände (Spannungsverstärkung).

Um die Theorie genügend durch den Versuch nachzuprüfen, ist mit verschiedenen Röhren und verschiedenen Widerständen R_a eine Reihe von Messungen ausgeführt worden, die Tabelle 9 zeigt.

Tabelle 9.

$U_b = 220$ Volt. Durch Anodenwiderstände veranlaßter Anodenspannungsabfall bei den Röhren:

	a		b		c		d		e		f	
	RE 604		RE 074		RE 134				RE 034			
	$R_a = 10000$ Ohm		$R_a = 10000$ Ohm		$R_a = 10000$ Ohm		$R_a = 30000$ Ohm		$R_a = 30000$ Ohm		$R_a = 2$ Megohm	
$U_g =$	$U_a =$	$I_a =$	$U_a =$	$I_a =$	$U_a =$	$I_a =$	$U_a =$	$I_a =$	$U_a =$	$I_a =$	U_a ber. =	$I_a =$
−22,1	122	9,8	218	0,2	219	0,1	217	0,1				
−18,9			214	0,6	212	0,8	208	0,4				
−15,9	102	11,8	206	1,4	202	1,8	193	0,9				
−12,7			192	2,8	188	3,2	172	1,6				
− 9,6	81	13,9	178	4,2	168	5,2	148	2,4				0,0
− 6,2	71	14,9	161	5,9	148	7,2	124	3,2	217	0,09	202	0,009
− 3,1	61	15,9	142	7,8	125	9,5	100	4,0	191	0,98	114	0,053
0	51	16,9	122	9,8	101	11,9	73	4,9	143	2,58	34	0,093
Volt	Volt	$\cdot 10^{-3}$ Amp	Volt	$\cdot 10^{-3}$ Amp	Volt	$\cdot 10^{-3}$ Amp	Volt	$\cdot 10^{-3}$ Amp	Volt	$\cdot 10^{-3}$ Amp	Volt	$\cdot 10^{-3}$ Amp
$\frac{\Delta U_a}{\Delta U_{g(=3,1\,\text{Volt})}} =$	etwa 3,2		etwa 6,4		etwa 7,7		etwa 8,7		etwa 15,5		etwa 25,8	
$\frac{1}{D} =$	3,66		9,6		9,8		9,8		35,3		35,3	

An der RE 604 und RE 074 wurde eine Meßreihe mit einem Anodenwiderstand 10000 Ohm, an der RE 134 wurden zwei Meßreihen mit den Anodenwiderständen 10000 und 30000 Ohm, an der RE 034 zwei Meßreihen mit den Widerständen 30000 und 2000000 Ohm aufgenommen. Die Messungen zeigen, daß der Spannungsabfall und damit auch die Spannungsverstärkung zunimmt:

1. mit wachsendem Anodenwiderstand bei der gleichen Röhre:
   Vergleich der Meßreihen c und d (RE 134) (10000 und 30000 Ohm),
   Vergleich der Meßreihen e und f (RE 034) (30000 und 2000000 Ohm);
2. mit wachsender Emission bei gleichem Durchgriff und gleichem Anodenwiderstand:
   Vergleich der Meßreihen b und c;
3. mit fallendem Durchgriff (bei gleicher Emission) und gleichem Anodenwiderstand:
   Vergleich der Meßreihen a und c. Trotzdem die RE 604 eine weit höhere Emissionsfähigkeit hat, ist sie der RE 134 bei weitem unterlegen.

Am Schluß der Tabelle sind die Verstärkungsziffern für die letzte Gitterspannungsänderung $\Delta U_g = 3{,}1$ Volt errechnet, darunter die Verstärkungsfaktoren $1/D$ (Gl. [33]) der Röhren angegeben. Die Bedeutung kleinen Durchgriffs bei größtmöglichem R_a geht aus der Messung *f* an der RE 034 klar hervor.

Die Meßanordnung mit der Einschaltung der verschiedenen Instrumente zeigt Abb. 51, das Milliamperemeter I_g ist hier noch nicht nötig und wird erst bei späteren Messungen benutzt. Die Anodenspannung kann ohne Fehler nur dann gemessen werden, wenn der durch den Spannungsmesser fließende Strom gegen den Röhrenstrom zu vernachlässigen ist. Bei kleinen Anodenströmen, d. h. bei hohen negativen Gitterspannungen, ist das nicht der Fall, der Instrumentenstrom erzeugt ebenfalls einen Spannungsabfall und ruft eine Fälschung hervor. Es ist richtiger, den Spannungsmesser parallel zum Widerstande R_a zu legen, dessen Spannungsverbrauch U_{R_a} auf diese Weise gemessen wird; die Anodenspannung ist dann $U_a = U_b - U_{R_a}$; nach diesem Verfahren wurden die in der Tabelle 9 angegebenen Spannungen berechnet. Als Instrumentwiderstand diente ein Vorschaltwiderstand bis 500 Volt, der einen Widerstand 500000 Ohm hat. Würde der Spannungsmesser parallel zur Röhre gelegt werden, so würde bei kleinen Röhrenströmen, also hohen Röhrenspannungen, ein immerhin zu beachtender Fehler auftreten. Für Demonstrationszwecke (Vorlesung) ist diese letztere Schaltung trotzdem vorzuziehen, weil so der Spannungsabfall am Instrument direkt beobachtet wird. Bei sehr hohen Anodenwiderständen (Meßreihe f der Tabelle 9) versagt die direkte Spannungsmessung, der Spannungsabfall muß aus der Beziehung $U_{R_a} = I_a \cdot R_a$ berechnet werden; die Ströme I_a sind sehr klein und mit dem Mavometer ohne Shunt gemessen. Die entstehende Kennlinie erhebt sich kaum von der Nullinie, sie ist deswegen fast geradlinig und der Abfall der Anodenspannung ist daher in großer Annäherung linear, was auch die errechneten Spannungen zeigen. In Abb. 52 sind die Meßreihen *a* (RE 604) und *f* (RE 034) in ein Diagramm eingetragen; die errechneten Spannungen liegen fast genau auf einer Geraden, die Abweichungen sind durch Ungenauigkeiten der Ablesung gegeben. Wird für die RE 034 $\mathfrak{U}_g \geqq U_g/2 \geqq$ etwa 3,5 Volt, so verliert für diese Röhre die Definition „Verstärkung" ihren Sinn, denn nach links wird der Anodenstrom $= 0$, nach rechts tritt, weil $\mathfrak{u}_{g_w}$ (wahre Gitterspannung) > 0 wird, Gitterstrom ein, wodurch auf beiden Seiten Verzerrung hervorgerufen wird. Die Röhre wird übersteuert, ein Vorgang, der für die RE 604 erst bei weit höheren Gitterwechselspannungen einsetzt, wenn die Vorspannung (Arbeitspunkt) richtig gewählt wird. Ist wegen zu großer Gitterwechselspannungen Gefahr der Spannungsübersteuerung vorhanden, so wird man Röhren mit größerem Durchgriff wählen, ein Verfahren, das in der sog. „Exponentialröhre" (vgl. S. 37) aufs einfachste durch Wahl anderer (größerer) Vorspannung angewandt wird; die Verstärkung wird dann geringer, der Endeffekt kann trotzdem der gleiche sein, da ja die Amplitude der Erregung zugenommen hat.

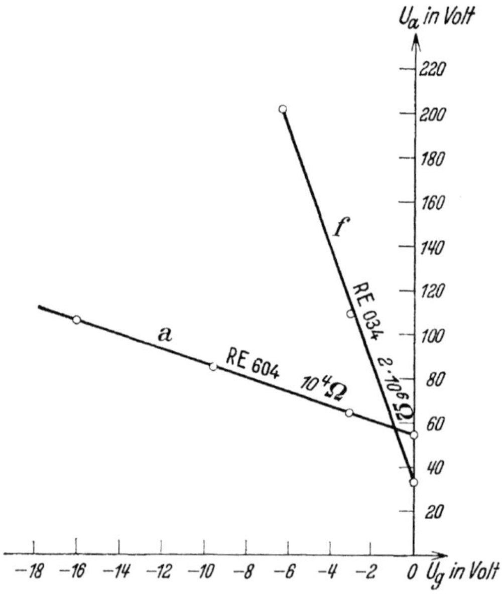

Abb. 52. Steuervermögen a) bei großem Durchgriff und f) bei kleinem Durchgriff der Röhre.

Demonstrationsversuch zur Spannungsverstärkung. Kleine Wechselspannungen zu messen, ist bekanntlich erst mittels des Röhrenvoltmeters gelungen (s. S. 142). Die verstärkte Wechselspannung müßte ebenfalls in dieser Weise gemessen werden, ein Verfahren, das schwieriger ist, seine Beschreibung würde über den Rahmen der hier zu nennenden Versuche hinausgehen; dagegen kann ein einfacher und sinnfälliger Demonstrationsversuch hier erklärt werden. Gegeben ein Zweiröhrenverstärker nach der Schaltung der Abb. 53. Im Anodenkreis der letzten Röhre (RE 134) liege irgendein Lautsprecher, die Betriebsspannung braucht nur 90 Volt zu betragen. Die Eingangsröhre soll auswechselbar sein, so daß der Reihe nach eine Röhre RE 604, RE 134 oder RE 074 und zuletzt eine Röhre RE 034 genommen werden kann; der Widerstand R_a (= Dralowid mit zugehöriger Fassung) soll ebenfalls auswechselbar sein. Die Eingangsröhre werde mit einem Summer erregt, an dessen Stelle auch ein Tonabnehmer für Schallplatten treten kann, der auf der nicht mehr bespielten Schallrille am Ende einer Schallplatte läuft, so daß ein gleichmäßiges Rauschen entsteht. Man findet bei Auswechseln der Röhren sofort ohne Mühe eine weitaus größte Verstärkung mittels der RE 034 bei hohen Widerständen R_a.

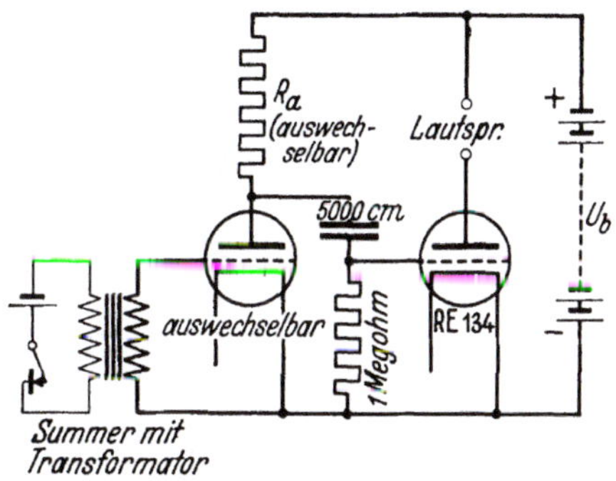

Abb. 53. Schaltanordnung eines Versuches zur Spannungsverstärkung.

3. Aufnahmen von Leistungsdiagrammen an einer RE 604.

Vorbemerkung: Für diese und die folgenden Messungen sei ausdrücklich auf die „Einschränkungen“ im theoretischen Teil hingewiesen. Bei den statischen Messungen müssen die Röhren bisweilen stark überbeansprucht werden, was für kurze Zeit nicht schadet.

Die Meßanordnung nach Abb. 51 bleibt bestehen, das Milliamperemeter I_g wird jetzt ebenfalls in Betrieb genommen. Von $U_g = -50$ Volt bis $U_g = +50$ Volt in Stufen zu 10 Volt fortschreitend werden folgende Meßreihen aufgenommen:

$$\left.\begin{aligned} I_a &= f(U_g)\,, \\ U_a &= f(U_g)\,, \\ N_{\text{verl.}} &= I_a U_a = f(U_g)\,, \\ I_g &= f(U_g)\,, \end{aligned}\right\} \quad U_b = \text{konst.} = 220 \text{ Volt}$$

und zwar je bei den eingeschalteten Widerständen $R_a = 1000$, 2000 und 4000 Ohm; es entstehen entsprechend der Abb. 44 die in Abb. 54 gezeichneten Kurven. Werden dann wieder wie zu Abb. 45 die Gitterspannungen sinusförmig verlaufend angenommen und die Produkte der Zeitwerte der wahren Anodenspannung und des wahren Anodenstromes als Funktionen der Gitterspannung aufgetragen, wobei der Arbeitsmittelpunkt $U_g = 0$ Volt und $\mathfrak{U}_g = U_{g\,\text{max.}} = 50$ Volt festgesetzt sei, so ergeben sich die Kurven der Abb. 55. Einige Erläuterungen, zunächst für die 1000 Ohm-Kurven, mögen zur weiteren Erklärung der Messungen beitragen! Die I_a-Kennlinie (Abb. 54a) zeigt bis zum Schluß kaum eine

Verflachung, sie verläuft nach oben fast geradlinig, eine Sättigungserscheinung tritt nicht auf. Die Restspannung beträgt etwa 62 Volt, die Betriebsspannung 220 Volt ist bei weitem nicht ausgenutzt. Die Röhre arbeitet stark unterspannt und zugleich ist sie untersteuert; es liegt keinerlei Grund vor, sie nicht noch weiter, vielleicht bis $U_g = 60$ Volt, auszusteuern, da der Gitterstrom noch klein ist. Die aus dem Produkt der Restspannung in den maximalen Anodenstrom errechnete Anodenverlustleistung beträgt etwa 12 Watt (Abb. 54b), die Röhre ist stark belastet; die von der Röhre aufgenommene Leistung ist groß. Die unterhalb der Leistungskennlinie liegenden Flächen (Abb. 55) stellen wiederum wie in

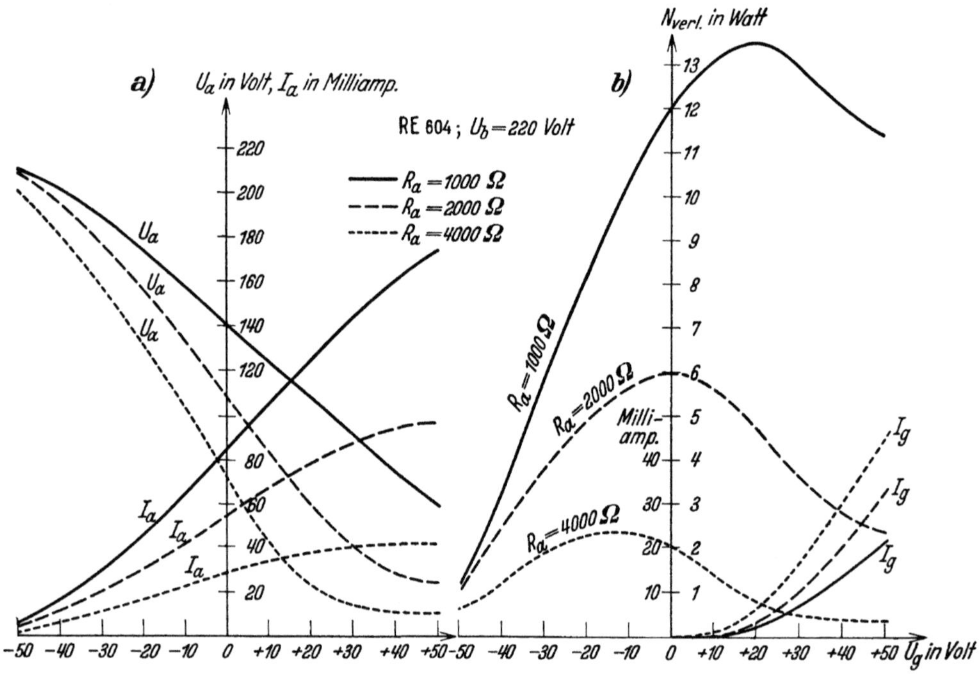

Abb. 54. a) Anodenstrom und Anodenspannung als Funktionen der Gitterspannung bei drei verschiedenen R_a; b) Anodenverlustleistung (statisch) als Funktion der Gitterspannung bei drei verschiedenen R_a.

Abb. 45 die verlorene Leistung dar, und die für 12 Watt ausgezogene parallel der Abszisse verlaufende Gerade N_0 gibt die Anodenverlustleistung bei nicht erregter Röhre an. Ihre Bedeutung entspricht jedoch nicht ganz der Linie AB der Abb. 45, da Strom und Spannung nicht ganz geradlinig verlaufen, der mittlere Anodenstrom und desgleichen die mittlere Anodenspannung im Betrieb daher andere Werte annehmen; die Berechnung des Wirkungsgrades η nach Gl. (48) führt zu Fehlern, die indessen nicht sehr groß sind.

Der Wirkungsgrad und die Ausnutzung der Röhre würde bei größerer Aussteuerung zunehmen, der bei $\pi/2$ flache Sattel des dynamischen Diagramms (Abb. 55) weiter nach unten reichen.

Die 2000 Ohm-Kurven zeigen eine kleinere Leistungsaufnahme der Röhre entsprechend dem größeren Widerstande R_a, die Spannungsausnutzung ist weit besser (Restspannung etwa 25 Volt), und daher ist auch der Wirkungsgrad gestiegen, dessen Berechnung nach Gl. (48) mit dem gleichen Fehler behaftet ist wie vorher. Die Stromkurve führt hier erst recht nicht zur Sättigungsgrenze, und ihre Krümmung deutet darauf hin, daß die Restspannung schon zu klein geworden, der überspannte Zustand also schon eingetreten ist. Der Gitterstrom ist größer als vorher, eine größere Aussteuerung hätte kaum noch Zweck, da der Gitterstrom dann stark wachsen, die Restspannung aber kaum noch abnehmen würde, die Röhre würde dann übersteuert werden.

Die 4000-Ohm-Kurven geben sowohl einen stark überspannten wie übersteuerten Zustand an. Der Gitterstrom ist sehr groß, weil die Restspannung zu klein geworden ist. Aufgenommene und abgegebene Leistung sind sehr gering, der Wirkungsgrad ist scheinbar gut; es ist aber zu bedenken, daß wegen des starken Gitterstromes schon eine merkliche Erwärmung der Gitterfäden vorhanden sein wird; ferner gilt das vorher über die Linie N_0 Gesagte jetzt in verstärktem Maße, da die I_a- und U_a-Linien stark von der Geraden abweichen; ein einigermaßen zuverlässiger Schluß auf den Wirkungsgrad ist hier nicht möglich. Die 4000-Ohm-Anodenstrom- bzw. Anodenspannungslinie verläuft für $U_g > 30$ Volt fast parallel der Abszisse, eine Folge des stark wachsenden Gitterstromes.

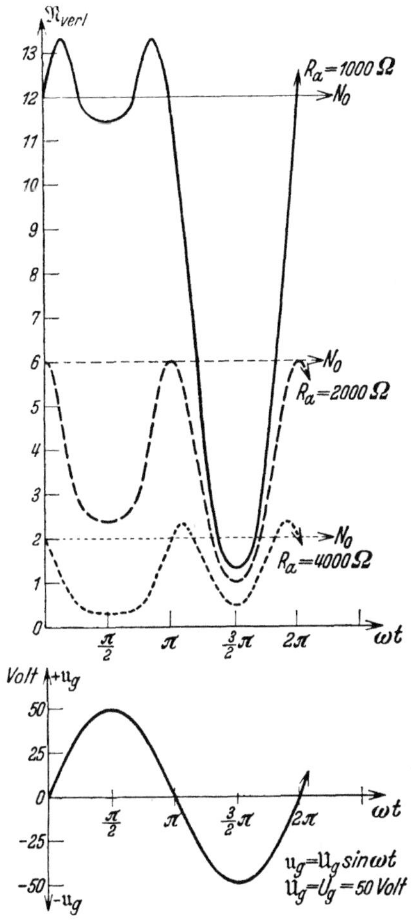

Abb. 55. Anodenverlustleistung (dynamisch) bei drei verschiedenen R_a, nach Abb. 54 entworfen.

Der beste Widerstand $R_{a\,\text{opt.}}$, d. h. der Widerstand, der die größte Wechselstromleistung aufnehmen würde, liegt für die Aussteuerung $\mathfrak{U}_g = 50$ Volt zwischen 1000 und 1500 Ohm, hier wird die Differenz $(N_0 - \mathfrak{N}_{\text{verl.}})$ den größten Wert haben. Wird jedoch die Gitterwechselspannung größer, so muß der Widerstand R_a verkleinert werden, um den Wert $R_{a\,\text{opt.}}$ anzunehmen, wobei die Nutzleistung zunächst noch steigt. Eine beliebige Verkleinerung von R_a ist aber nicht möglich, weil die Röhre bald übersteuert wird; eine Grenze ist auch dadurch gesetzt, daß die Anodenverlustleistung der Röhre bald den zulässigen Wert übersteigt. Das ist auch der Grund, warum bei den statischen Messungen R_a nicht kleiner als 1000 Ohm gewählt wurde; die Gitterspannung höher als 50 Volt zu bringen, ist bei den statischen Messungen wegen der starken Belastung der kleinen Gitterbatterien durch den hohen Gitterstrom schwierig.

Es wurde bereits gesagt, daß bei nicht geradlinigem Verlauf der Anodenstromkennlinien (bzw. der Spannungskennlinien) der mittlere Anodenstrom (bzw. die mittlere Anodenspannung) bei erregter Röhre einen vom Wert I_a

(bzw. U_a) bei nicht erregter Röhre abweichenden Wert annehmen muß. In welchem Sinne die Abweichung erfolgt, ist leicht einzusehen. Die 1000-Ohm-I_a-Kennlinie z. B. (Abb. 54) verläuft rechts vom Arbeitspunkt steiler, der mittlere Strom muß daher bei Erregung der Röhre zunehmen; die 4000-Ohm-I_a-Kennlinie dagegen verläuft rechts vom Arbeitspunkt erheblich flacher, der mittlere Strom muß deshalb nach Erregung der Röhre abnehmen. Der Versuch ist leicht auszuführen, indem an Gitter und Kathode der Röhre eine maximale Wechselspannung = 50 Volt gelegt wird, die dem normalen Wechselstromnetz durch Transformator oder durch Spannungsteiler entnommen wird, wobei zu beachten ist, daß der Effektivwert der Wechselspannung nur etwa 36 Volt betragen darf. Mittlerer Stromwert und mittlerer Spannungswert (durch Parallelschalten eines Spannungsmessers zur Röhre, wie schon beschrieben S. 64) sind auf diese Weise leicht experimentell zu bestimmen, ihr Produkt ergibt die mittlere Leistung, die die Linien N_0 in Abb. 55 ersetzen muß, um nach Gl. (48) den Wirkungsgrad zu erhalten. Praktischen Wert besitzen diese Messungen nicht, weil zur Gewinnung von Wechselstromleistung Ohmsche Anodenwiderstände nicht benutzt werden; die bisherigen Messungen mögen daher zur Erläuterung der Theorie genügen.

Der Übergang zu Aussteuerungen zweiter Art soll erst im dritten Abschnitt praktisch behandelt werden, wo der experimentelle Nachweis des höheren Wirkungsgrades bequemer ist als hier.

Versuch. Daß die Röhre in erregtem Zustand Energie an den äußeren Widerstand abgibt, kann aus folgendem Versuch bewiesen werden. Man erregt die Röhre mit Netzwechselspannung von etwa 50 Volt (effektiv), ihr Anodenwiderstand sei etwa 1000 Ohm; die Vorspannung sei so gewählt, daß der mittlere Anodenstrom, den das Anodenamperemeter anzeigt, nach erfolgter Erregung ungefähr der gleiche bleibt, was vor dem Versuch auszuprobieren ist. Wird nun zunächst die Röhre nicht erregt, so wird ihr Glasmantel und der Widerstand R_a erwärmt, die Temperatur erreicht nach einer Weile einen konstanten Wert, wie mit der Hand festzustellen ist. Nach erfolgter Erregung nimmt die Temperatur des Widerstandes schnell zu, während die Temperatur des Röhrenmantels zurückgeht. Der Versuch überzeugt schon durch Berühren mit der Hand; mit dem Thermometer, das nahe an den Widerstand gebracht wird, gelingt er überzeugender.

4. Parallelgeschaltete Röhren.

Zwei parallelgeschaltete Röhren gleicher Type verhalten sich, wie Tabelle 1 (S. 23) zeigt, wie eine einzige, deren Steilheit verdoppelt oder, was dasselbe ist, deren innerer Widerstand auf die Hälfte vermindert ist. Beide parallelgeschalteten Röhren (Röhrenaggregat) besitzen also den gleichen Durchgriff, aber die doppelte Leistungsfähigkeit wie eine Röhre, sie müssen daher auch die doppelte Leistung an ihren Anodenwiderstand abgeben können. Diese Schlußfolgerung ist richtig, doch besitzt der Anodenwiderstand, der die doppelte Leistung vom erregten

Aggregat aufnimmt, nicht die gleiche Größe wie bei der Einzelröhre. Eine Messung mag dies erläutern! Es sei an dem Röhrensatz zweier parallelgeschalteter RE 604 die gleiche Meßreihe (Abb. 56) aufgenommen wie nach Abb. 54 an einer Röhre; die Messung sei nur für $R_a = 1000$ Ohm durchgeführt. In der Abbildung sind zum Vergleich noch einmal die Messungen an einer Röhre wiedergegeben. Der Anodenstrom des Aggregates erreicht nicht die doppelte Größe, weil die Restspannung und infolgedessen die Steuerspannung infolge der erhöhten Emission sehr abgenommen hat; während die Restspannung vorher etwa 60 Volt betrug, ist sie beim Aggregat schon auf etwa 30 Volt gesunken. Spannungs- und Stromkurve zeigen bereits starke Krümmung und damit den beginnenden überspannten Zustand, eine Erscheinung, die aus der Gl. (28) erklärlich wird; wenn der Anodenstrom gewachsen ist, muß die Restspannung bei gleichbleibendem Widerstand kleiner geworden sein. Soll die Restspannung die gleiche bleiben wie vorhin (= 60 Volt), so muß bei doppeltem Anodenstrom der Widerstand R_a um die Hälfte verkleinert werden! Da die Wechselspannungsamplitude die gleiche bleibt, wächst bei verdoppelter Stromamplitude die abgegebene Leistung auf den zweifachen Wert. Allgemein gilt:

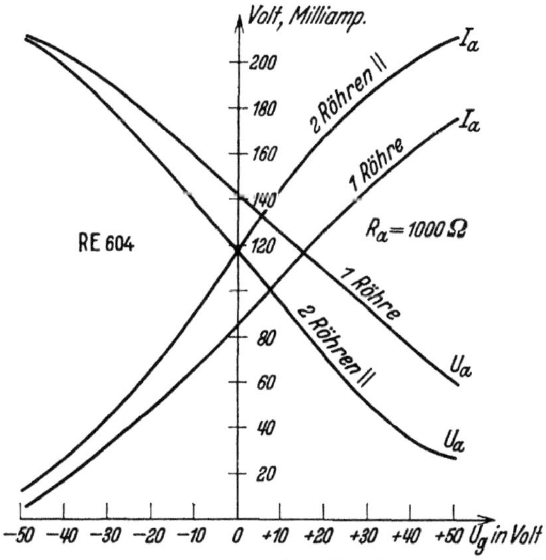

Abb. 56. Herabsetzung der Restspannung als Folge des Parallelschaltens von Röhren unter Beibehaltung des gleichen Anodenwiderstandes.

Bei Parallelschalten artgleicher Röhren muß der Anodenwiderstand im gleichen Maße verkleinert werden, wie die Steilheit S des Aggregates wächst, damit das Aggregat zu einer im gleichen Maße vermehrten Leistungsabgabe veranlaßt wird. (49)

5. Aufnahmen von Leistungsdiagrammen an einer RE 134.

In Abb. 57 sind statische Spannungs-, Strom- und Leistungsdiagramme der RE 134 zusammengestellt, und zwar für die Anodenwiderstände $R_a = 4000$ Ohm und $= 2000$ Ohm. In beiden Diagrammen nimmt nach links der Strom (und daher auch die Anodenverlustleistung) weit schneller auf Null ab als bei der RE 604 (Abb. 54) entsprechend dem kleineren Durchgriff der Röhre; nach rechts sind die Messungen bis $U_g = 40$ Volt fortgesetzt. Die Röhre ist bei einem Anodenwiderstand 4000 Ohm schon überspannt; ist ein Anodenwiderstand 2000 Ohm eingeschaltet, so könnte die Röhre noch weiter ausgesteuert werden, sie ist bei $U_g = 40$ Volt noch unterspannt, die Restspannung beträgt noch etwa 50 Volt. Es ist aber zu beachten, daß die maximale Anodenverlustleistung schon 5 Watt übersteigt, daß daher die Röhre schon überbeansprucht wird; sie wird bei der Messung auch bereits sehr warm (zulässige Beanspruchung nur 3 Watt, vgl. S. 22). Die dynamischen Kurven können in der gleichen Weise nach Abb. 55 gezeichnet werden, sie ergeben prinzipiell nichts Neues.

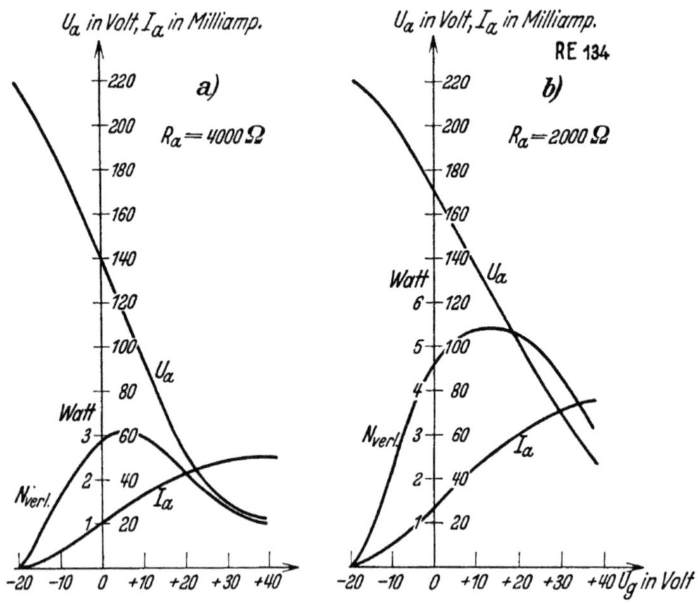

Abb. 57. Vergleichende Aufnahmen zu den Abb. 54a und b an einer RE 134.

Die Diagramme zeigen im Vergleich mit den entsprechenden Aufnahmen an der RE 604 die weit geringere Leistungsfähigkeit der RE 134, ein Ergebnis, das auch Versuche des folgenden dritten Abschnittes bestätigen werden.

Dritter Abschnitt.

Die Einschaltung von schwach gedämpften Schwingungskreisen in die Stromkreise der Röhre.

A. Theorie.

1. Der Widerstand eines Schwingungskreises der Resonanzfrequenz f, der durch eine Spannung der gleichen Frequenz erregt wird.

Es ist bekannt, daß der Wechselstromwiderstand $\mathfrak{R}$, den irgendein aus den beliebig angeordneten Schaltelementen L, C und R bestehender Stromkreis einer treibenden Wechselspannung entgegensetzt, gegeben ist durch den Ausdruck:

$$\mathfrak{R} = \frac{\mathfrak{U}}{\mathfrak{J}}. \tag{50}$$

$\mathfrak{U}$ ist die Amplitude der Wechselspannung, $\mathfrak{J}$ die Amplitude des entstehenden Wechselstromes. $\mathfrak{R}$ wird dem Zahlwert nach in Ohm angegeben und ist dem Widerstand R Ohm gleich, der sich ergibt, wenn $\mathfrak{U}$ und $\mathfrak{J}$ Gleichwerte sind. Es ändert sich an dem Zahlwert der Größe $\mathfrak{R}$ nichts, wenn anstatt der Amplitudenwerte Effektivwerte genommen werden, so daß sich die Gleichung auch schreiben läßt:

$$\mathfrak{R} = \frac{\mathfrak{u}_{\text{eff.}}}{\mathfrak{i}_{\text{eff.}}}, \quad \text{wobei} \quad \mathfrak{U} = \mathfrak{u}_{\text{eff.}} \sqrt{2} \quad \text{und} \quad \mathfrak{J} = \mathfrak{i}_{\text{eff.}} \sqrt{2}. \tag{51}$$

Die anfangs genannten Größen L, C und R seien die Zahlwerte der im Stromkreise liegenden Induktivität und Kapazität und des Ohmschen Widerstandes, wobei zu beachten ist, daß in Wechselstromkreisen sehr häufig nicht nur in der Gleichstrombrücke zu messende Wirkwiderstände die ausschlaggebende Rolle spielen, sondern auch Wirkwiderstände, die unter anderem durch dielektrische Verluste im Kondensator, durch Wirbelverluste in den Spulendrähten, durch den sog. Skineffekt und (als nützlich absichtlich herbeigeführt) durch Strahlung in den Antennen auftreten; abgesehen von diesem letzten Fall sind alle Verlustwiderstände höchst unerwünscht und nach Möglichkeit herabzudrücken. Alle Verlustwiderstände sind in ihrer physikalischen Wirkung den reinen Ohmschen Widerständen gleichzusetzen; ihre Messung ist oft schwer genau durchführbar, weil ihre Größe in hohem Maße von der Frequenz abhängig ist.

In dem einfachen Falle einer in Reihe mit einem Widerstand R liegenden Induktivität ergibt sich:

$$\mathfrak{R} = \sqrt{R^2 + (\omega L)^2} \quad \text{oder anders geschrieben} \quad \mathfrak{R} = R + j\omega L.$$

Liegt statt der Induktivität eine Kapazität in Reihe mit dem Widerstande, so ergibt sich:

$$\mathfrak{R} = \sqrt{R^2 + \left(\frac{1}{\omega C}\right)^2} \quad \text{oder anders geschrieben} \quad \mathfrak{R} = R + \frac{1}{j\omega C} = R - \frac{j}{\omega C}$$

und bei Reihenschaltung von Kapazität, Induktivität und Widerstand erhält man als Wechselstromwiderstand:

$$\mathfrak{R} = \sqrt{R^2 + \left(\omega L - \frac{1}{\omega C}\right)^2} \quad \text{oder anders geschrieben} \quad \mathfrak{R} = R + j\left(\omega L - \frac{1}{\omega C}\right).$$

Die am Schluß der Formeln stehenden Ausdrücke enthalten die Größe des Widerstandes in der sog. symbolischen von Steinmetz angegebenen Form, in der zumal bei schwierigeren Schaltungen die Berechnung des resultierenden Widerstandes allein möglich ist; j ist die imaginäre Einheit[1].

In der Folge interessiert der Wechselstromwiderstand $\mathfrak{R}$ eines Kreises, der in Abb. 58 a angegeben ist. L_1 und L_2 sind zwei Induktivitäten, C ist eine Kapazität beliebiger Größe und R_1 und R_2 sind zwei Wirkwiderstände, die nicht beliebig groß sein sollen, sondern eine Bedingung erfüllen müssen, die weiter unten festgelegt wird. Die Größen mit dem Index 1 liegen zusammen

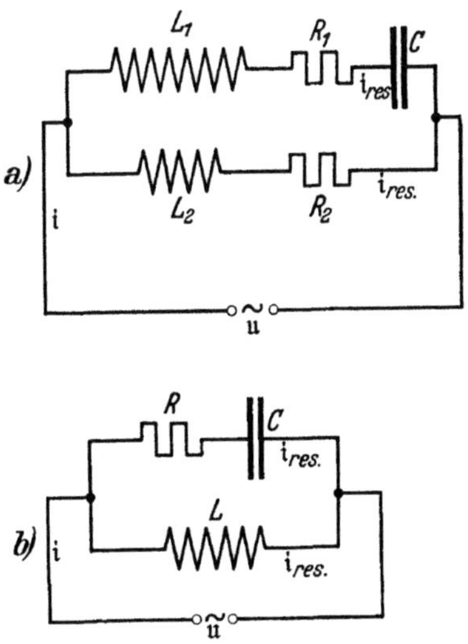

Abb. 58. Gedämpfte Schwingungskreise mit äußerer Spannungsquelle.

[1] Nach der symbolischen Bezeichnung heißen die Widerstände „Komplex“; Leser, die mit der Rechnungsweise nicht vertraut sind, benutzen ohne weiteres das Ergebnis (53) der folgenden Rechnung, eine Störung beim weiteren Lesen entsteht dadurch nicht.

mit der Kapazität in Reihe, desgleichen sind die Größen mit dem Index 2 in Reihe geschaltet, beide Zweige sind in bezug auf die erregende Spannung (Amplitude $\mathfrak{U}$) parallelgelegt. Ferner wird festgesetzt, daß die Frequenz f der Spannungsquelle gleich der Resonanzfrequenz des Kreises ist:

$$\left.\begin{aligned} \text{Schwingungsdauer} = \tau = \frac{1}{f} = 2\pi\sqrt{(L_1 + L_2)\,C}\,, \\ \text{so daß} \qquad \omega^2 (L_1 + L_2)\,C = 1\,. \end{aligned}\right\} \quad (\omega = 2\pi f) \qquad (52)$$

Der Widerstand $\mathfrak{R}_1$ des Kreises *1* gegen die erregende Spannung ist:

$$\mathfrak{R}_1 = R_1 + j\left(\omega L_1 - \frac{1}{\omega C}\right),$$

und der Widerstand $\mathfrak{R}_2$ wird:

$$\mathfrak{R}_2 = R + j\omega L_2\,.$$

Da beide Widerstände parallel liegen, so gilt:

$$\frac{1}{\mathfrak{R}} = \frac{1}{\mathfrak{R}_1} + \frac{1}{\mathfrak{R}_2} = \frac{1}{\mathfrak{R}_1 + j\left(\omega L_1 - \frac{1}{\omega C}\right)} + \frac{1}{R_2 + j\omega L_2}\,,$$

und daher:

$$\mathfrak{R} = \frac{\left[R_1 + j\left(\omega L_1 - \frac{1}{\omega C}\right)\right](R_2 + j\omega L_2)}{R_1 + j\left(\omega L_1 - \frac{1}{\omega C}\right) + R_2 + j\omega L_2}\,.$$

Da

$$\omega^2 (L_1 + L_2)\,C = 1 \qquad \text{oder} \qquad \omega(L_1 + L_2) = \frac{1}{\omega C}\,,$$

und daher auch

$$j\omega(L_1 + L_2) = \frac{j}{\omega C}\,,$$

so wird

$$j\omega(L_1 + L_2) - \frac{j}{\omega C} = 0\,.$$

Der Nenner des Ausdrucks für $\mathfrak{R}$ ist deshalb einfach gleich der Summe $R_1 + R_2$, und es wird:

$$\mathfrak{R} = \frac{(R_2 + j\omega L_2)\left[R_1 + j\left(\omega L_1 - \frac{1}{\omega C}\right)\right]}{R_1 + R_2}\,.$$

Werden die Wirkwiderstände R_1 und R_2 gegen die Blindwiderstände vernachlässigt (schwach gedämpfter Schwingungskreis), so wird:

$$\mathfrak{R} = \frac{j^2\omega L_2\left(\omega L_1 - \frac{1}{\omega C}\right)}{R_1 + R_2} = \frac{-\,\omega L_2\left(\omega L_1 - \frac{1}{\omega C}\right)}{R_1 + R_2}\,,$$

wird hierin $1/\omega C$ durch $\omega(L_1 + L_2)$ ersetzt, so ergibt sich:

$$\boldsymbol{\mathfrak{R} = \frac{(\omega L_2)^2}{R_1 + R_2}}\,. \qquad \omega^2 (L_1 + L_2)\,C = 1 \qquad (53)$$

Dies ist der Widerstand, ausgedrückt in Ohm, den der Schwingungskreis als Folge der Gegenspannung, die er selbst erzeugt, der erregenden Spannung $\mathfrak{u}$ entgegensetzt. Wird L_2 größer unter der

Bedingung, daß die Resonanzgleichung, also die Frequenz, erhalten bleibt, so nimmt der Widerstand in gleichem Maße zu; die Induktivitäten müssen in Henry, die Kapazitäten in Farad eingesetzt werden. Die Richtigkeit der Gl. (53) bleibt auch bestehen, wenn die Induktivität L_1 und der Widerstand R_1 gleich Null werden; der Schwingungskreis besteht dann nur noch aus Kapazität, Induktivität und dem Dämpfungswiderstand, wie Abb. 58b zeigt.

Aus den Gl. (50) und (53) folgt die Größe der Stromamplitude. Es wird

$$\mathfrak{J} = \mathfrak{U} \frac{R_1 + R_2}{(\omega L_2)^2}. \tag{54}$$

Je kleiner die Widerstände R_1 und R_2 sind, um so kleiner wird der Strom $\mathfrak{J}$; er ist gleich Null, wenn die Widerstände Null werden. Ganz anders verhält sich der Strom, der im Schwingungskreise fließt, also die Kapazität durchsetzt. Die Stromamplitude $\mathfrak{J}_{\text{res.}}$ (Abb. 58b) nimmt den Wert ∞ an, wenn die Widerstände gegen Null abnehmen, ein Fall, den man bekanntlich mit „Stromresonanz" bezeichnet; das Verhältnis der Stromamplituden $\mathfrak{J}_{\text{res.}}/\mathfrak{J}$ wird um so größer, je kleiner die Dämpfung des Kreises wird.

Diese physikalischen Vorgänge seien im folgenden noch näher erläutert, wobei als einfachstes Beispiel die Schaltung der Abb. 58b angenommen sei! Da in einer Kapazität der Strom der Spannung um 90° vorauf-, in einer Induktivität der Spannung um 90° nacheilt, so folgt aus der Voraussetzung $\omega L = \frac{1}{\omega C}$, daß ein Strom $\mathfrak{i}$ im äußeren Kreise nicht fließen kann, weil beide Teilströme sich gegenseitig aufheben; das gilt, solange $R = 0$ ist. Eine äußere angelegte Spannung erzeugt keinen äußeren Strom der Amplitude $\mathfrak{J}$, d. h. der Widerstand des Kreises gegen die Spannung der Amplitude $\mathfrak{U}$ ist ∞. Besteht, durch irgendwelche Vorgänge veranlaßt, ein Strom der Amplitude $\mathfrak{J}_{\text{res.}}$ im Kreise, so wird diese Amplitude ohne äußere Energiezufuhr (die nur ein Strom $\mathfrak{J}$ bewirken könnte), aufrechterhalten (ungedämpfter Schwingungskreis).

Ist ein Wirkwiderstand R in den Schwingungskreis gelegt, der mit der Amplitude $\mathfrak{J}_{\text{res.}}$ schwingt, so wird an dem Widerstand eine elektrische Leistung verbraucht, die durch den Ausdruck gegeben ist:

$$\mathfrak{N} = \frac{\mathfrak{J}^2_{\text{res.}}}{2} R = \mathfrak{i}^2_{\text{eff.res.}} \cdot R. \tag{55}$$

Die Amplitude $\mathfrak{J}_{\text{res.}}$ nimmt durch den Leistungsverbrauch ab; soll sie aufrechterhalten bleiben, so muß eine Energiezufuhr von außen geschehen, und zugeführte und verbrauchte Leistungen müssen größengleich sein. Die äußere Leistungszufuhr kann nur durch die Spannung der Amplitude $\mathfrak{U}$ mittels des Stromes der Amplitude $\mathfrak{J}$ erfolgen, der mit der Spannung $\mathfrak{U}$ in Phase sein muß, da es sich ja um reelle Leistungen handelt. Die zugeführte Leistung ist deshalb:

$$\mathfrak{N} = \frac{\mathfrak{U} \cdot \mathfrak{J}}{2} = \text{(unter Benutzung der Gl. [50])} \frac{\mathfrak{J}^2}{2} \mathfrak{R} = \mathfrak{i}^2_{\text{eff.}} \cdot \mathfrak{R}. \tag{56}$$

Bei Gleichsetzung von (55) und (56) wird:

$$\tfrac{1}{2} \mathfrak{J}^2_{\text{res.}} \cdot R = \tfrac{1}{2} \mathfrak{J}^2 \cdot \mathfrak{R} \quad \text{oder} \quad R : \mathfrak{R} = \mathfrak{J}^2 : \mathfrak{J}^2_{\text{res.}},$$

und unter Benutzung der Gl. (53) für $R_2 = 0$, $R_1 = R$ und $L_2 = L$ wird:

$$R : \mathfrak{R} = R : \frac{(\omega L)^2}{R} = \mathfrak{J}^2 : \mathfrak{J}^2_{\text{res.}}$$

oder

$$R^2 : (\omega L)^2 = \mathfrak{J}^2 : \mathfrak{J}^2_{\text{res.}}$$

und daraus:

$$\mathfrak{J} : \mathfrak{J}_{\text{res.}} = R : \omega L . \qquad (\omega L \gg R) \tag{57}$$

Die Gl. gilt nur, so lange $R \ll \omega L$ (in Ohm) (schwach gedämpfter Schwingungskreis) ist.

Die sinusförmig verlaufenden Phasenwerte $\mathfrak{u}$, $\mathfrak{i}$ und $\mathfrak{i}_{\text{res.}}$ sind in Abb. 59 dargestellt, die Maßstäbe sind willkürlich gewählt; die Amplituden $\mathfrak{J}_{\text{res.}}$ sind im Verhältnis zu $\mathfrak{J}$ viel zu klein genommen (aus Raumrücksichten), da sie in schwach gedämpften Schwingungskreisen oft den 100fachen Wert von $\mathfrak{J}$ erreichen. Die Phasenwerte $\mathfrak{i}$ und $\mathfrak{i}_{\text{res.}}$ überlagern sich im Schwingungskreise zu einem Summenstrom, dessen Phase gegenüber der Spannung $\mathfrak{u}$ nur sehr wenig von 90° abweicht.

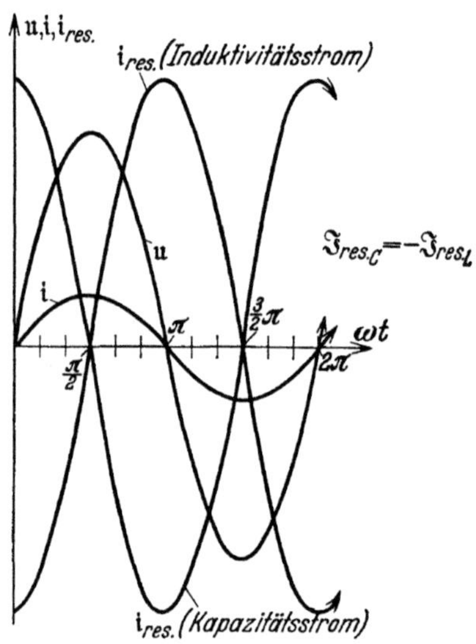

Abb. 59. Verlauf von Spannung, äußerem Strom i und Resonanzstrom $\mathfrak{i}_{\text{res.}}$ in Schwingungskreisen nach Abb. 58.

Die Wechselspannungsamplitude $\mathfrak{U}$ kann in Röhrenkreisen in der Regel nicht direkt gemessen werden, ihre Berechnung aus der Formel $\mathfrak{U} = \mathfrak{J} \cdot \mathfrak{R}$ ist schwierig, weil der Wechselstrom $\mathfrak{J}$ sehr klein und $\mathfrak{R}$ nicht genau genug bekannt ist. Falls $\mathfrak{J}$ gegen $\mathfrak{J}_{\text{res.}}$ vernachlässigt wird, gelingt die Berechnung von $\mathfrak{U}$ auf andere Weise sehr einfach. Die Spannungsamplitude U_L an einer Induktivität ist gleich dem Produkt aus ihrem induktiven Widerstand in den sie durchfließenden Strom; deshalb wird in großer Annäherung:

$$\mathfrak{U} = \mathfrak{U}_L = \mathfrak{J}_{\text{res.}}\, \omega L = \mathfrak{i}_{\text{eff.res.}}\, \omega L \sqrt{2} \simeq \mathfrak{J} \cdot \mathfrak{R} . \tag{58}$$

Die Frequenz ist bei schwach gedämpften Kreisen mit hinreichender Genauigkeit aus der vereinfachten Thomsonschen Formel zu errechnen, L ist bekannt, und der effektive Strom ist an einem in den Schwingungskreis eingeschalteten Amperemeter abzulesen[1].

[1] Die Thomsonsche Formel lautet $\tau = 2\pi\sqrt{LC}$. Hierin ist τ die Schwingungsdauer in Sekunden, L und C sind in absoluten Einheiten des elektromagnetischen Systems angegeben, also L in Zentimetern und C in 10^9 Farad. Für die in den Übungen folgenden numerischen Berechnungen ist es angenehm, C in μF und L in Henry auszudrücken. Dann wird, weil

$$1 \text{ Farad} = 10^6\ \mu\text{F}$$

und

$$1 \text{ Henry} = 10^9 \text{ cm},$$

der Zahlwert der Frequenz f in Hertz:

$$\frac{1}{\tau} = f = \frac{10^3}{2\pi\sqrt{L_{\text{Henry}}\, C_{\mu F}}} .$$

Die gleichen Überlegungen können wie für die Schaltung Abb. 58b auch für Abb. 58a angestellt werden, wobei das Ergebnis das gleiche bleibt.

2. Ein schwach gedämpfter Schwingungskreis im Anodenkreis der Röhre.

Ist ein schwach gedämpfter Schwingungskreis nach der Schaltung der Abb. 58b in den Anodenkreis einer Röhre gelegt, so ergibt sich die Anordnung der Abb. 60. Der Schwingungskreis LC sei mit der Teilinduktivität L_a zwischen den positiven Pol der Betriebsspannung und die Anode der Röhre geschaltet, der gesamte Verlustwiderstand des Schwingungskreises sei R und außerdem sei festgesetzt, daß der Ohmsche Widerstand der Spule L gegen den inneren Widerstand der Röhre völlig zu vernachlässigen ist, ein Ohmscher Spannungsabfall der Betriebsspannung an der Spule also nicht auftritt; im nichterregten Zustand der Röhre erhält daher die Anode der Röhre die volle Betriebsspannung. Der Kondensator C_b hat nur die nebensächliche Aufgabe, die Betriebsspannungsquelle für Wechselstrom kurzzuschließen. Zwischen Gitter und Kathode der Röhre sei eine Wechselspannung der Amplitude $\mathfrak{U}_g$ gelegt, deren Frequenz auf die Eigenfrequenz des Schwingungskreises abgestimmt sei. Nach der Gl. (53) ist dann der Wechselstromwiderstand des Schwingungskreises im Anodenkreis der Röhre (setze $R_1 + R_2 = R$ und $L_2 = L_a$):

$$\mathfrak{R}_a = \frac{(\omega L_a)^2}{R}, \tag{59}$$

wo L_a in Henry auszudrücken ist.

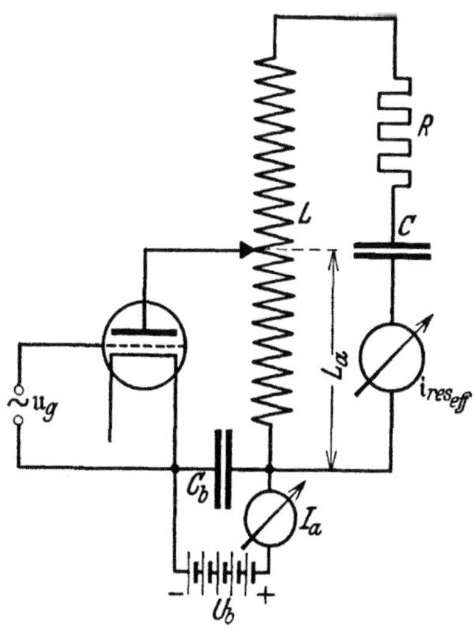

Abb. 60. In den Anodenkreis einer Röhre eingeschalteter (schwach) gedämpfter Schwingungskreis.

Dieser Widerstand ist in bezug auf die Röhre artgleich dem Widerstande R_a des Abschnittes 2, denn er erzeugt einen gleichartigen Spannungsabfall an der Anode der Röhre wie jener. Die Ursache dafür liegt in der bereits erwähnten Gegenspannung, die der Kreis erzeugt, und die eine solche Phase besitzt, daß sie die Anodenspannung U_a bei positivem Amplitudenwert der Gitterwechselspannung entsprechend der Gl. (28) und dem Gesetz (30) am weitesten herabdrückt. Es tritt also auch hier für den Widerstand $\mathfrak{R}_a$ wie in Abschnitt 2 für den Wirkwiderstand R_a eine Phasenverschiebung von 180° zwischen Gitterwechselspannung und Anodenwechselspannung ein; alle Folgerungen, die in Abschnitt 2 aus dieser Tatsache gezogen wurden, können deswegen hier ohne weiteres übernommen werden. Es gibt auch hier einen unterspannten und überspannten, untersteuerten und übersteuerten Zustand der Röhre, desgleichen einen Widerstand $\mathfrak{R}_{a\,\text{opt.}}$, für den die Röhre am besten ausgenutzt wird; die Veränderung von $\mathfrak{R}_a$ zum Auffinden des Widerstandes $\mathfrak{R}_{a\,\text{opt.}}$ geschieht in einfachster Weise durch Änderung der Induktivität L_a, d. h. durch Wahl der sog. „Anodenankopplung" der Spule L. Die numerische Größe $\mathfrak{R}_{a\,\text{opt.}}$ entspricht jedoch nicht der Größe $R_{a\,\text{opt.}}$ des Abschnittes 2, wie nachstehende Überlegung zeigt. Da der Ohmsche Widerstand der Spule L nach der Voraussetzung verschwindend klein ist, der Teil L_a daher in nichterregtem Zustand der Röhre keinen Spannungsabfall hervorruft, ist die mittlere Spannung, um die die wahre Spannung an der Anode bei erregter Röhre schwankt, die Betriebsspannung U_b. Die Amplitude der wie immer sinusförmig angenommenen Wechselspannung, die am Widerstande $\mathfrak{R}_a$ liegt, ist:

$$\mathfrak{U}\,\mathfrak{R}_a = \mathfrak{J}_a \mathfrak{R}_a = -\mathfrak{U}_a\,. \tag{60}$$

$\mathfrak{U}_a$ ist die Amplitude der Anodenwechselspannung, die in ausreichender Annäherung nach der Gl. (69) S. 78 numerisch bequemer zu berechnen ist als nach der Gl. (60); die Wechselspannung überlagert sich der Gleichspannung U_b. Bei einem in den Anodenkreis der Röhre eingeschalteten Ohmschen Widerstande R_a konnte, sinusförmige Wechselspannung vorausgesetzt, die Amplitude der Wechselspannung die Größe der halben Betriebsspannung im theoretischen Grenzfall erreichen (vgl. Abb. 33), hier kann die Amplitude weit höher werden und im Grenzfalle sein:

$$\mathfrak{U}_a = U_b \quad \text{(theoretischer Höchstwert der Anodenwechselspannung)}. \tag{61}$$

Der Höchstwert der wahren Anodenspannung ist dann:

$$U_{a\,\text{max.}} = 2\,U_b \quad \text{(theoretischer Höchstwert der wahren Anodenspannung)}. \tag{62}$$

Diese beiden Grenzfälle können nicht erreicht werden, weil auch hier wie früher die Anodenspannung nicht auf Null absinken kann, wenn im Falle der größten Gitterspannungsamplitude der maximale Anodenstrom erreicht sein soll, es muß stets die Restspannung $u_{a\,\text{rest.}} >$ Null bleiben. ($u_a <$ Null vgl. S. 125 unten.)

Für die maximale Amplitude des Anodenwechselstromes gilt wie früher, wenn Schwingungen erster Ordnung bei nicht unterdrücktem Gitterstrom vorausgesetzt werden, die Bedingung (vgl. Abb. 44 und 45):

$$\mathfrak{J}_a = \frac{I_s}{2}\,, \tag{63}$$

und die Amplitude der Wechselspannung ist für den günstigsten Wert der Restspannung:

$$\mathfrak{U}_{a\,\text{opt.}} = U_b - u_{\text{rest. opt.}}\,. \tag{64}$$

Daraus wird infolge der allgemeinen Gleichung (50) der Bestwiderstand:

$$\mathfrak{R}_{a\,\text{opt.}} = 2\,\frac{U_b - u_{\text{rest. opt.}}}{I_s} = \text{[nach Gl. (59)]}\;\frac{(\omega\,L_{a\,\text{opt.}})^2}{R} \tag{65}$$

im Gegensatz zu dem halben Wert bei Ohmschen Anodenwiderständen [Gl. (44)].

Die auf S. 47 zusammengestellten vier Formen der Leistungsverstärkung gelten auch hier, die lineare Verstärkung (a) oder (b) wird für lineare Hochfrequenzverstärkung, die Verstärkung (c) für Telephoniesender, die Verstärkung (d) für Telegraphiesender und Röhrengeneratoren benutzt, die möglichst große Wechselstromleistungen erzeugen sollen (Generatoren für Hochfrequenzversuche). In allen Fällen handelt es sich stets um Verstärkung der in der Gl. (52) festgesetzten Frequenz f bzw. (bei Telephonie, vgl. Abschnitt 4) ihrer näheren Umgebung.

Die Ausführungen des Abschnittes 2 über Schwingungen zweiter Art bedürfen noch einer geringen Korrektur. Die Anodenwechselspannung nahm dort bei Schwingungen zweiter Art die gleiche eckige Form an wie der Wechselstrom; das ist hier nicht möglich, weil die Spannung an der Spule und daher auch die Anodenwechselspannung stets sinusförmig verläuft. Die Form der Anodenwechselspannung hängt wegen der Bedingung (57) kaum noch von i_a, sondern von dem Resonanzstrom des Schwingungskreises $i_{res.}$ ab, der stets sinusförmig ist, falls die Spule des Schwingungskreises keinen Eisenkern hat. Im äußersten Grenzfalle kann daher wohl der Anodenstrom direkt von Null auf den Sättigungswert springen und umgekehrt, die Anodenspannung ist jedoch stets sinusförmig, falls die Bedingung $\mathfrak{I}_{res.} \gg \mathfrak{I}_a$ aufrechterhalten bleibt; daher kann auch der Wirkungsgrad nicht mehr den früher angenommenen theoretischen Höchstwert erreichen, sondern er wird kleiner.

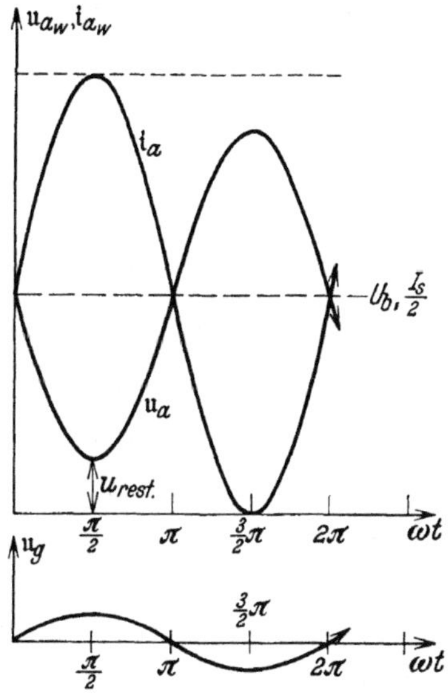

Abb. 61. Verlauf von Gitterwechselspannung, Anodenwechselstrom und Anodenwechselspannung der Röhre bei Schaltungen nach Abb. 60; Schwingungen erster Art.

Die Einschränkungen für kleine Röhren, wie sie in Abschnitt 2, S. 61, eingefügt werden mußten, bleiben ebenfalls in Geltung.

Abb. 61 zeigt den Verlauf der Gitterwechselspannung, des Anodenwechselstroms und der Anodenwechselspannung (bzw. der wahren Werte der beiden letzteren), wenn angenommen wird, daß der Anodenstrom vollständig, die Betriebsspannung bis zum Wert $u_{rest.\,opt.}$ ausgenutzt wird, daß also die Grenzen der Schwingungen erster Art praktisch erreicht sind; für $I_s/2$ und U_b sind in der Abbildung die gleichen Ordinatenstrecken gewählt. Anodenwechselstrom und Anodenwechselspannung sind wie in Abschnitt 2 stets um 180° phasenverschoben, ihr Produkt ist negativ, was gewonnene Wechselstromleistung bedeutet. Aus den Produkten der wahren Strom- und Spannungswerte $i_{a_W} u_{a_W}$ kann nach dem Schema der Abb. 45 das Anodenverlustleistungsdiagramm gezeichnet werden.

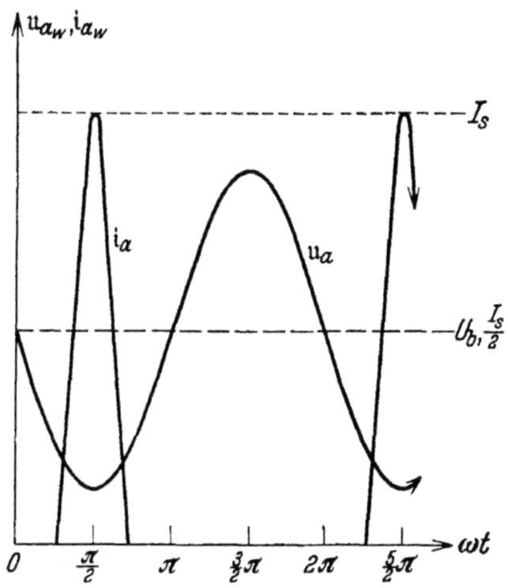

Abb. 62. Verlauf von Anodenwechselspannung und Anodenwechselstrom der Röhre bei Schaltungen nach Abb. 60; Schwingungen zweiter Art.

Abb. 62 zeigt ein Beispiel für Schwingungen zweiten Grades; es ist eine negative Vorspannung angenommen, und die Gitterwechselspannung ist so groß gewählt, daß gerade der Sättigungswert des Anodenstromes erreicht ist; die Spannung besitzt die gleiche Amplitude wie vorhin.

Ein in den Anodenkreis der Röhre nach dem Schema der Abb. 60 eingeschaltetes Gleichstromamperemeter I_a zeigt den Mittelwert des Anodenstromes an, weshalb die experimentelle Bestimmung des Wirkungsgrades sehr einfach wird, wie nachstehend erläutert ist.

3. Die Vorgänge im Anodenschwingungskreis der Röhre.

Die gewonnene Wechselstromleistung wird in dem Schwingungskreis an dem Widerstand R umgesetzt, wie bereits in Kapitel 1 auseinandergesetzt ist. Die dort mit $\mathfrak{U}$ bezeichnete Amplitude der Wechselspannung ist hier die Amplitude $\mathfrak{U}_a$, der Strom $\mathfrak{J}$ ist hier der Anodenstrom $\mathfrak{J}_a$. Das negative Produkt $-\frac{\mathfrak{U}_a \mathfrak{J}_a}{2}$ bedeutet die von der Röhre an den Kreis abgegebene Leistung, die im Widerstand R verbraucht wird und aus der Gleichsetzung der Gleichungen (55) und (56) zu bestimmen ist. Es wird die gewonnene Wechselstromleistung (Nutzleistung), d. h. die Ausgangsleistung:

$$\mathfrak{N}_a = \mathfrak{i}^2_{\text{eff. res.}} R. \tag{66}$$

Die scheinbar von der Röhre aufgenommene Leistung ist gegeben aus dem Produkt der Betriebsspannung in den mittleren Anodenstrom I_a (Anodengleichstrom). Die Eingangsleistung ist daher:

$$N_e = U_b I_a, \tag{67}$$

so daß der Wirkungsgrad gegeben ist durch den Ausdruck:

$$\eta = \frac{\mathfrak{i}^2_{\text{eff. res.}} \cdot R}{U_b \cdot I_a} = \frac{\mathfrak{N}_a}{N_e}. \tag{68}$$

Die Messung von U_b und I_a ist einfach, die Messung von $\mathfrak{i}_{\text{eff.}}$ muß bei hochfrequenten Wechselströmen mittels eines Hitzbandamperemeters oder eines geeigneten Thermoinstrumentes erfolgen, die auch bei Hochfrequenzströmen fehlerfrei anzeigen. Die genaue Bestimmung von R ist, wie bereits erwähnt, oft schwer durchführbar.

An dem Widerstande $\mathfrak{R}_a = \frac{(\omega L_a)^2}{R}$ liegt stets die Anodenwechselspannung, deren Amplitude $\mathfrak{U}_a$ wegen der Restspannung stets einen kleineren Wert haben muß als die Betriebsspannung. $\mathfrak{U}_a$ berechnet sich angenähert aus der Gl. (50) für $\mathfrak{R} = \omega L_a$:

$$\left.\begin{aligned} \mathfrak{U}_a &= \omega L_a \mathfrak{i}_{\text{eff. res.}} \sqrt{2} \\ u_{a\,\text{rest.}} &= U_b - \omega L_a \mathfrak{i}_{\text{eff. res.}} \sqrt{2}\,. \end{aligned}\right\} \quad (\omega L_a \gg R) \tag{69}$$

und daher (zweite Zeile).

Da bei geringer Dämpfung für ein bestimmtes L_a infolge Abnahme von R die Größe $\mathfrak{R}_a$ wächst, der Bestwiderstand $\mathfrak{R}_{a\,\text{opt.}}$ für die gleiche Röhre bei gleichbleibenden Betriebsdaten konstant bleibt, folgt, daß mit abnehmender Dämpfung die beste Anodenankopplung $L_{a\,\text{opt.}}$ kleiner oder „loser" werden muß, wie der technische Ausdruck lautet.

Für die Wechselspannung $\mathfrak{U}_a$ gilt immer $\mathfrak{U}_a < U_b$, die Spulenspannung jedoch, d. h. die Wechselspannung, die an der Gesamtinduktivität L bzw. an der Kapazität C (Abb. 60) liegt, erreicht vielfache

Werte der Anodenwechselspannung $\mathfrak{U}_a$, ihr Amplitudenwert berechnet sich nach der Gleichung (50) für $\mathfrak{R} = \omega L$ zu:

$$\mathfrak{U}_L = \omega L \mathfrak{i}_{\text{eff. res.}} \sqrt{2}. \tag{70}$$

$\mathfrak{U}_L$ kann schon bei den kleinen Röhren, wie sie hier zu den Versuchen Verwendung finden, 10fache Werte wie $\mathfrak{U}_a$ erreichen; wenn also, um ein Beispiel zu geben, die Betriebsspannung $U_b = 220$ Volt ist, die Anodenwechselspannung etwa 180 Volt beträgt, so kann die Spulenspannung bzw. die Spannung am Kondensator C 1800 Volt und mehr betragen, eine Überlegung, nach der die Durchschlagsfestigkeit insbesondere der Kapazität bemessen sein muß. Übrigens muß auch die Durchschlagsfestigkeit der Sockelisolierung der Röhre größer sein, als der Betriebsspannung entspricht, da die wahre Anodenspannung nach Gl. (62) fast den doppelten Wert der Betriebsspannung erreichen kann.

Die Amplitude $\mathfrak{J}_{\text{res.}}$ des Schwingkreisstromes erreicht nach Gl. (57) die vielfache Amplitude von $\mathfrak{J}_a$; es verhält sich:

$$\mathfrak{J}_a : \mathfrak{J}_{\text{res.}} = R : \omega L_a. \tag{71}$$

Der Schwingungsstrom $\mathfrak{i}_{\text{res.}}$ verläuft, wie schon bemerkt, streng sinusförmig und infolgedessen auch die Spannung $\mathfrak{u}_L$ an der Spule (bzw. an der Kapazität). In dem Abschnitt L_a überlagert sich der Röhrenstrom, der bei Schwingungen zweiter Art eckig ist, dem Schwingstrom, so daß eine geringe Störung des sinusförmigen Stromverlaufs in L_a eintritt; das gleiche gilt für die Wechselspannung an L_a. An sich ist die Störung unerheblich, doch wird sie durch die sog. „Oberwellen" merklich, die der Generator neben der Grundfrequenz f erzeugt. Bei Röhrensendern müssen sie durch „Zwischenkreise" entfernt, d. h. ausgesiebt werden, damit sie nicht durch die Antenne ausgestrahlt werden. Der Nachweis der Oberwellen gelingt auch bei kleinen Röhrengeneratoren leicht mit Wellenmesser, Detektor und Galvanometer; die Theorie der Oberwellen ist schwierig und kann hier nicht besprochen werden.

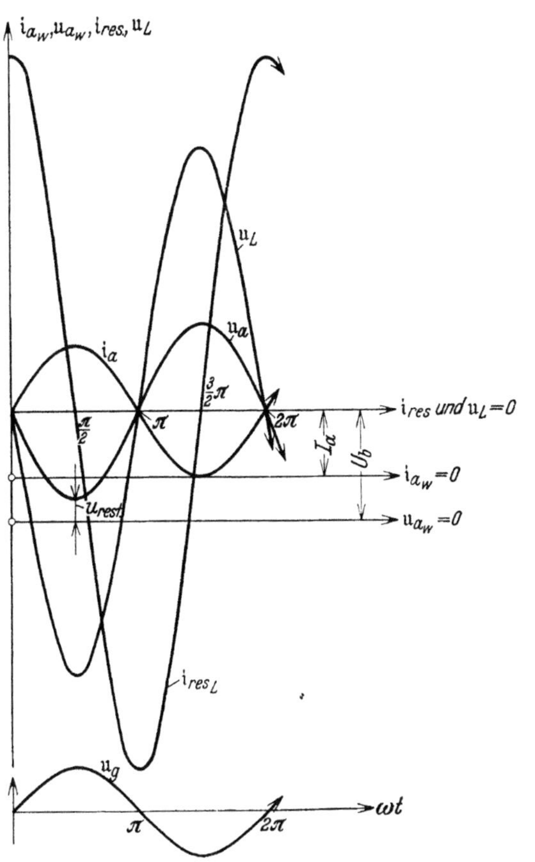

Abb. 63. Verlauf von Gitterwechselspannung, Anodenwechselspannung, Anodenwechselstrom, Spulenwechselspannung und Spulenwechselstrom (= Schwingkreisspannung und Schwingkreisstrom).

In Abb. 63 ist der Verlauf von Gitterwechselspannung, Anodenwechselspannung, Anodenwechselstrom, Spulenwechselspannung (= Schwingkreiswechselspannung) und Schwingkreiswechselstrom dargestellt, die Phasengesetze ergeben sich nach dem früher Gesagten und bedürfen keiner Erläuterung mehr;

es sind Schwingungen erster Art angenommen; die Amplituden $\mathfrak{J}_{\text{res.}}$ und $\mathfrak{U}_L$ mußten aus Raumrücksichten stark verkleinert werden.

4. Die Selbsterregung.

Die Wechselspannung am Gitter war bisher als von einer anderen Wechselstromquelle zugeführt gedacht, die Röhre war „fremderregt". Alexander Meißner hat gefunden, daß unter Einhaltung gewisser Bedingungen eine Selbsterregung der Röhre eintritt, und Heinrich Barkhausen hat diese Bedingungen in eine einfache mathematische Form gebracht. Die sog. „Rückkopplungsschaltungen" und die „Selbsterregungsformel" sollen hier besprochen werden.

a) Die Rückkopplungsschaltungen.

Zunächst sei angenommen, daß eine Schwingung in dem schwach gedämpften Anodenkreise (Abb. 64) bereits vorhanden sei. Wird mit der Spule L eine zweite Spule induktiv gekoppelt, so entsteht an ihren Klemmen eine Wechselspannung, die in ihrer Wicklung vom Wechselfelde der ersten Spule induziert wird; die Phase dieser Wechselspannung folgt aus nachstehender Überlegung. Die Spulen L und L_g seien gleichsinnig gewickelt, ferner sei L_g nicht belastet, es fließe also in L_g kein Strom[1]. Wenn die Entladung des Kondensators C in der mit einem Pfeil bezeichneten Richtung durch die Spule L beginnt, so entsteht in L selbst eine Gegenspannung, die der Kondensatorspannung entgegengesetzt gerichtet ist (die eben eine sofortige Entladung des Kondensators verhindert); die Gegenspannung ist daher entgegen der Pfeilrichtung gerichtet und desgleichen die in der Wicklung L_g entstehende Spannung, da diese Spule durch das gleiche Feld induziert wird und beide Spulen gleichsinnig gewickelt sind. Die Klemmenspannung an der Spule L_g ist deshalb mit der Spule L gleichphasig, die Größe der Spannung hängt von der Kopplung ab, und ihre Amplitude ist gegeben durch den Ausdruck:

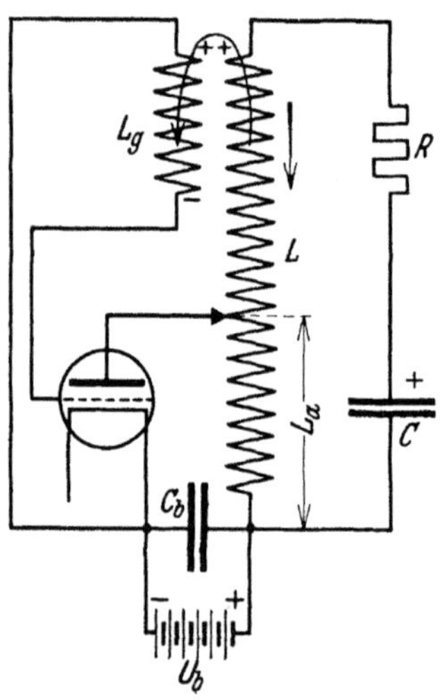

Abb. 64. Rückkoppelungsschaltung nach Meißner.

$$\mathfrak{U}_g = \omega M \mathfrak{J}_{\text{res.}}, \tag{72}$$

wo M der Koeffizient der gegenseitigen Kopplung ist, der in Henry angegeben sein muß, um Spannungen in Volt zu erhalten. Wenn die Klemmen der Spule L_g mit dem Gitter und der Kathode der Röhre in der Weise verbunden werden, wie Abb. 64 zeigt, so entsteht automatisch eine Gitterwechselspannung, die gegen die Anodenwechselspannung um 180°, also in der als notwendig befundenen

[1] Tatsächlich ist der Gitterkreis stets durch den Gitterstrom belastet, der eine dämpfende und phasenverschiebende Wirkung hat, die sich aber in geringen Ausmaßen hält.

Weise zur Erzeugung von Wechselstromleistung durch die Röhre, phasenverschoben ist. Wie groß die Amplitude dieser induzierten Wechselspannung sein muß, um die Schwingung im Kreise LC aufrechtzuerhalten, zeigt die später entwickelte Selbsterregungsformel; einstweilen sei angenommen, daß diese Amplitude entsprechend der Gl. (72) genüge, und daß die Schwingungen erhalten bleiben. Die Schaltung der Abb. 64 heißt die normale Rückkopplungsschaltung nach Meißner, kurz Meißnerschaltung genannt, sie wird nur dann wirksam, wenn die Spule L_g richtig gepolt wird; werden die Anschlüsse vertauscht, so tritt keine Rückkopplung ein, weil die Phase der Gitterwechselspannung dann um 180° falsch gedreht ist. Es sind eine große Zahl Rückkopplungsschaltungen gefunden worden, die auf der Kopplung entweder durch magnetische (Spule) oder durch elektrische Felder (Kondensator) beruhen. Sie können hier nicht alle ge-

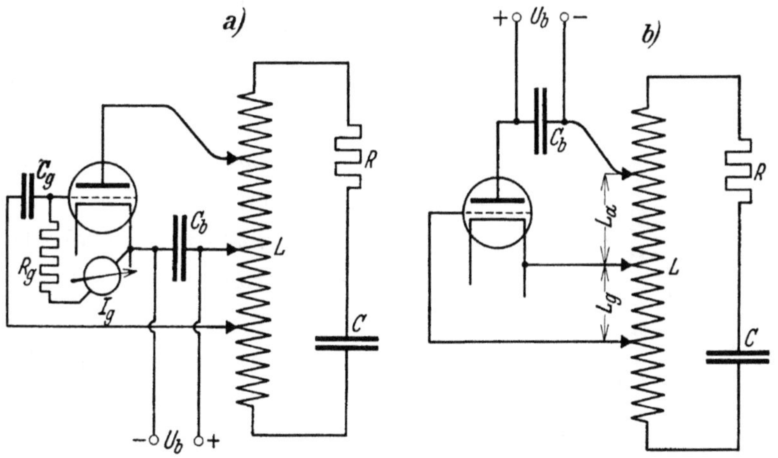

Abb. 65. Spannungsteilerschaltung. a) Spule hat Gleichspannung gegen Erde, das Gitter muß durch Kondensator geschützt werden; b) Spule ist über $-U_b$ geerdet, der Gitterkondensator kann fortfallen.

nannt werden, sondern es sollen nur zu der Schaltung der Abb. 64 noch zwei andere erläutert werden, die oft Verwendung finden.

An den Enden einer Wechselstrom führenden Spule muß zwangläufig stets die entgegengesetzte Phase herrschen; wenn daher eine Schaltung nach Art der Abb. 65a ausgeführt wird, so muß eine Selbsterregung ohne weiteres möglich sein, weil die Phasenbedingung erfüllt ist. Die Schaltung heißt infolge der Unterteilung der Spule „induktive Spannungsteilerschaltung“ oder auch „Dreipunktschaltung“, weil die Spule L an drei Punkten angezapft ist. Die Rückkopplungsspule fällt bei dieser Schaltung fort, die Anordnung ist einfach und übersichtlich und sie wird deswegen in Versuchsschaltungen viel benutzt. Die Zuführung der Wechselspannung zum Gitter muß im Gegensatz zu der Schaltung Abb. 64 über einen Schutzkondensator erfolgen, weil im anderen Falle die hohe Betriebsgleichspannung am Gitter liegen würde; in Abb. 64 ist eine solche Schutzmaßnahme nicht nötig (trotzdem sie aus anderen später zu besprechenden Gründen [vgl. S. 88] oft ebenfalls angewandt wird), weil Gitterkreis und Anodenkreis leitungstechnisch völlig voneinander getrennt sind. Da bei positiv werdender Gitterspannung Elektronen aufs Gitter fliegen, die wieder abgeführt werden müssen, ist zwischen Gitter und Kathode ein sog. „Ableitungswiderstand" R_g gelegt, der außerdem noch eine zweite Aufgabe hat (vgl. S. 89); seine Größe ist vom Anwendungszweck der Röhre abhängig und unterliegt deswegen starken Änderungen in der Größenordnung 10^4 bis 10^6 Ohm. Daß in der Schaltung der Abb. 64 und 65a die Spule gegen den Faden die volle Gleichspannung hat, ist bei Versuchsschaltungen oft nicht angenehm, weil die Kathode in der Regel geerdet ist; man verlegt deswegen die Zuführung der Betriebsspannung aus diesem Grunde häufig direkt zur Anode, wie Abb. 65b zeigt, was in der Schaltung Abb. 64 ebenfalls geschehen kann. Bei Hochfrequenzschwingungen ist aber diese Anordnung in der Regel unzweckmäßig, weil Kathode und negativer Pol der Betriebsspannung dann eine hohe Wechselspannung gegeneinander besitzen. Man erhält dadurch elektrische Streufelder gegen Erde (Streukapazität, Handkapazität), die nicht erwünscht sind, so daß man die hohe Gleichspannung der Spule gegen Erde in Kauf nehmen muß.

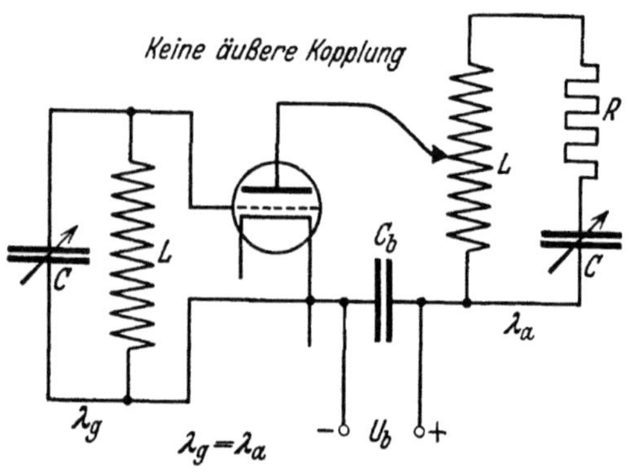

Abb. 66. Die Schwingungsschaltung nach Huth-Kühn.

Eine Selbsterregungsschaltung wesentlich schwierigerer Art ist die Schaltung der Abb. 66, die nach ihren Patentinhabern unter dem Namen „Huth-Kühn-Schaltung" bekannt ist. Die Rückkopplung ist hier nicht induktiv, Voraussetzung ist sogar, daß die Spulen L_g und L keine gegenseitige Kopplung besitzen. Die Kopplung der beiden Kreise wird durch die Kapazität Anode—Gitter der Röhre bewirkt; sie ist ebenfalls automatisch, da die gegenseitigen Ladungen einer Plattenkapazität stets um 180° phasenverschoben sind. Da die Kapazität Gitter—Kathode klein ist, kann eine genügend hohe Spannung nur bei sehr hochfrequenten Wechselströmen induziert werden; die Schaltung arbeitet daher nur bei Frequenzen etwa bis herab zu 100000 Hertz, weiter abwärts tritt eine Selbsterregung nicht mehr ein. Die Schaltung hat eine sehr schädliche Bedeutung bei der sog. Hochfrequenzverstärkung erhalten und wird später (S. 89) noch weiter behandelt werden. Die notwendige Bedingung, daß die Erregerfrequenz am Gitter gleich der Frequenz des Anodenschwingungskreises sein muß, ist bei den übrigen Schaltungen stets automatisch, bei der Schaltung der Abb. 66 nur dann erfüllt, wenn Gitter- und Anodenkreis aufeinander abgestimmt sind. Außer diesen genannten Schaltungen können, wie bereits erwähnt, eine große Zahl anderer Verwendung finden; ein physikalischer Unterschied in bezug auf die Erregung der Röhre besteht bei allen diesen Variationen nicht.

In den Abb. 65 und 66 können Anoden- und Gitterkreis ohne weiteres gegeneinander vertauscht werden, natürlich müssen die Ankopplungen wieder in ihrem Größenwert die gleichen sein. Eine Vertauschung von Gitter- und Anodenkreis ist aber auch in den anderen Schaltungen möglich, wenn die Anpassungen richtig gewählt sind; in den Anodenkreis ist dann die Rückkopplungsspule, in den Gitterkreis der Schwingkreis geschaltet, der dann die hohen Stromamplituden $\mathfrak{J}_{\text{res.}}$ erzeugt. — Besondere Maßnahmen, die in diesen Fällen nötig werden, können hier nicht näher erläutert werden.

b) Die Selbsterregungsformel.

Eine im Kreise LC (Abb. 64) vorhandene Schwingung wird dann aufrechterhalten, ihre Amplitude bleibt dann konstant, wenn das Spulenwechselfeld in der Gitterspule L_g, also zwischen Gitter und Kathode der Röhre, eine so große Steuerwechselspannung induziert, daß rückwärts die Amplitude des Wechselstromes in der Spule L und damit auch die Amplitude der Anodenwechselspannung bestehen bleibt. Es läßt sich daher sagen, daß das Verhältnis der Amplituden von Gitter- und Anodenwechselspannung eine bestimmte Größe haben muß, wenn die Schwingung im Kreise mittels der Röhre unterhalten werden soll. H. Barkhausen hat gezeigt, daß diese Fähigkeit der Röhre zu ihren Eigenschaften in eine einfache Beziehung zu bringen ist, die Ableitung dieser Beziehung nach Barkhausen sei nachstehend gegeben.

Das obenerwähnte Größenverhältnis der Amplituden von Gitter- und Anodenwechselspannung muß sein:

$$\mathfrak{K} = -\frac{\mathfrak{U}_g}{\mathfrak{U}_a} = \text{konst.} \tag{73}$$

$\mathfrak{K}$ nennt Barkhausen den Rückkopplungsfaktor. Das neg. Vorzeichen [Ausdruck für die richtige Polung (vgl. S. 81)] ist gesetzt, um $\mathfrak{K}$ positiv zu machen, weil ja $\mathfrak{U}_g$ und $\mathfrak{U}_a$ entgegengesetzte Vorzeichen haben. Aus der Gl. (73) folgt:

$$\mathfrak{U}_g = -\mathfrak{K}\,\mathfrak{U}_a\,. \tag{I}$$

Der Scheitelwert der Anodenwechselspannung läßt sich nach Gl. (60) setzen:

$$\mathfrak{U}_a = -\mathfrak{J}_a\mathfrak{R}_a = \text{konst.}, \tag{II}$$

da ja nach Voraussetzung $\mathfrak{J}_a$ konstant bleiben soll; daher wird auch $\mathfrak{U}_g$ in (I) konstant.

Wird (II) in die Wechselstromgleichung (31) der Röhre eingesetzt (das Minuszeichen steht schon dort), so ergibt sich;

$$\mathfrak{J}_a = S(\mathfrak{U}_g - D\mathfrak{R}_a\mathfrak{J}_a). \tag{III}$$

Die Einführung des Wertes für $\mathfrak{U}_g$ aus I in III liefert:

$$\mathfrak{J}_a = S(-\mathfrak{K}\mathfrak{U}_a - D\mathfrak{R}_a\mathfrak{J}_a)\,,\quad \text{und nach (II):}\quad \mathfrak{J}_a = S(\mathfrak{K}\mathfrak{J}_a\mathfrak{R}_a - D\mathfrak{R}_a\mathfrak{J}_a)\,.$$

Danach wird:

$$\boldsymbol{\mathfrak{K} = D + \frac{1}{S\mathfrak{R}_a} = \mathfrak{K}_{\text{err.}}} \quad \text{(Selbsterregungsformel).} \tag{74}$$

D ist der Durchgriff, S die Steilheit der Röhre, wie bekannt, $\mathfrak{R}_a$ ist der Wechselstromwiderstand des äußeren Kreises nach Gl. (59). — Nach Gl. (72) ist:

$$\text{Zahlwert } \mathfrak{U}_g = \omega M \mathfrak{J}_{\text{res.}}$$

und nach Gl. (69)

$$\text{Zahlwert } \mathfrak{U}_a = \omega L_a \mathfrak{J}_{\text{res.}}\,,$$

so daß:

$$\frac{\mathfrak{U}_g}{\mathfrak{U}_a} = \frac{M}{L_a}. \tag{75}$$

Das Verhältnis der beiden Wechselspannungen ist hiernach willkürlich einstellbar, da L_a durch Abgriffe an der Spule L, und M durch ebenfalls willkürliche Kopplung der Spule L_g gegen L wählbar ist. Aus (74) und (75) wird als Bedingung für die Aufrechterhaltung der Schwingung:

$$\text{Zahlwert } \frac{M}{L_a} = D + \frac{1}{S\mathfrak{R}_a} = \mathfrak{K}_{\text{err.}} \tag{76}$$

Wird $M:L_a$ kleiner als die rechte Seite dieser Gleichung, so klingen die Schwingungen ab; ist die Gleichung erfüllt, so bleiben die Schwingungen mit konstanter Amplitude erhalten, wird endlich $M:L_a$ größer gewählt, so müßte die Amplitude der Schwingung dauernd zunehmen. Nun ist D in der rechten Seite der Gl. (74) oder (76) eine Konstante der Röhre, und $\mathfrak{R}_a$ ist eine Konstante der Anordnung, an der im Schwingungszustand nichts geändert wird; als nicht konstant hat die Steilheit S zu gelten, da S nur für den geradlinigen Teil der Charakteristik einen festen = maximalen Wert besitzt, der in den nichtgeradlinigen Teilen kleiner wird. Wird daher die Charakteristik bei erregter Röhre über die Knickpunkte durchlaufen, so wird die „mittlere Steilheit" kleiner als S. Ist demnach das Verhältnis $M:L_a$ der Gl. (76) größer als der Wert $D + \frac{1}{S\mathfrak{R}_a}$ bei größter Steilheit S, so nimmt die Schwingung zu, bis die mittlere Steilheit S infolge Aussteuerns der Kennlinie über die Ecken so weit gesunken ist, daß die Gleichung wieder erfüllt ist.

Die Abnahme der mittleren Steilheit braucht dabei nicht durch Sättigungserscheinungen und durch Aussteuern über $I_a = 0$ bzw. $I_a = I_s$ veranlaßt zu sein, sondern sie kann auch durch Hinüberwechseln der Elektronen zum Gitter, also durch Übersteuern der Röhre, verursacht werden.

Die Gl. (74) sagt nur aus, unter welchen Bedingungen die Röhre die Schwingung unterhält, während sie über die Amplitude der Schwingung keinerlei Angaben enthält; in dieser Beziehung gilt das, was früher über den unterspannten und überspannten, untersteuerten und übersteuerten Zustand der Röhre gesagt worden ist. Die Gl. (74) enthält auch keine Angaben über die Einleitung des Schwingungsvorgangs, d. h. über den sog. „Anlaufvorgang". Trotzdem ist die Bezeichnung „Selbsterregungsformel" richtig, weil das Anlaufen der Röhre bereits durch Einschalten der Betriebsspannung gewährleistet ist. Dabei entsteht zwangläufig ein zunehmendes Feld in der Spule L, das auf die Gitterspule eine Spannung induziert; die Röhre ist dadurch erregt, und dann schaukelt sich die Schwingung auf, bis die Gl. (74) durch Abnahme der mittleren Steilheit erfüllt wird. Hieraus folgt, daß selbsterregte Röhren Schwingungen erster Art nicht erzeugen können, da die Selbsterregungsformel stets erst durch Aussteuern der Kennlinie über ihre Krümmungen zu befriedigen ist. Bei sorgfältiger Wahl der Kopplungen M und L_a kann aber die Amplitude $\mathfrak{J}_a$ so gewählt werden, daß der Maximalwert S

(= statischer Wert) kaum unterschritten wird, so daß eine experimentelle Bestätigung der Gl. (74) möglich wird.

Über die Einzelwerte $\mathfrak{U}_g$ und $\mathfrak{U}_a$ sagt die Selbsterregungsformel ebenfalls nichts aus, so daß danach die Amplituden der beiden Spannungen sehr klein werden könnten. Eine Begrenzung der Spannung $\mathfrak{U}_a$ liegt aber in der Tatsache, daß sie von der Kopplung L_a abhängig ist, die nicht unendlich klein werden kann, sondern einen endlichen Wert behalten muß, da sonst nach Gl. (59) $\mathfrak{R}_a = 0$ wird. Dann würde entsprechend der Gl. (74) $\frac{1}{S\mathfrak{R}_a} = \infty$, und das Verhältnis $\mathfrak{K}_{\text{err.}} = \frac{\mathfrak{U}_g}{\mathfrak{U}_a}$ muß dann gleichfalls unendlich werden, um die Schwingung aufrechtzuerhalten. $\mathfrak{U}_a$ und daher ebenfalls $\mathfrak{U}_g$ kann einen bestimmten Wert nicht unterschreiten; je kleiner $\mathfrak{U}_a$ und also L_a ist, um so größer muß M sein, um die Gl. (74) zu erfüllen. Daß außerdem L_a eine zweite Bedingung zu erfüllen, nämlich einen ganz bestimmten Wert anzunehmen hat, um den Bestwiderstand $\mathfrak{R}_{a\,\text{opt.}}$ herzustellen, sei nochmals betont.

Durch Wahl des Arbeitspunktes mittels negativer Vorspannung kann, wie früher auseinandergesetzt ist, der Schwingungsmittelpunkt auf der Charakteristik willkürlich verschoben werden, wobei in der Regel eine Verschiebung nach links in der Richtung zur Anfangskrümmung in Frage kommt. Wird der Arbeitspunkt so gelegt, daß bei nichterregter Röhre $I_a = 0$ ist, so kann die Röhre, wie verständlich ist, nicht anlaufen, weil für $S = 0$ der Ausdruck $\frac{1}{S\mathfrak{R}_a} = \infty$ wird; $\mathfrak{K}$ müßte daher unendlich groß werden. Wird der Arbeitspunkt weiter nach rechts in den Anfang der Kennlinie gerückt, so daß bereits ein geringer Anodenstrom fließt, so ist die wirksame Steilheit zunächst vor Anlaufen der Röhre sehr klein, es muß daher die Rückkopplung sehr groß gemacht, d. h. die Gitterspule fest gekoppelt werden. Sobald aber dadurch der Schwingungsvorgang eingeleitet ist, wird infolge der Gitterwechselspannung die Charakteristik zum Gebiet größerer Steilheit durchlaufen, die resultierende = mittlere Steilheit nimmt daher zu und die Selbsterregungsformel kann bei der eingestellten Kopplung erst wieder erfüllt werden, wenn die mittlere Steilheit durch Aussteuern der Charakteristik über die Krümmungen stark gesunken und daher der Zahlwert:

$$\frac{M}{L_a} = D + \frac{1}{S_{\text{mittel}}\mathfrak{R}_a} \tag{77}$$

geworden ist.

Nach Einsatz der Schwingung kann die Rückkopplung sehr viel loser eingestellt, also M kleiner gemacht werden, ohne daß die Schwingung abreißt, wobei S_{mittel} zunimmt; bei stetigem weiteren Verkleinern der Rückkopplung reißt dann die Schwingung plötzlich ab. Zu ihrem Einsetzen bedarf es also eines weit größeren Faktors $\mathfrak{K}$ als zu ihrer Aufrechterhaltung, eine Erscheinung, die man als „hartes“ Einsetzen oder „harten“ Anlauf der Röhre bezeichnet. Umgekehrt tritt ein „weicher“ Einsatz der Schwingung ein, wenn der Arbeitsmittelpunkt in der Gegend der größten Steilheit der Kennlinie gewählt wird. In diesem Falle ist der Einsatzrückkopplungsfaktor gleich dem

Rückkopplungsfaktor beim Auslöschen der Schwingung, der Schwingstrom $\mathfrak{J}_{res.}$ kann ganz stetig fast auf Null gebracht werden, was bei hartem Einsatz nicht möglich ist. Auch der Verlauf der Gitterstromkennlinie kann harten oder weichen Einsatz der Schwingung bewirken. die nähere Besprechung dieser Erscheinung gestattet der Raum nicht.

Die Selbsterregungsformel sagt aus, daß die Röhren um so leichter anlaufen oder sich erregen, je kleiner ihr Durchgriff und je größer ihre Steilheit ist; um so loser braucht demnach die Rückkopplung, d. h. der Zahlwert $M : L_a$, zu sein. Die Größe der notwendigen Rückkopplung hängt außerdem noch von dem Wechselstromwiderstand $\mathfrak{R}_a$ ab, sie nimmt mit wachsendem $\mathfrak{R}_a$ ab.

Das Verhältnis $M: L_a$ oder $\mathfrak{U}_g : \mathfrak{U}_a$ muß mindestens gleich dem Durchgriff sein, um die Röhre zur Selbsterregung zu veranlassen, loser darf die Kopplung nicht werden; das ist auch klar, denn bei einem Spannungsverhältnis $\mathfrak{U}_g : \mathfrak{U}_a = D$ würde infolge des Phasenunterschiedes 180° die Zunahme der Gitterspannung gerade durch die Abnahme der Anodenspannung ausgeglichen werden, so daß ein Röhrenwechselstrom nicht zustande kommen könnte. Bei großem $\mathfrak{R}_a$ und großer Steilheit kann jedoch der notwendige Rückkopplungsfaktor sehr nahe gleich D werden, da $\frac{1}{S\mathfrak{R}_a} \ll D$ wird. Ist dann der Durchgriff der Röhre dazu noch sehr klein, z. B. 3% und darunter, so erregt sich die Röhre bereits bei sehr loser Kopplung von Gitter- und Anodenspule. Dieser Zustand ist an sich erwünscht, doch treten oft auch Fälle ein, in denen eine Selbsterregung einer Röhre oder auch einer Reihe auf Spannungsverstärkung geschalteter Röhren höchst unwillkommen ist. Schädliche Rückkopplungen treten oft bei Mehrfachverstärkern ein, bei denen die wirksame Steilheit jeder folgenden Röhre durch die Verstärkung vielfach vergrößert ist und außerdem Transformatorwicklungen ein großes $\mathfrak{R}_a$ verursachen können. Dann erregt sich oft durch Rückkopplung, die auch kapazitiv sein kann, irgendwelche hörbare oder auch nichthörbare Schwingung, der Verstärker „pfeift“. Die Pfeifneigung ist nur durch sorgfältige Abschirmung aller „streuenden“ Teile gegeneinander (auch der Röhren selbst) zu beseitigen, eine Aufgabe, deren Lösung oft technische Maßnahmen großen Umfanges erfordert.

Eine andere Art schädlicher Selbsterregung tritt häufig bei Röhrengeneratoren (Sendern) ein, die allgemein mit dem Ausdruck „wilde Schwingungen“ bezeichnet wird. Es handelt sich hier in der Regel um die Selbsterregung von Frequenzen, die ein Vielfaches der gewollten Frequenz betragen; die Störfrequenz erregt sich leichter als die beabsichtigte Schwingung, weil wegen des großen ω auch $\mathfrak{R}_a$ groß wird, der Rückkopplungsfaktor daher nur klein zu sein braucht. Die schnellen Schwingungen schaukeln sich dann in kürzerer Zeit auf, als es die gewollten langsameren tun können, die dadurch völlig im Entstehen verhindert werden, auch wenn ihr M/L_a ausreicht. Die wilden Schwingungen werden durch kleine Drosselspulen oder auch durch Dämpfungswiderstände, die die Hauptschwingung nicht stören dürfen, unterdrückt; im nachfolgenden praktischen Teil geschieht die Ausschaltung der wilden Schwingungen durch Schaltmaßnahmen oder durch Drosselspulen.

c) Die Frequenz der Schwingung, die die Röhre unterhält. Frequenzgrenzen nach oben und unten.

Über die Grenzen der Frequenz, die in einem Schwingungskreis mit Hilfe der Röhre erregt werden kann, sagt die Gl. (74) nichts aus; es müßte sich daher jeder Schwingungskreis beliebig großer oder kleiner Eigenfrequenz mit der Röhre erregen lassen, sobald die Rückkopplungsgleichung erfüllt ist. Für sehr kleine Frequenzen ist aber die Erfüllung der Gleichung praktisch nicht leicht zu verwirklichen, wie eine Zahlenrechnung zeigen möge! Die Frequenz, die hergestellt werden soll, sei $^1/_2$ Hertz. Die benutzte Induktivität betrage $L = 50$ Henry, der Ohmsche Widerstand ihrer Wicklung sei $R = 100$ Ohm und die Steilheit der Röhre 3 Milliamp/Volt. Dann ist nach Gl. (59) für $L_a = L$:

$$\Re_a = \frac{(\omega L_a)^2}{R} = \frac{\pi^2 \cdot 2500}{100} = 25 \cdot \pi^2 \quad \text{und} \quad \frac{1}{S\Re_a} = \frac{10^3}{3 \cdot 25 \cdot \pi^2} = \text{etwa } 1{,}35;$$

daher wird nach Gl. (76) $\frac{M}{L} = \mathfrak{K}_{\text{err.}} = (D + 1{,}35)$, d. h. es muß der Gegeninduktionskoeffizient M schon größer sein als die Betriebsinduktivität. Bei Eisenkernspulen, — um solche kann es sich bei so hohen Induktivitäten nur handeln —, muß also die Gitterspule schon größer sein als die Anodenspule. Die Größe des Durchgriffs spielt kaum noch eine Rolle. — Wird aber $L_a = L = 100$ Henry gesetzt bei sonst gleichen Verhältnissen, so wird das Verhältnis $\mathfrak{K}_{\text{err.}}$ nur etwa $= D + 0{,}34$. Aus diesen Angaben wird klar, daß bei niedrigen Frequenzen eine Frequenzherabsetzung praktisch nur durch Vergrößerung der Induktivität erfolgen kann. Große Induktivitäten (>100 Henry und mehr) verlangen aber große Abmessungen, es ist schließlich eine Raum- und Kostenfrage, wie weit man die Frequenz herabsetzen kann, wobei zu beachten ist, daß $\omega L \gg R$ sein muß, damit die Gl. (59) überhaupt noch gilt, was bei weiterer Herabsetzung der Frequenz bald nicht mehr der Fall ist. Aus diesen Gründen ist die Herstellung einer Frequenz von $^1/_3$ Hertz schon eine nicht mehr einfache Aufgabe.

Die Herstellung sehr hoher Frequenzen mit der Dreielektrodenröhre scheitert schließlich daran, daß sich mit wachsender Frequenz die Laufzeit der Elektronen in einer Phasenverschiebung von Gitterspannung und Anodenstrom bemerkbar macht, — das Gesetz (30) gilt dann nicht mehr —, und dadurch der Erhöhung der Frequenz eine Grenze setzt; schon vorher wird der Wirkungsgrad der Röhre sehr schlecht. Je höher die Betriebsspannungen sind, um so höher ist die Frequenz zu treiben, die Grenzen liegen bei hohen Spannungen und geeigneten Röhren vielleicht bei einer Wellenlänge etwa 1,5 bis 2 m, bei kleinen Spannungen erheblich niedriger.

Die Frequenz, die die Röhre erzeugt, entspricht nicht ganz der Eigenfrequenz ihres Schwingungskreises, sondern sie ist etwas größer; unter normalen Verhältnissen ist die Abweichung aber so gering (z. B. bei allen Übungen dieses Abschnitts), daß sie vernachlässigt werden kann, da die Abweichung noch nicht $^1/_{1000}$ der Eigenfrequenz ist.

Die Frequenzberechnungen sind nicht leicht und müssen hier übergangen werden, die Abweichung hat ihren Grund in der geringen Phasenverschiebung, die der Belastungswiderstand R des Schwingungskreises hervorruft.

5. Die automatische Erzeugung negativer Gittervorspannung.

Die Einrichtung, die nachstehend besprochen werden soll, ist für die Schwingungserzeugung an sich belanglos, sie wird jedoch in Verbindung mit den Generatorschaltungen viel benutzt und ist so wichtig und überdies physikalisch aufschlußreich, daß ihre besondere Erörterung angebracht erscheint.

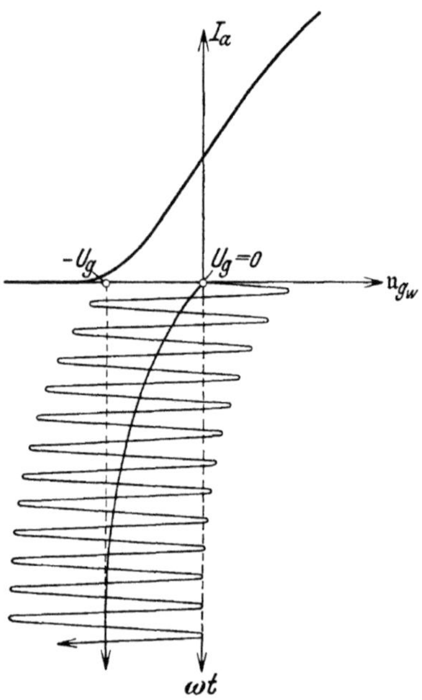

Abb. 67. Die automatische Erzeugung negativer Gittervorspannung durch einen Gittersperrkondensator nach Abb. 65a.

Daß eine „negative Vorspannung" vielfach notwendig wird, wurde bereits besprochen; sie kann automatisch durch die Art der Gitterankopplung hergestellt werden, die bereits in Abb. 65a skizziert wurde. Die Zuführung der Wechselspannung zum Gitter geschieht hier über einen Kondensator C_g. Bei Einsatz der Wechselspannung ist die Vorspannung Null, d. h. der Arbeitspunkt der Röhre zur Zeit des Beginns der Erregung ist $U_g = 0$ Volt (Abb. 67). Für die folgenden Betrachtungen sei zunächst der Ableitungswiderstand R_g fortgelassen; es werden dann bei der positiven Halbwelle der Gitterwechselspannung eine große Zahl Elektronen aufs Gitter fliegen und hier bzw. auf dem Kondensator[1] eine negative Ladung erzeugen. Diese Elektronen sind dann alle dort gebunden, da das Gitter eine kalte Elektrode ist und nur sehr hohe Feldstärken fähig wären, die Elektronen wieder vom Gitter abzuziehen; die Elektronen können auch nicht abfließen, weil vorausgesetzt ist, daß die Isolation des Gitters unendlich groß ist. Die negative Ladung auf Gitter und Kondensator kommt daher in ihrer Wirkung einer negativen Vorspannung gleich, die durch eine normale Vorspannungs-Gitterbatterie erzeugt wird, der Arbeitspunkt der Röhre wird durch diese Ladung von $U_g = 0$ nach links verschoben. Eine zweite und alle weiter folgenden positiven Halbwellen der Gitterwechselspannung bewirken eine weitere Herabsetzung der Gittervorspannung, weil sie neue Ladung aufs Gitter schaffen, und dieser Vorgang setzt sich fort, bis die auf diese Weise automatisch hergestellte negative Vorspannung so groß geworden

[1] Vgl. S. 145 unten.

ist, daß der wahre Wert der Gitterspannung zur Zeit der positiven Amplitude der Gitterwechselspannung gerade $\mathfrak{u}_{g_w} = 0$ ist[1]. Eine weitere Zufuhr von Elektronen aufs Gitter wird dann unmöglich, weil kein Gitterstrom mehr zustande kommen kann: Der Zustand ist stationär geworden. Die Gittervorspannung ist dann dauernd $= -U_g$, um diesen Wert schwankt die Wechselspannung. Sobald deren Amplitude erhöht werden würde, setzt der beschriebene Vorgang erneut ein, d. h. die negative Vorspannung würde weiter sinken, bis die wahre Gitterspannung im Maximum wiederum $\mathfrak{u}_{g_w} = 0$ geworden wäre. Umgekehrt ruft jedoch eine Herabsetzung der Amplitude der Gitterwechselspannung keine Zunahme von U_g hervor, weil die Ladung nicht abfließen kann. Eine solche Zunahme, d. h. ein Verschwinden der negativen Gitterladung, wird erst ermöglicht, wenn nach Abb. 65a vom Gitter zur Kathode ein Widerstand R_g gelegt wird, der die Ladung ableitet, wobei die Schnelligkeit der Ableitung von der Größe des Widerstandes abhängt. Der Zahlwert der negativen Spannung U_g ist leicht zu berechnen; man findet, wenn I_g der Gittergleichstrom in Amp ist, U_g in Volt:

$$U_g = I_g \cdot R_g. \tag{78}$$

Es wird nach diesem Verfahren möglich, die automatische Vorspannung durch geeignete Wahl des Widerstandes R_g, dessen Größe am besten durch den Versuch gefunden wird, willkürlich zwischen den Werten Null und $-U_g$ einzustellen. Bei Röhrengeneratoren (Sendern) wird von diesem Verfahren ausgiebig Gebrauch gemacht, da einerseits eine Batterievorspannung unnötig, andererseits das Anlaufen des Generators erheblich vereinfacht wird, wie folgende Überlegung zeigt. Zur Zeit des Beginnes der Erregung ist die Vorspannung noch Null, die Steilheit der Kennlinie ist groß und daher der notwendige Selbsterregungsfaktor klein; der Einsatz der Schwingung verläuft weich im Gegensatz zum harten Anlauf, den eine Batterievorspannung verursachen würde. Die beschriebene Schaltung kann in allen Selbsterregungsschaltungen benutzt werden, sie ist ebenfalls in Schaltungen anwendbar, bei denen die Röhre „fremderregt" wird, ihr also die Wechselspannung nicht durch Rückkopplung, sondern von einer anderen Wechselspannungsquelle zugeführt wird.

Die Schaltung gewinnt außerdem große Bedeutung bei den Gleichrichtvorgängen mittels „Audion", die in Abschnitt 5 besprochen sind.

6. Die Hochfrequenzverstärkung.

Unter Hochfrequenzverstärkung versteht man die Heraufsetzung der Amplitude einer hochfrequenten Schwingung auf einen höheren Wert, was heute ausschließlich durch Reihenschaltung von Verstärkerröhren geschieht; die zu verstärkende Schwingung braucht nicht hochfrequent, sie kann auch mittelfrequent oder niederfrequent sein, wie es in den Versuchen dieses Abschnittes der Fall ist. Die Verstärkung hochfrequenter Schwingungen hat jedoch besondere Wich-

[1] Vgl. Fußnote S. 9.

tigkeit gewonnen und weist überdies einige Schwierigkeiten auf, die nachstehend besprochen werden sollen, so daß die Inhaltsbezeichnung dieses Kapitels berechtigt erscheint.

Die Verstärkung der Amplitude einer einzigen Frequenz spielt bei Hochfrequenzgeneratoren (Sendern) eine besondere Rolle; auch bei reinen Telegraphieempfängern ist das gleiche der Fall, während es sich bei Verstärkung von telephonischen Zeichen (vgl. Abschnitt 4) im Telephonieverstärker darum handelt, nicht eine einzige Frequenz (Trägerfrequenz), sondern ein ganzes Frequenzband gleichmäßig zu verstärken. Die Probleme, die dann auftreten und gelöst werden müssen, sind sehr schwierig und können hier nicht besprochen werden, da der Raum fehlt[1], hier kann nur von der Verstärkung einer Frequenz die Rede sein.

Die Schwingung, deren Amplitude verstärkt werden soll, wird bei Senderanordnungen in einem kleinen Generator selbsterregt; die weiteren Röhren haben nur die Aufgabe, die an ihrem Gitter herrschende Wechselspannung zu verstärken, sie arbeiten daher „fremderregt". In den Gitter- und Anodenkreisen aller Röhren liegen schwach gedämpfte Schwingungskreise gleicher Eigenfrequenz. Bei den einfachen Telegraphieempfängern ist das gleiche der Fall mit der Ausnahme, daß auch die Anfangsamplitude fremderregt ist (mittels der Antenne vom Sender). Da alle Kreise aufeinander abgestimmt sind, ergibt sich für jede Röhre die Schaltung der Abb. 66, so daß bei genügend hoher Frequenz für alle Röhren Selbsterregung eintritt, wodurch eine Verstärkerwirkung der ganzen Anordnung verhindert wird. Die notwendige Beseitigung der Selbsterregung geschieht durch eine Einrichtung, die als Neutralisierung der Gitter-Anodenkapazität bezeichnet und Neutrodyn-Prinzip genannt wird. An den Enden der Spule eines erregten Schwingungskreises besteht stets eine gegenseitige Phasenverschiebung der Spannung von 180° (Abb. 68). Spulenpunkte, die weiter einwärts liegen, behalten zueinander den gleichen Phasenunterschied, während die Amplitude der Spannung abnimmt. Die Spulenmitte E besitzt dauernd die Wechselspannung Null und kann ohne Störung des Kreises geerdet werden. Werden zwei Spulenpunkte, die einen Phasenunterschied der Spannung von 180° haben, mittels zweier Kondensatoren verbunden, wie Abb. 68 zeigt, so hat der Punkt G ebenfalls stets die Wechselspannung Null, wenn die Gleichung erfüllt ist:

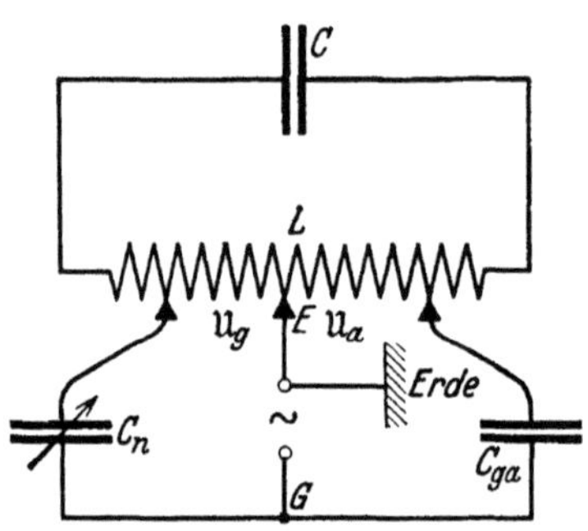

Abb. 68. Prinzip der Neutrodynschaltung.

$$\mathfrak{U}_a : \mathfrak{U}_g = C_n : C_{ga} .$$

Sie kann experimentell leicht befriedigt werden, wenn der Kondensator C_n veränderbar ist und sein Bereich in die Größenordnung von C_{ga} fällt. Wird eine Wechselspannung zwischen G und E gelegt, so kann der Kreis nicht

[1] Vgl. hierüber den Bericht des Verf. in der Zeitschrift für den phys. und chem. Unterricht Bd. 46 (1933) S. 120f.

erregt werden, wenn die erwähnte Bedingung erfüllt ist (Brückenbedingung), da der Spannungsabfall auf beiden Seiten über C_n und C_{ga} gleich ist. Nach dieser Überlegung wird der Anodenkreis LC der Röhre in folgender Weise geschaltet (Abb. 69). Der Schwingungsmittelpunkt der Spule wird an die Betriebsspannung gelegt, die bekanntlich über den Block C_b für Wechselstrom kurzgeschlossen und in der Regel am negativen Pol geerdet ist; die Gitter-Anodenkapazität spielt die Rolle der Kapazität C_{ga} der Abb. 68, welche durch die veränderbare Kapazität C_n „neutralisiert" wird. Der Anodenkreis kann über C_{ga} eine Wechselspannung nicht übertragen, sobald die Brückengleichung erfüllt wird, wodurch die Selbsterregung der Röhre verhindert ist. Wird der Gitterkreis fremderregt, so bleibt die Neutralisationswirkung ebenfalls aufrechterhalten, so daß eine Erregung der Röhre nur durch die Elektronenstromfremdsteuerung hervorgerufen werden kann, wie es beabsichtigt ist; die Röhre wirkt also als reiner Verstärker.

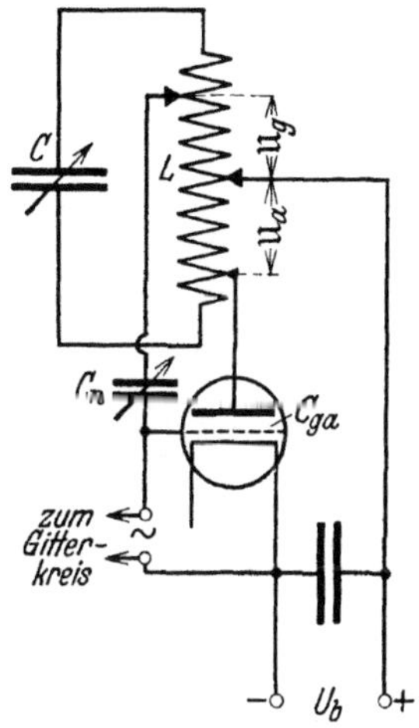

Abb. 69. Neutrodynschaltung.

Die schädliche Wirkung der Gitter-Anodenkapazität in Röhrenempfängern wird heute nach einem anderen Verfahren durch Abschirmung der Anode in Doppelgitterröhren beseitigt, bei allen Verstärkern in Senderaufbauten, die wohl heute ohne Ausnahme noch mit Eingitterröhren (Dreielektroden) arbeiten mittels des Neutrodyn-Prinzips. — Die Kapazität Gitter-Anode ist stets sehr klein, sie beträgt nur wenige Zentimeter, so daß auch der Neutrodynkondensator nur klein sein kann. Die Neutralisierung ist daher praktisch nicht leicht, weil alle Zuleitungen ebenfalls Kapazität besitzen, die störend wirkt; der Aufbau muß daher sehr sorgfältig geschehen, wenn eine Neutralisationswirkung zuverlässig eintreten soll.

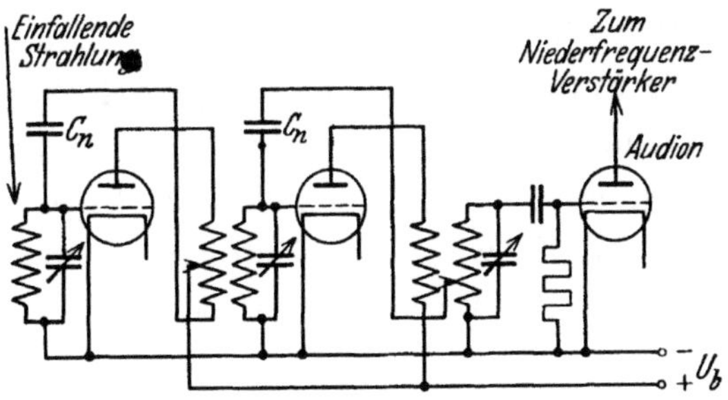

Abb. 70. Zweifach-Hochfrequenzverstärker in Neutrodynschaltung.

In Abb. 70 ist die Neutralisationsschaltung eines Zweiröhren-Hochfrequenzverstärkers mit nachfolgendem „Audion" angegeben, wobei die Neutralisation in zwei verschiedenen Schaltungen ausgeführt ist. Die Anpassung der Kreise, die hier als Spannungsverstärker wirken, an die Röhre muß so geschehen, daß die Betriebsspannung möglichst weit ausgenutzt wird; die Leistung, die die Anodenkreise aufnehmen, braucht nur gering zu sein. Da es sich um lineare Verstärkungen handelt, muß am Gitter der Röhren die Bedingung (36) aufrechterhalten bleiben.

7. Die Gegentaktschaltung.

Es wurde in Satz (19) festgestellt, daß die Nutzleistung durch Parallelschalten gleichartiger Röhren mit der Röhrenzahl steigt; normalerweise sind dann die

Röhren gleichstromtechnisch und wechselstromtechnisch parallelgeschaltet. Eine Schaltung, in welcher die Röhren gleichstromtechnisch parallel-, wechselstromtechnisch jedoch in Reihe geschaltet sind, ist die sog. Gegentaktschaltung, deren Schema in Abb. 71 angegeben ist; es ist dort die Meißnerschaltung mit automatischer Vorspannung gewählt, es kann aber auch jede andere Rückkopplungsschaltung in Gegentakt arbeitend angeordnet werden; auch für Niederfrequenzverstärkung wird die Gegentaktschaltung vor allem bei großen Verstärkern, die möglichst linear verstärken sollen, mit Vorzug angewendet. Beide Röhren benutzen die gleiche Betriebsspannungs- und die gleiche Heizspannungsquelle; dagegen sind Wechselströme und -spannungen der beiden Röhren gegeneinander um 180° phasenverschoben, so daß die Charakteristik jeder Röhre zeitlich in umgekehrtem Sinne durchlaufen wird. Bei vollkommen geradliniger Charakteristik wäre dann (Abb. 71):

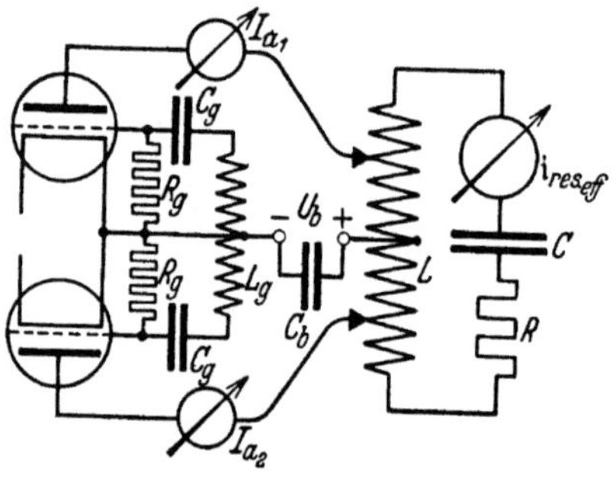

Abb. 71. Gegentaktschaltung in der Rückkoppelungsschaltung nach Meißner mit Schaltmitteln zur automatischen Herstellung negativer Vorspannung.

$$I_{a_1} + I_{a_2} = I_a = \text{konst.}$$

Bei Niederfrequenzverstärkung wird der Ausgangstransformator (an Stelle der Spule L in Abb. 71) daher nicht vormagnetisiert, wenn die beiden Teilspulen in entgegengesetztem Sinne gewickelt sind, weil bei Nichterregung der Röhren $I_{a_1} = I_{a_2}$ wird. Ein weiterer Vorteil der Schaltung liegt darin, daß alle Verzerrungsfrequenzen, die sich durch Nichtlinearität der beiden Kennlinien ausbilden, und zur Grundfrequenz in geradzahligem Verhältnis stehen, sich gegenseitig aufheben müssen, weil jede Röhre sie gegen die andere um 180° phasenverschoben erzeugt; die einzelnen Kennlinien müssen natürlich genau gleich sein. Die geradzahligen Oberwellen bei Gegentaktsendern kommen daher automatisch nicht zur Entwicklung. Endlich mag noch zur Vervollständigung gesagt werden, daß auch der Wirkungsgrad beider Röhren in dieser Zusammenschaltung steigt.

B. Übungen.

I. Die Apparatur.

Zur Durchführung der Versuche und Messungen, die die Theorie dieses Abschnittes wenigstens in Annäherung bestätigen sollen, ist eine weit umfangreichere Apparatur nötig, als in den Übungen der vorigen Abschnitte benutzt wurde. — Die Größe der Spulen und Kondensatoren, die der schwach gedämpfte Schwingungskreis enthält, richtet sich nach der geforderten Frequenz, die für die meisten Messungen in der Größenordnung 10000 Hertz festgesetzt wurde. Diese wurde gewählt, weil bei so kleiner Frequenz die auf S. 71 erwähnten Verluste, die bei Wechselstrombelastung auftreten, noch verhältnismäßig gering und bei richtiger Wahl der Apparate zwar nicht völlig zu vernachlässigen sind, aber doch noch keinen so großen Einfluß besitzen, daß sie bei ihrer Vernachlässigung ein völlig falsches Ergebnis der Rechnung zur Folge haben, wie es bei Verwendung hochfrequenter Ströme der Fall sein würde. Da die genaue Messung der Wechselstromverluste schwierig ist, sind vorläufig nur die in der Brücke bestimmten Gleichstromwiderstände angegeben; im Laufe der Messungen ergibt sich ein Verfahren, auch die Verlustwiderstände annähernd zu bestimmen, die durch den Wechselstrom entstehen.

Bei Benutzung einer Frequenz der Größenordnung 10000 Hertz nehmen Spulen und Kondensatoren noch nicht räumlich so große Dimensionen an, daß sie unhandlich werden; die Benutzung von eisenkerndurchsetzten Spulen verbietet sich selbstverständlich wegen der sich jeder einfachen Rechnung entziehenden Eisenverluste. Wegen der Gl. (59) und (74) darf die Induktivität der Spule nicht zu klein sein, weil im anderen Falle der Widerstand $\mathfrak{R}_{a\,\text{opt.}}$ nicht erreicht würde oder überhaupt eine praktische Erfüllung der Selbsterregungsbedingung nicht möglich wäre; die Induktivität der Schwingkreisspule ist deswegen auf 3 Millihenry berechnet worden, wobei sich bei der praktischen Ausführung eine kleine Differenz einstellte, so daß sich die Induktivität der Spule in der Wechselstrombrücke zu 3,18 Millihenry ergab. Die Betriebskapazität des Kreises beträgt 0,09 μF, woraus sich eine Frequenz $f = 9420$ Hertz bestimmt, von der die Frequenz der schwingenden Röhre unerheblich abweicht; bei Reihenschaltung eines zweiten Kondensators 0,09 μF ergibt sich eine Frequenz $f_s = f\sqrt{2} = 13310$ Hertz, bei Parallelschaltung beider Kondensatoren eine Frequenz $f_p = f/\sqrt{2} =$ etwa 6660 Hertz[1]. Für die Spule muß gefordert werden, daß die Spulenwechselspannung angenähert proportional der Windungszahl zunimmt, was nur möglich ist, wenn das Spulenfeld hinreichend homogen ist, so daß die Streuung an den Spulenenden nahezu vernachlässigt werden darf. Die Spulenlänge beträgt daher 535 mm, ihr Durchmesser nur 200 mm, sie besteht aus 1,8 mm starkem zweimal baumwollumsponnenem Kupferdraht, der einlagig auf einen Pertinaxkern (Wandung 2 mm) gewickelt ist. Die Windungszahl der Spule ist 220, jede folgende dritte Windung hat eine Zuleitung, die an eine Steckerleiste geführt ist, so daß insgesamt 72 Zwischenabgriffe zur Verfügung stehen. Beide Enden der Spule besitzen an der Steckerleiste mehrere Stecker, was beim Schalten angenehm ist. Die Kondensatoren sind gute Glimmerblattkondensatoren und für eine Wechselspannung von 1000 Volt bei einer zulässigen Stromstärke 5 Amp gebaut.

Um die normale Rückkopplungsschaltung nach Meißner (Abb. 64) herzustellen, ist eine Rückkopplungsspule L_g notwendig, deren infolge der Gegen-

[1] Zu den Berechnungen der Frequenz vgl. Fußnote S. 74.

induktivität M erregte Wechselspannung die Röhre steuert. Die Spule ist auf einen Pertinaxkörper der Länge 90 mm in drei Lagen normal gewickelt, ihr Durchmesser ist etwa 105 mm, der Draht hat einen Durchmesser 0,7 mm und ist zweimal baumwollumsponnen; ihre Induktivität, die nicht bekannt zu sein braucht, ist 6 Millihenry. Es sei besonders bemerkt, daß die Spule keine Stufenwicklung zu besitzen braucht, weil wegen der geringen Frequenz die Spulkapazitäten noch keine Bedeutung besitzen; im Gegenteil ist eine etwas höhere Kapazität der Spule nicht unangenehm, weil sich wilde Schwingungen sehr hoher Frequenz dann weniger leicht erregen. Die Spule L_g wird an einer Leiste aufgehängt, die durch die Mitte des Spulenkörpers L führt, und kann auf dieser verschoben werden; der Grad der Verschiebung in L hinein wird in Skalenteilen angegeben, die auf der Leiste vermerkt sind. Auf diese Weise kann die Gegeninduktivität beider Spulen als Funktion der Verschiebung L_g in L hinein $= M_{sk.}$ in der Wechselstrombrücke gemessen werden, eine Bestimmung, die in Tabelle 10 ausgeführt ist[1]. Die Spulen selbst und ihre Anordnung zeigt Abb. 72, die Trägerleiste kann herausgenommen werden, so daß für andere Schaltungen eine vollständige Entfernung der Spule L_g möglich ist.

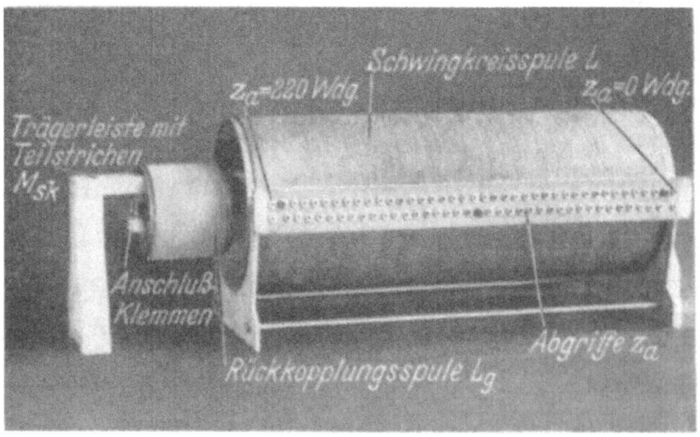

Abb. 72. Schwingkreisspule und Rückkopplungsspule der zu den Messungen des Abschnitts 3 benutzten Anordnung.

Tabelle 10.

Gegeninduktionskoeffizient M der Gitterspule L_g als Funktion ihrer Verschiebung $M_{sk.}$ zu L.

$M_{sk.}$ =	M =	$M_{sk.}$ =	M =	$M_{sk.}$ =	M =	$M_{sk.}$ =	M =
4	0,1617	11	0,3786	18	0,7847	25	1,045
5	0,1742	12	0,4248	19	0,8381	26	1,065
6	0,1925	13	0,4850	20	0,8787	27	1,080
7	0,2205	14	0,5455	21	0,9315	28	1,095
8	0,2538	15	0,6023	22	0,9655	29	1,105
9	0,2867	16	0,6628	23	1,0000	30	1,100
10	0,3345	17	0,7223	24	1,025	31	1,115
cm	Millihenry	cm	Millihenry	cm	Millihenry	cm	Millihenry

Der Strom im Schwingungskreis muß mittels eines guten frequenzunabhängigen Wechselstromamperemeters gemessen werden, es sind die bekannten

[1] Es ist eine Tabelle anstatt eines Diagramms gewählt, um dem Leser möglichst genau die Werte M mitzuteilen; Zwischenwerte müssen aus einem nach der Tabelle zu zeichnenden Diagramm abgelesen werden.

Thermoinstrumente der Firma Gossen, Erlangen, benutzt worden. Als Belastungswiderstand des Schwingungskreises dient ein induktionsfreier Widerstand 5,5 Ohm.

Für die Messungen an der fremderregten Röhre ist ein zweiter Schwingungskreis notwendig, der die Gitterwechselspannung für den fremderregten Kreis zu liefern hat, wobei beide Kreise in Abstimmung sein müssen; die Frequenz des ersten Kreises, der selbsterregt arbeitet, ist also stets gleich der Frequenz des zweiten Kreises. Da Messungen am erregenden Kreise nicht ausgeführt werden, sondern nur seine Spulenwechselspannung bekannt zu sein braucht, kann er weit einfacher als der oben beschriebene Schwingungskreis gebaut sein, der als zweiter erregter Kreis benutzt wird. Die Induktivität des erregenden Kreises (Generator) besteht aus zwei in Serie geschalteten Spulen der Größe 2,94 Millihenry, die gegeneinander gekoppelt werden können. Diese Maßnahme wird notwendig, um die Frequenz des Kreises 1 genau auf die Eigenfrequenz des Kreises 2 bringen zu können; durch die Kopplung ändert sich je nach dem Kopplungsgrad die Betriebsinduktivität des Generatorkreises, wodurch die Abstimmung ermöglicht wird. Die beiden Generatorspulen sind 4lagig normal gewickelt, ihre Länge beträgt je etwa 40 mm, ihr Durchmesser 105 mm; eine der Spulen besitzt am Schluß der zweiten Lage noch einen Abgriff, die andere Spule ist ohne Zwischenabgriff durchgewickelt. Der Drahtdurchmesser ist 0,7 mm (zweimal Baumwolle), der Widerstand jeder Spule ist ungefähr 3 Ohm, er ist für die Messungen belanglos, da die Generatorleistung nicht berechnet wird, sondern nur seine Spannung. Als Betriebskapazität des Generatorkreises dienen normale Becherkondensatoren der Größe 0,045 μF. Da die Wechselspannung an den Spulen zu berechnen ist, muß die Stromstärke im Generatorkreis bekannt sein, die wie oben durch ein Thermoinstrument ermittelt wird.

Im übrigen finden die Apparate Verwendung, die schon in den Übungen der Abschnitte 1 und 2 benutzt wurden; das gesamte Gerät ist in der folgenden Aufstellung noch einmal zusammengefaßt.

Zu den Messungen an der selbsterregten Röhre werden gebraucht:

1 Spule 3,18 Millihenry, Länge 535 mm, Durchmesser 200 mm, 220 Windungen, einlagig gewickelt, je ein Abgriff nach 3 Windungen, Widerstand 0,8 Ohm.

1 Spule 6 Millihenry, Länge 90 mm, Durchmesser 105 mm, 280 Windungen dreilagig gewickelt, etwa 7 Ohm.

2 Kondensatoren 0,09 μF.

Spulenhalter zu beiden Spulen (nach Abb. 72).

1 Becherkondensator 0,1 μF.

1 Widerstand etwa 10000 Ω (vgl. Fußnote S. 112).

1 Thermoinstrument, Meßbereich 1 und 2 Amp.

1 Belastungswiderstand 5,5 Ohm (Schniewindtbänder).

3 Gleichstrominstrumente (Mavometer), dazu 1 Vorschaltwiderstand bis 250 Volt, je ein Shunt bis 75, 150 und 300 Milliamp.

1 Röhrenbrett wie früher.

1 Blockkondensator 10 μF.

1 Spannungsteiler 800 Ω, $^1/_2$ Amp wie früher.
220 Volt Gleichspannung.

Zu diesen Apparaten werden für die Messungen an der fremderregten Röhre außerdem notwendig:

2 Spulen für den Generator je 2,94 Millihenry, vierlagig, eine von ihnen mit Abgriff nach der zweiten Lage, die andere ohne Abgriff, Spulenlänge 40 mm, Spulendurchmesser 105 mm, Windungszahl jeder Spule = etwa 200 Windungen, Drahtdurchmesser 0,7 mm (zweimal Baumwolle). Spulenkörper Pertinax, Wandung etwa 1,5 mm stark.
2 Becherkondensatoren 0,045 μF.
1 Becherkondensator 0,1 μF.
1 Ableitungswiderstand 10000 Ohm (vgl. Fußnote S. 112).
1 Thermoamperemeter bis 1 Amp.
1 Gleichstrominstrument, Meßbereich bis 75 Milliamp (Mavometer).
1 Röhrenbrett wie oben (für eine Röhre).
1 Betriebsbatterie 180 Volt (Trockenbatterie oder Hochspannungssammler).

Als Meßröhren werden benutzt die Typen RE 604 und RE 134. Die Heizspannung kann Wechselspannung sein, nur für die Messungen A, 2 muß ein Akkumulator verwendet werden.

II. Die Messungen.

Vorbemerkung. Bei allen Messungen und Versuchen mit dem Röhrengenerator können, wie bereits bemerkt (S. 86), wilde Schwingungen sehr störend wirken; sie treten vor Einsetzen der gewollten Frequenz auf und unterdrücken diese dann. Um zu erklären, wie solche wilden Schwingungen zustande kommen können, sei als Beispiel die Schaltung Abb. 65b herangezogen. Wird dort der Schwingungskreiskondensator C weggelassen, so bleibt die Spule L offen; trotzdem wird sich eine Schwingung sehr hoher Frequenz ausbilden, weil die Eigenkapazität der Spule als Betriebskapazität wirkt; in solchem Falle ist der Name „wilde Schwingung" noch kaum berechtigt. Aber auch bei Vorhandensein des Kondensators C ist eine Schwingung sehr hoher Frequenz möglich, die nicht über C geht und von seiner Größe völlig unabhängig ist. Werden Gitter- und Anodenabgriff oder auch nur der Anodenabgriff L_a lose gekoppelt, liegt letzterer also nahe der Spulenmitte, so liegt jenseits des Abgriffes L_a ein freies Spulenende großer Induktivität, das als Drossel für hohe Frequenzen einen sehr großen induktiven Widerstand besitzt. Dieser ist so groß, daß er schnelle Schwingungsvorgänge, die sich aus der übrigbleibenden Spule L_a und ihrer Eigenkapazität ergeben, völlig vom Kondensator C fernhält; es bildet sich eine sehr hochfrequente wilde Schwingung aus, die sich so schnell aufschaukelt, daß das Einschwingen der weit niedrigeren Frequenz, die sich aus dem Produkt LC ergibt, verhindert wird. Eine ähnliche Betrachtung läßt sich natürlich auch für die Gitterseite anstellen, und auch für alle übrigen Schaltungen ist der Eintritt von wilden Schwingungen nach einer gleichen Erklärung möglich. Bei sehr hohen Frequenzen, entsprechend einer Wellenlänge etwa unter 50 m, treten wilde Schwingungen auf, bei denen die innere Röhrenkapazität die Betriebskapazität oder wenigstens einen Teil davon bildet. Für die vorliegenden Messungen lassen sich die wilden Schwingungen in der Regel durch einen Kunstgriff vermeiden, der unten (Abb. 73) angegeben ist. Soll die Spannungsteilerschaltung (Abb. 65) Verwendung finden, so müssen oft kleine Drosselspulen (Radiospulen, etwa 100 Windungen) in die Anodenzuleitung gelegt werden, um die wilden Schwingungen zu unterdrücken.

Wilde Schwingungen werden stets an dem Auftreten von Gitterströmen erkannt, die schon vorhanden sind, wenn der Strom $i_{res.}$ im Schwingungskreis noch gar nicht eingesetzt hat.

A. Messungen an selbsterregten Röhren.

1. Messungen bei Betrieb der Röhre ohne Gittervorspannung.

Als Meßschaltung dient zunächst die Meißnersche Schaltung (Abb. 64), sie ist in Abb. 73 mit den zugehörigen Meßinstrumenten und übrigen Zubehörteilen noch einmal angegeben. Die Betriebsspannung ist 110 Volt, die mittels des Spannungsteilers hergestellt wird; im Verlauf aller Messungen ist darauf zu achten, daß diese Spannung genau eingehalten wird. Der negative Pol der Betriebsspannung liegt an der Spule, die also (im Gegensatz zu Abb. 64) gleichspannungstechnisch geerdet ist, was beim Arbeiten angenehm ist; der Faden der Röhre hat gegen Erde Wechselspannung (Streufeld), die jedoch bei der niederen Frequenz nicht stört.

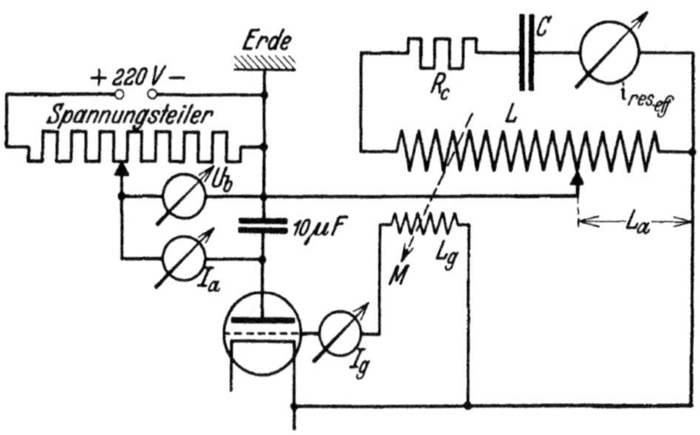

Abb. 73. Schaltanordnung zu den Messungen der Tabelle 11 (Rückkopplung nach Meißner, Abb. 64).

Das Instrument I_a mißt den Anodenstrom (bis 150 Milliamp.), der Kondensator $10\,\mu$F schließt den Anodenwechselstrom kurz, und das Instrument I_g (bis 50 Milliamp.) mißt die Gitterströme. Die Schwingkreisströme werden am Instrument $i_{res.\,eff.}$ abgelesen, das Effektivwerte anzeigt; zur Feststellung der Stromamplitude müssen diese Werte daher mit $\sqrt{2}$ multipliziert werden. Als Betriebskapazität dient zunächst die Kapazität $0{,}09\,\mu$F, die Frequenz f ist also 9420 Hertz; die Belastung des Kreises sei im Kapazitätszweig durch $R_c = 5{,}5$ Ohm vorgenommen, wozu noch die Widerstände der Spule L und des Instrumentes $i_{res.\,eff.}$ kommen; die Widerstände, die durch Wechselstromverluste eingehen, seien für die Rechnungen vernachlässigt. Der Widerstand der Spule beträgt, wie schon bemerkt, 0,8 Ohm, der Widerstand des Instruments ist 0,26 Ohm, so daß sich insgesamt ein Widerstand des Kreises $R = 6{,}56$ Ohm ergibt (Gleichstrombrückenmessung).

Zur Vermeidung von wilden Schwingungen ist es zweckmäßig, den Spulenanfangspunkt nach rechts zu legen, wie Abb. 73 zeigt, also von dort aus die Windungszahl für L_a zu zählen; der zum Einsatz der wilden Schwingung notwendige Grad der Rückkopplung wird dann schwer erreicht, weil der Spulenteil L_a von der Rückkopplungsspule weit entfernt ist, während bei Lage des Anfangspunktes auf der linken Seite wegen der Nähe der Rückkopplungsspule sofort wilde Schwingungen einsetzen, wie ein Versuch zeigen würde. Zur Ausbildung der regulären Schwingung ist die Lage des Anfangspunktes gleichgültig.

Tabelle 11.

Ströme, Spannungen, Leistungen, Wirkungsgrad und Anodenwiderstand als Funktion der Anodenankopplung.

Röhre RE 604. $R = 6{,}56$ Ohm; $U_b = 110$ Volt; $M = 1{,}025$ Millihenry; Frequenz $f = 9420$ Hertz.

1	2	3	4	5	6	7	8	9	10
Windungszahl $z_a =$	$I_a =$	$I_g =$	$\mathfrak{i}_{\text{res. eff.}} =$	$\mathfrak{U}_a =$	$\mathfrak{U}_g =$	$\dot{N}_e = U_b \cdot I_a$	$\mathfrak{N}_a = \mathfrak{i}^2_{\text{res. eff.}} \cdot R$	$\eta =$	$\mathfrak{R}_a =$
69	58	0,0	0,00			6,4		0,0	530
72	58	0,9	0,15	13	13	6,4	0,15	2,3	580
84	64	2,8	0,42	43	36	7,0	1,16	16,5	790
96	64	4,1	0,52	60	45	7,0	1,77	25,3	1025
102	62	4,5	0,54	67	46	6,8	1,92	28,2	1160
109[1]	**62**	**5,0**	**0,55**	**72**	**47**	**6,8**	**1,98**	**29,1**	**1320**
114	**60**	**5,2**	**0,55**	**76**	**47**	**6,6**	**1,98**	**30,0**	**1450**
120	59	5,3	0,54	80	46	6,5	1,92	29,7	1600
132	57	5,0	0,51	82	44	6,3	1,71	27,4	1940
144	56	4,6	0,48	83	41	6,2	1,51	24,3	2310
156	56	4,1	0,43	82	37	6,2	1,21	19,6	2710
168	55	3,5	0,40	82	34	6,1	1,05	17,2	3150
192	56	1,9	0,30	70	26	6,2	0,59	9,5	4100
220	58	—	—	—	—	6,4	—	0,0	5390
Windungen	$\cdot 10^{-3}$ Amp	$\cdot 10^{-3}$ Amp	Amp	Volt	Volt	Watt	Watt	%	Ohm

Die Rückkopplungsspule ist für die folgenden Messungen auf Teilstrich $M_{\text{sk.}} = 24$ cm eingestellt worden, was nach Tabelle 10 einem Gegeninduktionskoeffizienten $M = 1{,}024$ Millihenry entspricht. In Tabelle 11 sind die Ströme I_a, I_g und $\mathfrak{i}_{\text{res. eff.}}$ als Funktion der L_a entsprechenden Windungszahl $= z_a$ eingetragen worden, der Schwingungsstrom setzt ein bei $z_a = 69$ Windungen (noch nicht ablesbar), erreicht für $z_a = 109$ oder 114 Windungen sein Maximum $= 0{,}55$ Amp., um zunächst langsam, dann schneller wieder abzufallen; bei Einschaltung der ganzen Spule in den Anodenkreis $L_a = 220$ Windungen sind Schwingungen nicht mehr vorhanden, was einen bestimmten Grund hat, wie später erläutert wird. Die Ablesungen sind teilweise in Abständen von 6 zu 6 Windungen, wo es nötig

[1] Es ist versehentlich beim Wickeln die 109. an Stelle der 108. Windung abgegriffen worden.

schien, sonst in Abständen von 12 zu 12 Windungen und noch weiter auseinanderliegend vorgenommen worden. Durch die ganze Meßreihe hindurch bleibt der Anodenstrom I_a annähernd der gleiche wie bei nichterregter Röhre (58 Milliamp), — der Unterschied beträgt nur 6 Milliamp —, es treten also in Annäherung Schwingungen erster Art auf.

Der Scheitelwert der Anodenwechselspannung, d. h. also der am Spulenabschnitt L_a herrschenden Wechselspannung, wird nach der Gl. (69) berechnet, wobei der Wert der Teilinduktivität L_a in Annäherung zu setzen ist:

$$L_a = \frac{z_a}{z_L} L \text{ Henry,} \tag{79}$$

wobei die Spulenstreuung vernachlässigt wird[1]. L ist $= 3{,}18 \cdot 10^{-3}$ Henry, z_a die zu L_a gehörige Windungszahl, z_L die gesamte Windungszahl der Spule L $(= 220)$. Auf diese Weise sind die Scheitelwerte $\mathfrak{U}_a$ berechnet worden, die unter Spalte 5 der Tabelle angegeben sind. Die maximale Stromstärke $i_{\text{res. eff.}}$ stellt sich ein bei einer Anodenwechselspannung von etwa 75 Volt, die Restspannung ist also $u_{\text{rest.}} = U_b - \mathfrak{U}_a = 110 - 75 = 35$ Volt. Wird die Anodenankopplung fester, so tritt der überspannte Zustand ein, $\mathfrak{U}_a$ steigt, die Restspannung fällt dementsprechend. Mit zunehmender Windungszahl tritt jedoch wieder eine Umkehr ein, weil der Schwingkreisstrom dauernd abnimmt, und zwar in stärkerem Grade, als L_a zunimmt; endlich ist $\mathfrak{i}_{\text{res. eff.}} = 0$ geworden und infolgedessen auch die Wechselspannungsamplitude $\mathfrak{U}_a$. Diese Erscheinung hat ihren Grund darin, daß mit fallendem Strom $\mathfrak{i}_{\text{res. eff.}}$ auch die Gitterwechselspannung fällt, deren Amplituden für die zugehörigen Windungszahlen L_a in Spalte 6 angegeben sind; ihr Scheitelwert ergibt sich nach Gl. (72). Der Wert des Gegeninduktionskoeffizienten M ist, wie vorhin schon angegeben, $1{,}025 \cdot 10^{-3}$ Henry, die Frequenz ist 9420 Hertz; die Ströme $\mathfrak{i}_{\text{res. eff.}}$ müssen wie vorhin mit $\sqrt{2}$ multipliziert werden, um die Scheitelwerte $\mathfrak{U}_g$ zu erhalten; $\mathfrak{U}_g$ für das Maximum des Schwingkreisstromes errechnet sich zu etwa 47 Volt.

In Spalte 7 der Tabelle sind die Eingangsleistungen, in Spalte 8 die Ausgangsleistungen (gewonnenen Wechselstromleistungen) eingetragen, aus Gl. (68) erhält man dann den W i r k u n g s g r a d d e r R ö h r e. Der gesamte Wirkwiderstand R wird, wie bereits erwähnt, mit 6,56 Ohm eingesetzt unter Vernachlässigung der entstehenden Wechselstromverluste. Man errechnet so einen Röhrenwirkungsgrad im Maximum etwa 30%, in Wirklichkeit liegt er höher, weil die infolge des Wechselstroms entstehenden Verluste nicht hinzugerechnet sind (vgl. S. 109). Der W i r k u n g s g r a d d e r A n o r d n u n g ist kleiner, er ergibt sich aus der Leistung, die am Nutzwiderstande $R_c = 5{,}5$ Ohm aufgebracht wird und beträgt für den besten Röhrenwirkungsgrad:

$$\eta_{\text{nutz.}} = \frac{i^2_{\text{res. eff.}} \cdot R_c}{U_b \cdot I_a} = \frac{0{,}55^2 \cdot 5{,}5}{110 \cdot 60 \cdot 10^{-3}} = 25{,}2\,\%.$$

[1] Für kleine z_a wird nach Gl. (79) L_a zu groß, für große z_a zu klein berechnet, im größeren Teil um die Spulenmitte herum tritt kein Fehler ein.

Diese Rechnung bedarf keiner Korrektur, da der Verbrauchswiderstand R_c seinen Wert auch bei Wechselstromdurchgang der Frequenz 10000 Hertz kaum verändert; 25% der der Röhre zugeführten Leistung werden also bei dieser Schaltung und dieser Betriebsspannung nutzbar gemacht.

Der Wechselstromwiderstand $\mathfrak{R}_a$, den der Schwingungskreis im Anodenkreis der schwingenden Röhre annimmt, ist in Spalte 9 berechnet, er errechnet sich aus der Gl. (59), eine Bemerkung zur Rechnung erübrigt sich. Für kleinere Abgriffe z_a herrscht stark unterspannter Zustand, der Widerstand $\mathfrak{R}_{a\,\text{opt.}}$ (Bestwiderstand) beträgt etwa 1400 Ohm, worauf die Widerstände $\mathfrak{R}_a$ noch stark anwachsen. Die angegebenen Werte sind größer als die tatsächlichen Werte wegen der Vernachlässigung der Wechselstromwirkwiderstände.

Es ist von Interesse, aus den Messungen das Leistungsdiagramm zu konstruieren, wie es ähnlich in der Abb. 45 geschehen ist. Die Konstruktion sei ausgeführt für den Abgriff $z_a = 114$ der Tabelle 11. Die Betriebsspannung ist $U_b = 110$ Volt, der sich die Wechselspannungen $\mathfrak{u}_a$ überlagern; sie sind sinusförmig, so daß gilt:

$$\mathfrak{u}_a = \mathfrak{U}_a \sin \omega t\,.$$

$\mathfrak{U}_a$ ist nach der Tabelle 76 Volt, das Maximum der wahren Anodenspannung ist demnach $110 + 76 = 186$ Volt, ein Wert, der für den negativen Scheitelwert der Gitterwechselspannung $-\mathfrak{U}_g = -47$ Volt erreicht wird. Da der Durchgriff der benutzten Röhre angenähert zu 25% gemessen wurde, so ist der Momentanwert der Steuerspannung nach Gl. (3) für $-\mathfrak{U}_g = -47$ Volt nahe gleich Null, der Anodenstrom wird daher auch nahe gleich Null sein. Für den positiven Scheitelwert der Gitterwechselspannung $+\mathfrak{U}_g = +47$ Volt wird der wahre Wert der Anodenspannung gleich der Restspannung $u_{\text{rest.}} = 110 - 76 = 34$ Volt. In Abb. 74 sind unten die Zeitwerte der Gitterwechselspannung $\mathfrak{u}_g = \mathfrak{U}_g \sin \omega t$, darüber die Zeitwerte der wahren Anodenspannung $\mathfrak{u}_{a_w}$ aufgetragen, die Anodenwechselspannung schwankt sinusförmig um die Betriebsspannung.

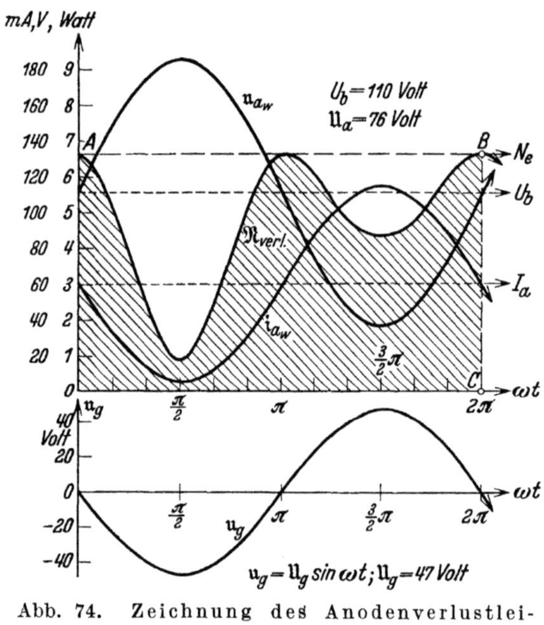

Abb. 74. Zeichnung des Anodenverlustleistungsdiagramms nach den Messungen der Tabelle 11 für $z_a = 114$.

Der Anodengleichstrom = Mittelwert des Anodenstromes wird durch die untere gestrichelte Gerade parallel zur Abszisse angedeutet, er beträgt nach der Tabelle 60 Milliamp. Diesem Wert überlagert sich der Anodenwechselstrom, der gleichfalls sinusförmig wie die Wechselspannung angenommen wird (der Verlauf der Kennlinie wird als geradlinig unterstellt), es wird daher:

$$\mathfrak{i}_a = \mathfrak{J}_a \sin \omega t\,.$$

Die Amplitude $\mathfrak{J}_a$ des Anodenwechselstromes erhält man aus der Gl. (71), es verhält sich deshalb, weil $\omega L_a =$ etwa 97 Ohm und $R =$ etwa 6,5 Ohm,

$$\mathfrak{J}_a : \mathfrak{J}_{\text{res.}} = 1 : 15 .$$

Daraus berechnet sich der Scheitelwert des Anodenstromes $\mathfrak{J}_a$ zu $\frac{550}{15}\sqrt{2} = 52$ Milliamp. Den Verlauf des wahren Anodenstromes zeigt die Kurve $\mathfrak{i}_{a_w}$ der Abb. 74, die Maßstäbe für 1 Milliamp. und 1 Volt sind gleich gewählt, so daß die Ablesung leicht wird. Der Zeitwert der an der Anode verbrauchten Leistung (= Anodenverlustleistung) ergibt sich aus dem Produkt der Zeitwerte von wahrem Anodenstrom und wahrer Anodenspannung, die so entstehende Verlustleistungskurve zeigt die Kurve $\mathfrak{N}_{\text{verl.}}$, der zugehörige Maßstab ist gesondert eingezeichnet. Das Rechteck $ABCD$ bezeichnet die in die Röhre hineingeschickte Leistung, die unterhalb der Kurve $\mathfrak{N}_{\text{verl.}}$ liegende schraffierte Fläche die an der Anode verlorene Leistung, das Verhältnis beider Flächen ist der Wirkungsgrad η. Durch Planimetrieren findet man tatsächlich η zu etwa 30% wie bei der Rechnung nach Gl. (68). Die Spulenwechselspannung ist nach Gl. (70) für den Strom $\mathfrak{i}_{\text{res. eff.}} = 0{,}55$ Amp. $\mathfrak{U}_L = 146$ Volt.

Die Messungen nach Tabelle 11 lassen sich in den verschiedensten Veränderungen wiederholen, indem die Frequenz oder der Belastungswiderstand R_c oder auch beide geändert werden; man erhält in vieler Beziehung ein gleiches Bild wie vorhin. Immer stellt sich für eine bestimmte Anodenankopplung das Maximum des Stromes $\mathfrak{i}_{\text{res. eff.}}$ ein; die zu berechnenden Anodenspannungen zeigen wie oben bei kleineren Abgriffen z_a den unterspannten Zustand der Röhre, bei größeren Windungszahlen z_a den überspannten Zustand an. Bei kleineren Widerständen R_c muß aber der Strom $\mathfrak{i}_{\text{res. eff.}}$ größere Werte erreichen, so daß die induzierte Gitterwechselspannung für gleiche Stellungen $M_{\text{sk.}}$ zunimmt; letzteres muß auch geschehen, wenn die Frequenz erhöht wird; die Ströme $\mathfrak{i}_{\text{res. eff.}}$ nehmen mit wachsender Frequenz ab, weil die Wechselstromverluste des Kreises zunehmen.

Abgesehen von diesen quantitativen Differenzen ergeben sich bei Aufnahme neuer Meßreihen aber auch qualitative Unterschiede, auf die in folgendem kurz hingewiesen werden mag; eine Zahlenangabe mag einstweilen unterbleiben, weil die zu erwähnenden Unterschiede später zahlenmäßig belegt werden (vgl. S. 114). Ihre kurze Besprechung wird hier notwendig, weil die nachfolgenden Messungen sonst unverständlich bleiben würden.

Werden entsprechend Tabelle 11 zwei weitere Meßreihen, z. B. für die gleiche Frequenz wie bisher $f = 9420$ Hertz bei einem Widerstande $R_c = 0$ Ohm und für eine höhere Frequenz $f\sqrt{2}$ bei einem Widerstande $R_c = 5{,}5$ Ohm (wie bisher) aufgenommen, wobei die neue Frequenz dadurch entstanden ist, daß zu dem früher benutzten Kondensator 0,09 μF ein zweiter gleicher Größe in Reihe gelegt ist, so beobachtet man, daß die Anodenströme I_a für die verschiedenen Abgriffe z_a nicht mehr (nahezu) einander gleich sind, sie zeigen starke Abweichungen vom Anfangswert. Eine andere Wahrnehmung ergibt, daß der Strom $\mathfrak{i}_{\text{res. eff.}}$ zwar eine Abhängigkeit von der Anodenankopplung zeigt wie früher, daß er für ein bestimmtes $L_a = L_{a\,\mathrm{opt.}}$ ein Maximum hat, daß aber auch die Einstellung der Gitterspule ($M_{\mathrm{sk.}}$) ebenfalls ein Optimum erkennen läßt, was vorher nicht der Fall war; eine Erhöhung von M hätte keinen Zweck gehabt, weil ein weiterer Anstieg von $\mathfrak{i}_{\mathrm{res.\,eff.}}$ nicht erfolgt wäre, eine Erniedrigung von M (= losere Ankopplung der Gitterspule) hätte eine Untersteuerung der Röhre zur Folge gehabt; es war deswegen die Gitterspule auf den Wert $M = 1{,}025$ Millihenry eingestellt und festgehalten worden. Für die neuen Messungen gilt aber:

$$\mathfrak{J}_{\mathrm{res.\,max.}} = f\,(L_{a\,\mathrm{opt.}},\ M_{\mathrm{opt.}}). \tag{80}$$

Wird M zu groß gewählt, so erhält das Gitter, falls die Amplitude $\mathfrak{J}_{\mathrm{res.}}$ oder die Frequenz zu hoch sind, zu hohe Wechselspannung, die Röhre wird übersteuert; im anderen Fall tritt wie vorher Untersteuerung ein.

Das Aufsuchen beider günstigsten Werte für L_a und M geschieht, indem zunächst die Einstellung der Gitterspule einen beliebigen festen Wert erhält und $L_{a\,\mathrm{opt.}}$ in der bekannten Weise ermittelt wird, was durch schnelles Abtasten geschehen kann. Dann wird bei festgehaltenem $L_{a\,\mathrm{opt.}}$ der günstigste Wert für M durch Verschieben der Gitterspule gefunden, wodurch $\mathfrak{i}_{\mathrm{res.\,eff.}}$ noch sehr erheblich ansteigen kann. Für die Durchführung der vorigen Messung (Tabelle 11) war ein solches Verfahren nicht nötig, weil der Scheitelwert der Gitterwechselspannung $\mathfrak{U}_g$ höchstens nur etwa 47 Volt betrug, ein Fall, der absichtlich gewählt worden war. Oft wird jedoch die beschriebene Maßnahme notwendig werden, um die Schaltung am besten auszunutzen, und in der Regel wird auch der Anodenstrom I_a bei verschiedenen Einstellungen L_a und M starke Änderungen zeigen. Die Schwingungen nehmen dann schon den Charakter zweiten Grades an, doch treten die Merkmale noch nicht so kraß hervor wie bei Benutzung negativer Gittervorspannung und höherer Betriebsspannungen, die weitere Erörterung sei deswegen noch vorbehalten.

Eine wichtige Eigenschaft der schwingenden Röhre kann aber auch bei kleinen Betriebsspannungen und ohne Benutzung negativer Gitterspannung experimentell festgestellt werden, was im folgenden geschehen soll. Tabelle 12 enthält vier einzelne Messungen, wobei jedesmal die Ströme $\mathfrak{i}_{\mathrm{res.\,eff.}}$ durch Aufsuchen der besten Anodenankopplung $L_{a\,\mathrm{opt.}}$ und der besten Gitterankopplung

Tabelle 12.

Unabhängigkeit der Restspannung $u_{\mathrm{rest.\,opt.}}$ und der Gitterwechselspannung $\mathfrak{U}_{g\,\mathrm{opt.}}$ von Frequenz und Belastung des Schwingungskreises.

RE 604; $U_b = 110$ Volt; Grundfrequenz $f = 9420$ Hertz.

Frequenz =	$R_c =$	$z_{a\,\mathrm{opt.}} =$ etwa	$M_{\mathrm{opt.}} =$ etwa	$I_a =$	$I_g =$	$\mathfrak{i}_{\mathrm{res.\,eff.}} =$	$\mathfrak{U}_a =$	$u_{\mathrm{rest.\,opt.}} =$	$\mathfrak{U}_g =$	$\mathfrak{U}_L =$
$f\sqrt{2}$	0	42	0,59	88	12,8	1,14	82	28	80	429
f	0	54	0,73	84	12,0	1,26	82	28	77	333
$f/\sqrt{2}$	0	66	0,95	84	12,0	1,42	80	30	80	266
$f\sqrt{2}$	5,5	78	1,07	84	12,0	0,61	81	29	77	231
Hertz	Ohm	Wdg.	$\cdot 10^{-3}$ Henry	$\cdot 10^{-3}$ Amp	$\cdot 10^{-3}$ Amp	Amp	Volt	Volt	Volt	Volt

$M_{opt.}$ festgestellt sind. Die Frequenz f bedeutet die in Tabelle 11 benutzte Frequenz 9420 Hertz, die Frequenz $f\sqrt{2}$ ist durch In-Reihe-Schalten zweier gleicher Kondensatoren 0,09 μF, die Frequenz $f/\sqrt{2}$ durch Parallelschalten beider erreicht worden. Als Belastungswiderstand des Kreises wirkt in den ersten drei Messungen nur der Widerstand der Spule L und des Schwingkreisamperemeters (und der Wechselstromverluste); der Widerstand R_c ist nur in der letzten Messung eingeschaltet. Für alle Messungen ergibt sich eine gute Übereinstimmung der Amplituden $\mathfrak{U}_a$ bzw. $\mathfrak{U}_g$, die kleinen Abweichungen sind durch Ungenauigkeiten der Einstellungen zu erklären; bei der Einstellung der Gitterspule ist das Maximum ziemlich breit, die Abweichungen für $\mathfrak{U}_a$ ergeben sich daraus, daß die Spule ja nur von 3 zu 3 Windungen anzukoppeln ist. Man erhält folgendes Gesetz:

Sobald die Betriebsspannung die gleiche bleibt, stellt sich bei größtmöglichem Schwingkreisstrom (= höchste Röhrenausnutzung) unabhängig von der Frequenz und der Belastung des Schwingungskreises stets die gleiche Gitterwechselspannung, die gleiche Anodenwechselspannung und daher auch die gleiche Restspannung ein; infolgedessen muß auch der Widerstand $\mathfrak{R}_{a\,opt.}$ (Bestwiderstand) unabhängig von der Belastung und der Frequenz des Schwingungskreises sein.

Der Satz gilt nur, solange ein Optimum der Gitter- bzw. der Anodenwechselspannung festzustellen ist. Die Gitterwechselspannung kann infolge zu großer Belastung des Schwingungskreises, also zu kleinem $\mathfrak{i}_{res.\,eff.}$, oder auch durch Herabsetzung der Frequenz zu niedrig werden, so daß der notwendige Wert $M_{opt.}$ auch bei festester Kopplung der Gitterspule nicht mehr erreicht wird (Fall der Tabelle 11); die Anodenwechselspannung kann aus den gleichen Gründen zu gering bleiben, d. h. die notwendige Anodenkopplung $L_{a\,opt.}$ muß größer werden als die ganze Spule. Eine Frequenzherabsetzung mittels Zuschaltung von Kapazität kann daher nur bis zu einem bestimmten Grenzwert geschehen, eine Folgerung, die schon S. 87 besprochen wurde; bei Frequenzheraufsetzung müssen Gitter- und Anodenkopplung immer loser werden, um die Optima zu erreichen.

Die Zahlenangaben der Tabelle 12 bestätigen diese Folgerungen. Bei der höchsten Frequenz $f\sqrt{2}$ und bei einem Widerstande $R_c = 0$ Ohm werden Anodenankopplung und Gitterspulenankopplung am kleinsten, beide wachsen mit fallender Frequenz; auch eine Vergrößerung des Wirkwiderstandes durch Zuschaltung von $R_c = 5{,}5$ Ohm erzielt das gleiche Ergebnis, Anodenankopplung und Gitterankopplung sind hier sogar am größten ($z_a = 78$ Windungen, $M = 1{,}07 \cdot 10^{-3}$ Henry).

Die Anodenströme in allen Messungen sind fast gleich und weit größer als bei nichtarbeitender Röhre, ein Zeichen, daß sie Schwingungen zweiten Grades ausführt; ebenso sind die Gitterströme wie die Gitterspannungen nahezu gleich. Der Schwingkreisstrom ist am größten in der Messung 3, eine Folge der kleineren Frequenz, bei der die nicht meßbaren Wechselstromverluste am kleinsten werden, während sie bei der Frequenz $f\sqrt{2}$ am größten sind; da hierzu in der Messung 4 noch die Verluste im Widerstande $R_c = 5{,}5$ kommen, muß hier der Strom $\mathfrak{i}_{\text{res. eff.}}$ der kleinste aller Messungen sein. Die Wechselspannung an der ganzen Spule wächst proportional dem Strom $\mathfrak{i}_{\text{res. eff.}}$ und der Frequenz; durch Erhöhung der Frequenz muß daher die Spulenspannung immer größer werden, wenn die Spule beibehalten wird, die Heraufsetzung der Frequenz also durch Verkleinerung der Betriebskapazität erfolgt; werden die Spulen- und übrigen Dämpfungen klein gehalten, so daß die Ströme bei wachsender Frequenz wenig abnehmen, so können mit kleinen Betriebsspannungen sehr hohe Spulenspannungen (einige tausend Volt) erzeugt werden (vgl. S. 117). — Der Widerstand $\mathfrak{R}_{a\,\text{opt.}}$ ist nur bei der Messung 4 in Annäherung zu berechnen, weil hier die nicht bekannten Wirkwiderstände gegen die in der Brücke gemessenen Widerstände verhältnismäßig klein bleiben; der gesamte gemessene Belastungswiderstand beträgt wie in Tabelle 11 6,56 Ohm, und daraus berechnet sich nach der Gl. (59) und (79) $\mathfrak{R}_a$ = etwa 1360 Ohm, ein Wert, der also zu groß ist; er entspricht recht gut dem Wert $\mathfrak{R}_{a\,\text{opt.}}$ der Tabelle 11.

2. Experimentelle Nachprüfung der Selbsterregungsformel.

Eine Röhre unterhält die Schwingung, wenn die Gl. (74) erfüllt ist, die zum Zweck der experimentellen Nachprüfung besser in der Form (76) zu gebrauchen ist; M und L_a sind für alle Messungen in Henry anzugeben, D und S können in bekannter Weise gemessen und $\mathfrak{R}_a$ nach den Gl. (59) und (79) berechnet werden. So darf die Gl. (76) durch den Versuch auf ihre Richtigkeit untersucht werden, wenn die „dynamische" Steilheit S hinreichend genau der „statischen" Steilheit S angenähert werden kann. Das ist offenbar dann möglich, wenn die Amplitude der Schwingung hinreichend klein gehalten wird; dann läßt sich setzen:

$$\lim S_{\text{dynamisch}} = S_{\text{statisch}}\,. \qquad (\mathfrak{i}_{\text{res. eff.}} \cong 0) \qquad (81)$$

Je weicher die Schwingung einsetzt, indem die Gitterspule (Abb. 64) der Schwingkreisspule genähert wird, der Faktor M also langsam vergrößert wird, um so leichter ist die Bedingung (81) zu erfüllen. Nach den Ausführungen S. 85 ist der weiche Einsatz der Schwingung nur in der Gegend der Charakteristik möglich, wo die Steilheit groß ist, so daß die dynamische Steilheit kleiner wird, es ist also bei den folgenden Versuchen das Gebiet größter Steilheit aufzusuchen. Bei Erwärmung der Röhre wird die Steilheit infolge der Rückheizung während der Versuchszeit oft größere Werte annehmen, ihre Konstanz also nicht genügen; das gleiche gilt vom Durchgriff, wenn die Gitterfäden sich stark erwärmen und sich infolgedessen durchbiegen. Es ist deswegen erforderlich, die Betriebsspannung der Röhre klein zu halten, damit die Röhre kalt bleibt, U_b wurde deswegen wie vorher auf 110 Volt festgesetzt. Eine andere Schwierigkeit liegt darin, den Einsatz der Schwingung genau zu erkennen. Der Schwingkreisstrommesser zeigt sehr kleine Stromwerte (unter 0,05 Amp.) kaum an, es ist aber wünschenswert, $\mathfrak{i}_{\text{res. eff.}}$ noch kleiner zu halten, so daß das Anlaufen der Röhre völlig unkenntlich bleiben würde; die Ablesungen für M würden nicht hinreichend genau sein können, wenn man auf die Angaben des Schwingkreisstrommessers angewiesen wäre. Die Beobachtung des Gitterstrommessers liefert weit schärfere Angaben für den Einsatz der Schwingung, wenn das Instrument hinreichende Empfindlichkeit besitzt. Ein Mavometerinstrument genügt, wenn jeder shunt fortgelassen wird (Gesamtmeßbereich dann 2 Milliamp.), es muß zur Durchlassung der hohen Frequenz mit einem Kondensator (2 μF) überbrückt werden. Sobald die Röhre noch nicht schwingt, zeigt der Gitterstrommesser keinen Strom an, wobei zu beachten ist, daß für diese Messungen die Röhre nicht mit Wechselstrom, sondern nur mit Batteriestrom zu heizen ist; ein Gitterstrom fließt nicht, sobald negativer Pol der Batterie und negativer Pol der Betriebsspannung zusammengelegt werden. Bei vorsichtigem Einschieben der Gitterspule in die Schwingkreisspule zeigt plötzlich der Gitterstrommesser einen geringen Ausschlag an, ein Zeichen dafür, daß die Schwingung eingesetzt hat, die zugehörige Stellung $M_{\text{sk.}}$ der Gitterspule ist dann abzulesen und dazu das zugehörige M nach Tabelle 10 aufzusuchen. Der Gitterstrom beträgt bei genügend sorgfältiger Einstellung der Gitterspule nur etwa 10^{-5} Amp. und bleibt konstant, die Schwingung ist also durchaus stabil; eine Ablesung des Schwingkreisstrommessers ist zu dieser Zeit noch völlig unmöglich.

Die Messung des Durchgriffs muß sehr genau in der Brücke erfolgen und ist auf $^1/_{10}$% zu bestimmen, die Messung der Steilheit hat in der Gegend $U_g = 0$ zu geschehen; es ist am besten, bei Benutzung einer Vorspannbatterie drei Ablesungen I_a für die Vorspannungen etwa $-1{,}5$ Volt, 0 Volt und etwa $+1{,}5$ Volt zu machen und daraus das Mittel zu nehmen, wobei der Kontrollspannungsmesser einen genügend kleinen Meßbereich haben muß; desgleichen sind die Ablesungen für I_a sehr genau auszuführen. Für Durchgriff- und Steilheitbestimmung muß die gewählte Betriebsspannung $U_b = U_a = 110$ Volt genau eingehalten werden.

Als Versuchsröhren werden die Typen RE 604, RE 134 und RE 074 gebraucht, eine Vergleichsmessung ist außerdem für die RE 034 ausgeführt, für die Rechnung ist diese Röhre nicht brauchbar, weil die Bestimmung des Durchgriffs in der Brücke wegen seiner Kleinheit schon bei kleinen Brückenfehlern ziemlich ungenau wird. Tabelle 13 zeigt eine große Reihe Messungen bei verschiedenen Frequenzen und verschiedenen Widerständen R. Die Frequenz f ist wieder 9420 Hertz, die Frequenzen $f\sqrt{2}$ und $f/\sqrt{2}$ entstehen nach der schon beschriebenen Schaltung (S. 103). Zur Bestimmung von L_a sind die Windungszahlen z_a eingetragen und daraus die Werte L_a in Millihenry nach Gl. (79) berechnet; die Induktivitätswerte L_a sind genau nur für die ganze Spule und die Spulenhälfte anzugeben (da der Abgriff $z_a = 110$ Windungen nicht vorhanden war, wurde der Abgriff 109 Windungen gewählt), für den Abgriff 60 Windungen ist die Angabe des Induktionswertes wegen der Randstreuung der Spule schon zu groß, die Rechnung also nicht mehr exakt. Im folgenden soll zur Erklärung ein Beispiel genau durchgerechnet werden, und zwar die erste Messung in der Tabelle.

Tabelle 13.

Experimentelle Nachprüfung der Selbsterregungsformel bei verschiedenen Frequenzen und Belastungen des Schwingungskreises.

Grundfrequenz $f = 9420$ Hertz.

	Röhren-type	$D =$	$S_{\text{stat.}} =$	Frequenz =	$z_a =$	$L_a =$	$R_c =$	$R =$	$\mathfrak{R}_a = \frac{(\omega L_a)^2}{R} =$	$M =$	$\frac{M}{L_a} =$	$D + \frac{1}{S\mathfrak{R}_a} =$	Bemerkungen
1	604	24,7	3,0	$f\sqrt{2}$	220	3,18	5,5	6,56	10800	0,925	0,291	0,278	
2	604	24,7	3,0	f	220	3,18	5,5	6,56	5400	1,03	0,324	0,309	
3	604	24,7	3,0	$f/\sqrt{2}$	220	3,18	5,5	6,56	2700	—	—	0,370	Schwingt nicht mehr
4	604	24,7	3,0	$f\sqrt{2}$	109	1,575	5,5	6,56	2650	0,65	0,413	0,373	Ungenau; Werte $\mathfrak{K}$ zu klein
5	604	24,7	3,0	$f\sqrt{2}$	60	0,868	5,5	6,56	804	0,69	0,795	0,662	
6	604	24,7	3,0	$f\sqrt{2}$	220	3,18	0	1,06	66800	0,83	0,261	0,252	
7	604	24,7	3,0	$f/\sqrt{2}$	220	3,18	0	1,06	16700	0,915	0,288	0,267	
8	134	9,05	2,3	$f\sqrt{2}$	220	3,18	5,5	6,56	10800	0,44	0,138	0,131	
9	134	9,05	2,3	f	220	3,18	5,5	6,56	5400	0,585	0,184	0,171	
10	134	9,05	2,3	$f/\sqrt{2}$	220	3,18	5,5	6,56	2700	0,85	0,267	0,252	
11	134	9,05	2,3	$f\sqrt{2}$	109	1,575	5,5	6,56	2650	0,475	0,301	0,254	Ungenau; Werte $\mathfrak{K}$ zu klein
12	134	9,05	2,3	$f\sqrt{2}$	60	0,868	5,5	6,56	804	0,69	0,795	0,631	
13	134	9,05	2,3	$f\sqrt{2}$	220	3,18	0	1,06	66800	0,345	0,109	0,097	
14	134	9,05	2,3	$f/\sqrt{2}$	220	3,18	0	1,06	16700	0,48	0,151	0,117	
15	074	9,3	1,38	$f\sqrt{2}$	220	3,18	5,5	6,56	10800	0,585	0,184	0,160	
16	034			$f\sqrt{2}$	220	3,18	0	1,06	66800	0,121	0,038		
17	2 ‖ 604	24,7	6,0	$f\sqrt{2}$	220	3,18	5,5	6,56	10800	0,86	0,271	0,262	Es wurden 2 genau gleiche Röhren ausgesucht
18	2 ‖ 604	24,7	6,0	$f\sqrt{2}$	60	0,868	5,5	6,56	804	0,43	0,496	0,454	
		%	Milliamp/Volt	Hertz	Windungen	$\cdot 10^{-3}$ Henry	Ohm	Ohm	Ohm	$\cdot 10^{-3}$ Henry			

Die Versuchsröhre ist RE 604, ihr Durchgriff beträgt 24,7% = 0,247, ihre Steilheit ist $3{,}0 \cdot 10^{-3}$ Amp/Volt. Die gewählte Frequenz ist $f\sqrt{2} = 9420\sqrt{2} = 13320$ Hertz, die in den Röhrenkreis eingeschaltete Windungszahl der Spule L ist 220, die gesamte Spule ist also eingeschaltet, der Induktionswert ist $L_a = 3{,}18$ Millihenry. Der Widerstand R_c des Schwingungskreises sei 5,5 Ohm, der gesamte Belastungswiderstand (der in der Brücke gemessen werden konnte) ist daher 6,56 Ohm; daraus berechnet sich der Wechselstromwiderstand des Kreises gegen die Röhrenwechselspannung $\mathfrak{R}_a = \frac{(\omega L_a)^2}{R} = 10800$ Ohm. Die Größe von M ergibt sich aus der Tabelle 10, sie beträgt 0,925 Millihenry, da die Rückkopplungsspule fast bis zum Teilstrich 21 an die Schwingkreisspule herangebracht werden mußte, um einen kleinen Gitterstrom I_g erkennen zu lassen. Der Quotient M/L_a ist daraus bekannt, es ist:

$$\mathfrak{K}_{\text{gem.}} = \frac{M}{L_a} = \frac{0{,}925}{3{,}18} = 0{,}291$$

und

$$\mathfrak{K}_{\text{ber.}} = D + \frac{1}{S\mathfrak{R}_a} = 0{,}247 + \frac{10^3}{3 \cdot 10800} = 0{,}278.$$

Der erste Ausdruck für $\mathfrak{K}$ hat den Index „gemessen" erhalten, weil er durch Einstellung der Gitterspule bestimmt wird, der zweite Ausdruck ist wesentlich durch die zu berechnende Größe $\mathfrak{R}_a$ festgelegt, er trägt deswegen den Index „berechnet"; in dieser Weise sind alle nachfolgenden Werte der Tabelle 13 für die beiden $\mathfrak{K}$ bestimmt worden. Es ergibt sich zunächst übereinstimmend die Tatsache, daß die berechneten Werte $\mathfrak{K}$ stets kleiner sind als die gemessenen Werte $\mathfrak{K}$; das ist eine Folge derjenigen Wechselstromwirkwiderstände, die in die Rechnung nicht eingeführt werden konnten. Es sind insgesamt 18 Messungen ausgeführt worden, sehr eingehend bei den Typen 604 und 134, die beiden übrigen Typen 074 und 034 konnten oberflächlicher behandelt werden. Für die beiden ersten Typen (mit sehr ungleichem Durchgriff und ungleicher Steilheit) sind die Versuche gleichmäßig mit gleichen Daten angestellt, um richtige Vergleiche gewinnen zu können. Zunächst wurde gleiche Anodenankopplung und gleicher Widerstand R gewählt und nur die Frequenz geändert, wodurch der Wechselstromwiderstand $\mathfrak{R}_a$ vom Werte 10800 Ohm bei der Frequenz $f\sqrt{2}$ auf 2700 Ohm bei der Frequenz $f/\sqrt{2}$ sinkt; die Werte $\mathfrak{K}$ müssen dadurch stark ansteigen, was Messung und Rechnung übereinstimmend bestätigen; die Werte $\mathfrak{K}$ der RE 134 bleiben dabei viel kleiner wegen des weit kleineren Durchgriffs der Röhre, ihre kleinere Steilheit macht sich nicht wesentlich bemerkbar. Für die RE 604 ergibt sich bei der Frequenz $f/\sqrt{2}$ und $L_a = L$ schon ein notwendiger Rückkopplungswert $\mathfrak{K}_{\text{ber.}} = 0{,}370$, der tatsächlich noch größer ist infolge der vernachlässigten Verlustwiderstände; da $M_{\text{max.}}$ nach Tabelle 10 nur = etwa 1,12 Millihenry, infolgedessen der Quotient $\mathfrak{K}$ nur = 0,352 werden kann, ist ein Anlaufen der Röhre nicht mehr möglich. Mit fallendem $\mathfrak{R}_a$ kommt der zweite Teil $\frac{1}{S\mathfrak{R}_a}$ der Selbsterregungsformel mehr und mehr zur Geltung, die Größe des Durchgriffs wird mehr und mehr nebensächlich, was die nachfolgende Rechnung veranschaulichen möge, wobei die Frequenz $= f\sqrt{2}$, die Anodenankopplung 60 Windungen, der Widerstand $R = 6{,}56$ Ohm sei.

$$\text{RE 604:} \quad \mathfrak{K}_{\text{ber.}} = 0{,}247 \ + \frac{10^3}{3 \cdot 804} = 0{,}247 \ + 0{,}415 = 0{,}662,$$

$$\text{RE 134:} \quad \mathfrak{K}_{\text{ber.}} = 0{,}0905 + \frac{10^3}{2{,}3 \cdot 804} = 0{,}0905 + 0{,}541 = 0{,}631.$$

Die gemessenen Werte $\mathfrak{K}$ haben für beide Röhren zufällig die gleiche Größe 0,795. Es ist zu bemerken, daß gemessene und berechnete Werte $\mathfrak{K}$ zu klein sind infolge der Spulenrandstreuung, die die Berechnung L_a aus $z_a = 60$ Wdg. fehlerhaft macht. — Ist der Widerstand $\mathfrak{R}_a$ sehr groß, was durch Wahl von großem L_a, kleinem R und möglichst hoher Frequenz erreicht wird, so spielt das Glied $\frac{1}{S\mathfrak{R}_a}$ keine wesentliche Rolle mehr, und nur der Durchgriff entscheidet für den Schwingungseinsatz. Das bestätigen die Messungen 6 und 13, bei denen $\mathfrak{K}$ nur sehr wenig größer als der Durchgriff der betreffenden Röhre wird; die Messungen 7 und 14 zeigen infolge der kleinen Frequenz bereits wieder eine größere Abweichung.

Aus der Tatsache, daß mit fallender Frequenz der Ausdruck $\frac{1}{S\mathfrak{R}_a}$ zunimmt, ist wie früher zu folgern, daß die Frequenz durch Zuschalten von Kapazität nicht beliebig klein gemacht werden kann; die Messung 3 ist hierfür ein einleuchtendes Beispiel.

Bei Vergleichung der Messungen 1 und 4 fällt auf, daß bei Heraufsetzung der Windungszahl z_a die Kopplung M fester gemacht werden muß, was gefühlsmäßig zunächst widersinnig erscheint, weil ja $\mathfrak{R}_a$ größer wird; die Erklärung ist aber einfach. L_a ist so stark gewachsen, daß auch M zunehmen muß, ihr Verhältnis bleibt, — und darauf kommt es an —, trotzdem kleiner als bei der kleineren Windungszahl z_a. Bei der RE 134 ist infolge ihres kleineren Durchgriffs ein Ausgleich vorhanden, so daß hier die Verschiebung der Gitterspule in anderem Sinne verläuft.

Zu der Messung 15 mit der RE 074 ist nichts Besonderes zu bemerken, die Röhre hat im wesentlichen den gleichen Durchgriff wie die RE 134 und eine weit geringere Steilheit; daraus ergeben sich die größeren Werte $\mathfrak{K}$ gegen die Reihe 8.

Die RE 034 hat bekanntlich einen sehr kleinen Durchgriff, der mit der Brücke nicht genau genug zu messen war, eine Rechnung für $\mathfrak{K}$ ist deswegen unterblieben. Der Widerstand $\mathfrak{R}_a$ ist sehr groß gewählt, so daß der Einfluß des sehr kleinen Durchgriffs auf den Einsatz der Schwingung voll in Erscheinung tritt; $\mathfrak{K}_{\text{gem.}}$ beträgt nur 0,038 (M in der Tabelle 10 nicht mehr angegeben).

Die Reihen 17 und 18 zeigen zwei Messungen an zwei parallelgeschalteten Röhren RE 604, die zu diesem Zweck sorgfältig auf ihre Gleichheit ausgesucht wurden. In der Messung 17 macht sich die doppelte resultierende Steilheit noch nicht voll bemerkbar, weil $\mathfrak{R}_a$ sehr groß ist; immerhin ist auch experimentell eine Abnahme des notwendigen Kopplungsfaktors M festzustellen und daher auch eine Abnahme von $\mathfrak{K}_{\text{gem}}$. Wird $\mathfrak{R}_a$ klein, so macht sich die größere Steilheit weit mehr bemerkbar und die Werte $\mathfrak{K}_{\text{gem.}}$ und $\mathfrak{K}_{\text{ber.}}$ in Meßreihe 18 sinken gegen die entsprechenden Werte in Meßreihe 5 stark ab.

Die beschriebenen Messungen können auch mit anderen Schaltungen ausgeführt werden, bei der gebräuchlichen Spannungsteilerschaltung (Abb. 65) gelingen sie schlecht, weil der Schwingungseinsatz kaum genau genug zu ermitteln ist, außerdem sind hier auch etwa auftretende wilde Schwingungen weit schwieriger zu beseitigen.

Sind $\mathfrak{R}_a$, S, D und $\mathfrak{K}_{\text{gem.}}$ bekannt, so kann aus der Selbsterregungsformel der gesamte Wirkwiderstand R einschließlich des unbekannten Wechselstromverlustwiderstandes R_∞ berechnet werden, es ist:

$$R = (\mathfrak{K}_{\text{gem.}} - D)\, S\, (\omega L_a)^2 . \tag{82}$$

Die Rechnung verlangt sehr genaue Angaben insbesondere für den Durchgriff und die Größe M, wenn das Ergebnis genau werden soll; die Fehler bei der Ablesung M fallen um so weniger ins Gewicht, je größer die Werte M sind, je größer also $\mathfrak{K}_{\text{gem.}}$ gegen den Durchgriff ist. Die Bestimmungen von R mit Hilfe der RE 134 bei hinreichend großem M, also bei genügend kleinem $\mathfrak{R}_a$, sind besser als die mit Hilfe der RE 604 ermittelten Werte. Aus der Messung 11 (Tabelle 13) ergibt sich nach der Gl. (82):

$$R_1 = (0{,}301 - 0{,}0905) \cdot 2{,}3 \cdot 10^{-3} \cdot 17350 = 8{,}4 \text{ Ohm.} \tag{a}$$

Ein anderer Wert R_2 bei einem Widerstand $R_c = 0$ Ohm unter sonst gleichen Umständen ergab bei einem $M = 0{,}255$ den Wert:

$$R_2 = (0{,}162 - 0{,}0905) \cdot 2{,}3 \cdot 10^{-3} \cdot 17\,350 = 2{,}85 \text{ Ohm}. \qquad \text{(b)}$$

Da im ersten Falle der gesamte in der Brücke gemessene Widerstand $R_a = 6{,}56$ Ohm, im zweiten Falle $R_b = 1{,}06$ Ohm war, ergibt sich für die Messung (a):

$$R_\infty = R_1 - R_a = \text{etwa } 1{,}8 \text{ Ohm}$$

und für die Messung (b):

$$R_\infty = R_2 - R_b = \text{etwa } 1{,}8 \text{ Ohm},$$

ein Ergebnis, das recht befriedigend ist. Bei Benutzung der Frequenz $f\sqrt{2}$ ist also ein zusätzlicher Widerstand

$$R_\infty = 1{,}8 \text{ Ohm} \quad \left[\text{Frequenz} = f\sqrt{2}\right]$$

zu allen mit der Brücke gemessenen Werten hinzuzusetzen, wenn der Wirkungsgrad der Röhre richtig angegeben werden soll.

In der Tabelle 11 war bei Berechnung des Röhrenwirkungsgrades der Wechselstromverlustwiderstand unberücksichtigt gelassen, er sei nach Gl. (82) auch für die Frequenz f (= 9420 Hertz) bestimmt! Die Anodenankopplung sei wie vorhin $z_a = 109$ Windungen, der eingeschaltete, durch Brückenmessung bestimmte Widerstand sei ebenfalls wie vorhin a) 6,56 Ohm, b) 1,06 Ohm. Die zur Erregung der Schwingung gerade notwendige Gegeninduktivität M ist im Falle a) 0,73 Millihenry, im Falle b) 0,296 Millihenry. Dann ist:

$$R_1 = (0{,}4635 - 0{,}0905) \cdot 2{,}3 \cdot 10^{-3} \cdot 8680 = 7{,}44 \text{ Ohm}, \qquad \text{(c)}$$

$$R_2 = (0{,}1879 - 0{,}0905) \cdot 2{,}3 \cdot 10^{-3} \cdot 8680 = 1{,}94 \text{ Ohm}. \qquad \text{(d)}$$

Daraus ergibt sich in beiden Fällen a) und b):

$$R_\infty = 0{,}9 \text{ Ohm} \quad [\text{Frequenz} = f].$$

Die Verluste sind also bei der höheren Frequenz größer, was schon eine Folge der Schaltung ist, da zur Erreichung der Frequenz $f\sqrt{2}$ zwei Kondensatoren 0,09 μF in Reihe geschaltet sind; daß hier der Verlustwiderstand etwa doppelt so groß ist, dürfte aber doch mehr zufällig sein. Zur richtigen Bestimmung des Röhrenwirkungsgrades in Tabelle 11 muß zu dem Widerstand 6,56 Ohm, mit dem dort gerechnet ist, noch der Widerstand 0,9 Ohm hinzukommen.

Zum Schluß sei nochmals die Tabelle 11 herangezogen! Zu Anfang ist der Schwingungsstrom Null, die Rückkopplung genügt nicht; dann setzt die Schwingung ein, die z_a-Ankopplung und damit L_a ist noch sehr klein und daher auch $\mathfrak{R}_a$, so daß der Selbsterregungsfaktor sehr hoch wird, für $z_a = 72$ Windungen ist $\mathfrak{K} = \frac{\mathfrak{U}_g}{\mathfrak{U}_a} = \frac{13}{13} = 1$. Mit wachsendem L_a wird $\mathfrak{K} = \frac{\mathfrak{U}_g}{\mathfrak{U}_a}$ immer kleiner, zuletzt für $z_a = 192$ Windungen ist $\mathfrak{K} = \frac{26}{70}$. Wird z_a noch größer gewählt, so setzt die Schwingung wie am Anfang aus, weil M nicht mehr groß genug ist, um $\frac{M}{L_a} = \mathfrak{K}_{\text{err.}}$ werden zu lassen. Es ist zu bedenken, daß für diese Angaben nicht mehr die Gl. (81) gilt, sondern entsprechend Gl. (77) sich eine mittlere Steilheit ausbildet.

3. Messungen bei Betrieb der Röhre mit negativer Gittervorspannung (Schwingungen zweiter Art).

Aus den theoretischen Erläuterungen S. 58 u. f. folgt, daß zur Erzielung eines höheren Wirkungsgrades die Herstellung von Schwingungen zweiter Art notwendig wird, die (bei den benutzten Röhren) nur dadurch hergestellt werden können, daß das Gitter eine konstante negative Vorspannung erhält; hinreichende Aussteuerung der Kennlinie ist außerdem notwendig, so daß der Anodenstrom im Laufe einer Periode längere Zeit den Wert Null annimmt. Die Vorspannung kann durch eine Vorspannbatterie erzeugt, sie kann aber auch durch eine besondere Schaltung (Abb. 65a) hergestellt werden. Nach den Ausführungen S. 89 ist bei selbsterregter Röhre die automatisch erst während der Schwingung sich einstellende Vorspannung vorzuziehen, weil der Anlauf der Röhre bei loserer Kopplung der Gitterspule erfolgt; die Batterievorspannung ist aber für die Messung exakter und zunächst übersichtlicher, weshalb mit einer solchen Meßreihe begonnen sei. Bei Benutzung der Frequenz $f = 9420$ Hertz ergibt sich, daß die Röhre nicht mehr anläuft, der Rückkopplungsfaktor ist auch bei größteinstellbarem M zu klein geworden und erreicht nicht mehr die notwendige Größe des Selbsterregungsfaktors, der wegen der infolge der Vorspannung verringerten Steilheit S erheblich gewachsen ist. Es ist deswegen die Erhöhung der Frequenz auf den Wert $f\sqrt{2}$ nötig; damit trotzdem ein Vergleich mit den Werten der Tabelle 11 möglich wird, müssen die Gitterwechselspannungen ungefähr gleich den dort berechneten Werten werden, es muß daher die Rückkopplungsspule so eingestellt werden, daß der Höchstwert der Gitterwechselspannungsamplitude, die in der folgenden, mit der Frequenz $f\sqrt{2}$ aufzunehmenden Meßreihe erreicht wird, etwa gleich 48 Volt wird. Es wird durch Abtasten der Windungen L_a das Maximum von $\mathfrak{i}_{\text{res. eff.}}$ gesucht und dann durch Verschieben der Gitterspule M solange geändert, bis

$$\omega M \mathfrak{i}_{\text{res. eff.}} \sqrt{2} = 2\pi \cdot 9420 \sqrt{2}\, M \mathfrak{i}_{\text{res. eff.}} \sqrt{2} = 48 \text{ Volt}$$

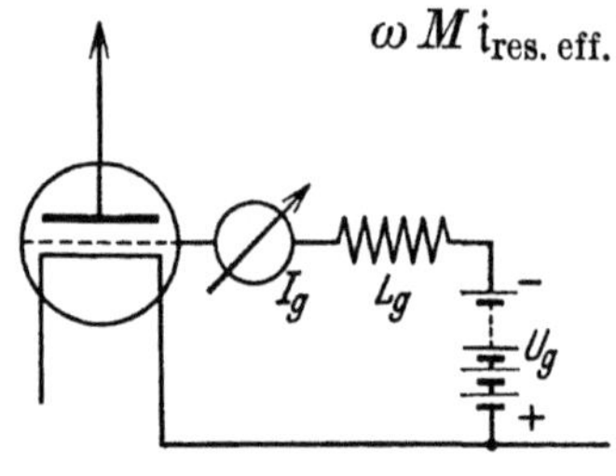

Abb. 75. Schaltung einer negativen Batterievorspannung in den Gitterkreis.

wird. Da dieser Wert nach Ablesen von $\mathfrak{i}_{\text{res. eff.}}$ und M nur durch Rechnung zu finden ist, macht die richtige Einstellung einige Mühe; auf einen Unterschied von einigen Volt kommt es nicht an. Die Betriebsspannung ist 110 Volt wie in Tabelle 11, der Widerstand R_c ist ebenfalls wie dort = 5,5 Ohm, die Gittervorspannung U_g beträgt −18 Volt, sie wird nach Abb. 75 in den Gitterkreis geschaltet. Die Messungen erfolgen wie in Tabelle 11, d. h. es werden bei konstant gehaltenem M alle Ablesungen als Funktionen der Anodenankopplung z_a ausgeführt (Tabelle 14). Die neue Meßreihe (und alle folgenden) ist nur so weit fortgeführt, bis die wesentlichen Merkmale der Messung erkennbar geworden sind. Wie in Tabelle 11 besitzt der Schwingkreisstrom ein Maximum (= 0,44 Amp.), hier bei einer Anodenankopplung $z_a = 109$ Windungen; sie ist mit der günstigsten Ankopplung in der

Tabelle 14.

Schwingungen zweiter Art.

Aufnahmen wie in Tabelle 11, jedoch mit negativer Vorspannung und erhöhter Frequenz. Röhre RE 604; $U_g = -18$ Volt; Frequenz $= f\sqrt{2}$; $M = 1$ Millihenry.

$z_a =$	$I_a =$	$I_g =$	$i_{\text{res. eff.}} =$	$\mathfrak{U}_a =$	$\mathfrak{U}_g =$	$N_e =$	$\mathfrak{N}_a =$	$\mathfrak{N}_{a\,\text{corr.}}{}^* =$	$\eta =$	$\eta_{\text{corr.}}{}^* =$
90	31,2	1,5	0,40	61	47	3,4	1,05	1,34	30,9	39,5
96	31,2	1,9	0,42	69	50	3,4	1,16	1,49	34,1	43,7
102	30,2	2,0	0,43	75	51	3,3	1,21	1,55	36,7	47,1
109	28,8	2,1	**0,44**	82	52	3,2	1,27	1,63	39,7	50,8
114	26,8	2,0	0,43	84	51	3,0	1,21	1,55	40,4	51,8
120	25,9	1,9	0,42	86	49	2,85	1,16	1,48	40,7	52,0
138	19,5	1,5	0,37	87	44	2,2	0,90	1,15	40,9	52,1
150	17,0	1,3	0,35	90	41	1,9	0,80	1,03	42,1	54,2
162	15,2	1,0	0,32	89	38	1,7	0,67	0,86	39,4	50,6
Wdg.	$\cdot 10^{-3}$ Amp	$\cdot 10^{-3}$ Amp	Amp	Volt	Volt	Watt	Watt	Watt	%	%

* Verbessert nach der Bestimmung von $R_\infty = 1{,}8\,\Omega$, S.109, so daß $R = 8{,}4$ Ohm.

Tabelle 11 nicht zu vergleichen, da die Frequenz eine andere ist. Die Anodenströme I_a sind viel kleiner als dort, weil die Röhre infolge der negativen Gittervorspannung weit weniger ausgesteuert wird; daher sind auch die Gitterströme viel kleiner als früher. Die größte Gitterwechselspannungsamplitude beträgt etwa 52 Volt, der kleine Unterschied von $+4$ Volt gegen den angestrebten Wert 48 Volt hat sich nicht vermeiden lassen und ist belanglos. Der wahre Maximalwert der Gitterspannung ist also bei der neuen Messung $(52 - 18) = 34$ Volt gegen früher 48 Volt, woraus der kleinere Anoden- und Gitterstrom verständlich wird; auch die Ströme $i_{\text{res. eff.}}$ müssen notwendig kleiner sein als früher, da ja auch die Amplitude des Anodenwechselstroms $\mathfrak{J}_a$ kleiner ist als vorher. Die Amplitude der Anodenwechselspannung $\mathfrak{U}_a$ nimmt zu mit wachsender Ankopplung in bekannter Weise und erreicht einen größten Wert von etwa 90 Volt; später nimmt auch hier die Anodenwechselspannung wieder ab, weil $i_{\text{res. eff.}}$ allzusehr abfällt; in der Tabelle 14 sind die diesbezüglichen Messungen schon weggelassen. Die Eingangsleistungen N_e sind allgemein kleiner als früher wegen der kleineren I_a. Es folgen in der Tabelle je zwei Berechnungen für die Ausgangsleistungen und die Wirkungsgrade; diese doppelten Angaben sind nötig geworden, um einerseits einen Vergleich mit den Messungen der Tabelle 11 zu ermöglichen, andererseits eine bessere Übersicht über den wahren Wirkungsgrad der Röhre zu gewinnen, wie es aus der Berechnung des gesamten Wirkwiderstandes R möglich geworden ist, der nach der Angabe (a) S. 108 etwa 8,4 Ohm beträgt, während in Tabelle 11 mit 6,56 Ohm gerechnet ist. Schon die nichtkorrigierten Werte η sind weit höher als in Tabelle 11, die korrigierten Werte wachsen schon auf über 50% an, ein sicheres Merkmal für Schwingungen zweiter Art. Es fällt auf, daß Maximum des Wirkungsgrades und Maximum des Stromes $i_{\text{res. eff.}}$ nicht mehr zusammenfallen, was aus den Ausführungen S. 58 oben verständlich wird.

Die Herabsetzung des Anodenstromes I_a bei Einschaltung negativer Gittervorspannung und die dadurch bewirkte Heraufsetzung des Röhrenwirkungsgrades macht es möglich, weit höhere Betriebsspannungen zu verwenden als vorher. Es ist dann zweckmäßig, die negative Vorspannung noch zu erhöhen; für die RE 604 sind negative Gittervorspannungen von 50 Volt vorteilhaft, wenn eine Betriebsspannung 220 Volt benutzt werden soll. Die Steilheit S der Röhre ist dann aber so gering, daß die Röhre nicht anläuft, wenn die Rückkopplung nicht sehr fest gemacht wird. Es ist daher besser, die Gitterkreisschaltung der Abb. 65a zu gebrauchen, die Vorspannung also während der Schwingung automatisch herzustellen; die Schaltung in Verbindung mit der Meißnerschen Anordnung nach Abb. 73 zeigt Abb. 76. Als Ableitungswiderstand R_g wird ein Widerstand[1] der Größe nominell 10000 Ohm benutzt, sein in der Brücke gemessener Wert war 9500 Ohm. Die negative Gittervorspannung der Röhre berechnet sich nach Gl. (78) zu:

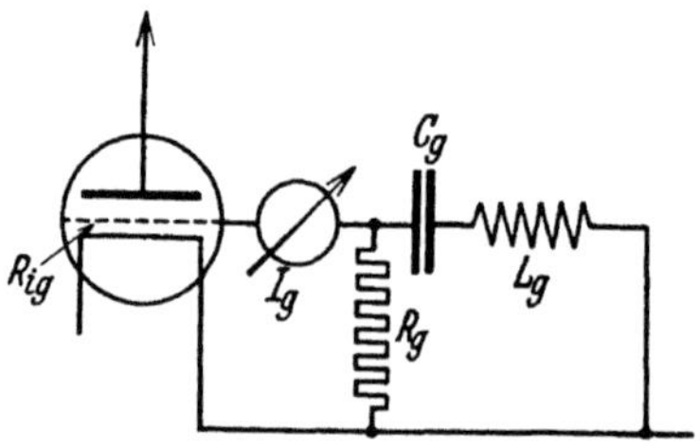

Abb. 76. Schaltanordnung zur automatischen Herstellung negativer Gittervorspannung für die Meißnersche Schaltung.

$$U_g = R_g \cdot I_g = 9{,}500\, I_{g\,(\text{Milliamp})}\ \text{Volt}.$$

Sie ist naturgemäß veränderlich, weil der Gitterstrom, wie bekannt, nicht konstant ist. Die Tabelle 15 ist entstanden wie Tabelle 14, die Frequenz ist wieder $f\sqrt{2}$, der gesamte Wirkwiderstand 8,4 Ohm, der Gegeninduktionskoeffizient $M = 1{,}115$ Millihenry ($M_{\text{sk.}} = 31$ cm). Es ist hier versucht worden, nach den Ausführungen S. 102 [Gl. (80)] auch die günstigste Gitterspulenankopplung einzustellen, sie liegt sehr nahe bei der größtmöglichen Ankopplung, wird aber noch nicht ganz erreicht. Neu in der Tabelle ist die Angabe der Gittervorspannung U_g, wie sie aus der vorstehenden Beziehung berechnet ist. Der Anodenstrom I_a ist anfangs sehr groß, eine Folge der noch verhältnismäßig kleinen Gittervorspannung und der großen Restspannung, da die Röhre noch sehr unterspannt arbeitet, die Restspannung beträgt anfangs bei der Kopplung $z_a = 54$ Windungen $u_{\text{rest.}} = 220 - 77 = 147$ Volt; bei der Kopplung $z_a = 220$ Windungen ist die Restspannung nur $220 - 181 = 39$ Volt, die Gittervorspannung ist (zufällig) fast die gleiche wie zu Anfang, der Anodenstrom daher sehr klein. Der Schwingkreisstrom erreicht sein Maximum bei der Anodenankopplung $z_a = 84$ Windungen mit 1,01 Amp, die abgegebene Leistung ist 8,6 Watt, die nutzbare Leistung, die an dem in den Schwingungskreis eingeschalteten Widerstand R_c verbraucht wird, ist

$$\mathfrak{N}_{\text{nutz.}} = i^2_{\text{res. eff.}} \cdot R_c = 1{,}01^2 \cdot 5{,}5 = 5{,}6\ \text{Watt}.$$

[1] Unter dem Namen „Pantohm" bringt das Dralowidwerk neuerdings drahtgewickelte Widerstände mit Schutzüberzug in den Handel, die für Röhrengeräte aller Art als Belastungs- und Ableitungswiderstände Verwendung finden und in den verschiedensten Größen geliefert werden; solche Widerstände (Type mit einer zulässigen Belastung von 8 Watt) können hier benutzt werden, falls ein normaler Drahtwiderstand nicht zur Verfügung steht.

Tabelle 15.

Schwingungen zweiter Art. Aufnahmen wie in Tabelle 14, jedoch mit erhöhter Betriebsspannung und automatischer Vorspannung.

RE 604. $U_b = 220$ Volt; $M = 1{,}115$ Millihenry; $R = 8{,}4$ Ohm (wie in Tabelle 14); Frequenz $= f\sqrt{2}$; $R_g = 9500$ Ohm.

$z_a =$	$I_a =$	$I_g =$	$\mathfrak{i}_{\text{res. eff.}} =$	$\mathfrak{U}_a =$	$\mathfrak{U}_g =$	$U_g =$	$N_e =$	$\mathfrak{N}_a =$	$\eta =$
54	114	3,6	0,83	77	110	−34	25,1	5,8	23,0
66	104	4,8	0,95	107	125	−46	22,9	7,6	33,1
78	91	5,4	1,00	134	132	−51	20,0	8,4	42,0
84	84	5,6	**1,01**	145	133	−53	**18,5**	8,6	46,3
90	78	5,8	0,99	152	131	−55	17,1	8,2	48,2
102	66	5,8	0,97	169	128	−55	14,5	7,9	54,4
114	57	5,6	0,92	180	121	−53	12,5	7,1	57,3
144	41	5,0	0,80	197	106	−48	9,2	5,4	**58,7**
174	31	4,5	0,68	202	90	−43	6,8	3,9	57,1
204	28	4,1	0,60	209	79	−39	6,2	3,0	48,8
220	28	3,8	0,48	181	63	−36	6,2	1,9	31,0
Wdg.	$\cdot 10^{-3}$ Amp	$\cdot 10^{-3}$ Amp	Amp	Volt	Volt	Volt	Watt	Watt	%

Falls die Spulenverluste und die Kondensatorverluste durch Verwendung verlustärmerer Apparate weiter herabgesetzt werden, kann die abgegebene Leistung ohne Mühe auf 8 bis 9 Watt gebracht werden, da die von der Röhre behaltene Anodenverlustleistung mit $18{,}5 - 8{,}6 = 9{,}9$ Watt die vorgeschriebene Grenzbelastung nicht überschreitet. Der Wirkungsgrad η steigt noch erheblich mit wachsendem L_a aus dem schon besprochenen Grunde und erreicht fast 59%, die Anodenwechselspannung beträgt dann 197 Volt, sie erreicht ihren Höchstwert mit 209 Volt, so daß hier die Restspannung nur 11 Volt beträgt.

Wird der Widerstand R_c ganz fortgelassen, arbeitet die Röhre also lediglich auf die sonst noch im Kreise vorhandenen Wirkwiderstände, die nach der Berechnung (b) S. 109 nur 2,85 Ohm betragen, so erreicht der Schwingkreisstrom weit höhere Werte und daher kann auch die Gitterankopplung erheblich loser sein. Es gibt dann zu einem sehr ausgesprochenen Optimum für L_a, bei dem ein Maximum $\mathfrak{i}_{\text{res. eff.}}$ festzustellen ist, auch ein Optimum für M [Gl. (80)]. Es wird praktisch gefunden, indem bei einstweilen beliebiger Kopplung der Gitterspule zunächst $L_{a\,\text{opt.}}$ durch schnelles Abtasten der Schwingkreisspule aufgesucht und dann festgehalten wird; danach wird die Gitterspule verschoben, so daß $\mathfrak{i}_{\text{res. eff.}}$ noch weiter ansteigt; wird M über diesen besten Wert hinaus noch größer gemacht, so fällt $\mathfrak{i}_{\text{res. eff.}}$ wieder. Der Vorgang ist bereits zur Aufstellung der Tabelle 12 flüchtig beschrieben und soll hier durch die Aufnahme einer besonderen Meßreihe genauer untersucht werden. In Tabelle 16 sind in Spalte 1 eine Reihe von Gitterspulenankopplungen eingetragen, die nach Tabelle 10 in die M-Werte umgerechnet sind. Zu Anfang ist die Röhre sehr stark untersteuert, eine automatische Vorspannung U_g stellt sich kaum ein, so daß ein sehr hoher Anodenstrom = 140 Milliamp. vorhanden ist, der nur zu einem verschwindenden Teil in Wechselstrom umgewandelt wird. Die

Tabelle 16.

Schwingungen zweiter Art. Untersteuerte und übersteuerte Röhre. $U_b = 220$ Volt; automatische Vorspannung.

RE 604; $R_g = 9500$ Ohm; Frequenz $= f\sqrt{2}$; $z_{a\,\text{opt.}} = 48$ Wdg. = konst.; $R = 2{,}85$ Ohm; $R_c = 0$ Ohm.

$M =$	$I_a =$	$I_g =$	$\mathfrak{i}_{\text{res. eff.}} =$	$\mathfrak{U}_g =$	$U_g =$	$N_e =$	$\mathfrak{N}_a =$	$\eta =$
0,287	140	?	0,44	15		30,8	0,6	1,8
0,320	100	1,5	1,40	53	−14	22,0	5,6	25,4
0,334	92	2,0	1,54	61	−19	20,2	6,8	33,4
0,425	84	3,3	1,75	88	−31	18,5	8,7	47,2
0,546	86	5,0	1,81	117	−48	18,9	9,4	49,4
$M_{\text{opt.}}$ = **0,663**	90	6,2	**1,84**	144	−59	19,8	**9,7**	**48,9**
0,785	94	7,5	1,81	178	−71	20,7	9,4	45,2
0,879	100	8,6	1,79	186	−82	22,0	9,1	41,5
0,996	104	9,5	1,76	201	−90	22,9	8,8	38,6
1,03	108	10,0	1,73	211	−95	23,8	8,5	35,8
1,07	111	10,4	1,72	218	−99	24,4	8,4	34,6
$\cdot 10^{-3}$ Henry	$\cdot 10^{-3}$ Amp	$\cdot 10^{-3}$ Amp	Amp	Volt	Volt	Watt	Watt	%

Eingangsleistung ist sehr hoch, die Ausgangsleistung praktisch gleich Null; in diesem Zustand darf die Röhre nicht lange gehalten werden, da die Anodenverlustleistung die zulässige Beanspruchung um das Dreifache übersteigt. Bei fester werdender Kopplung der Gitterspule steigt der Schwingungskreisstrom $\mathfrak{i}_{\text{res. eff.}}$ rasch an, der Grad der Untersteuerung nimmt schnell ab und sowohl absolute Leistungsabgabe wie Wirkungsgrad nehmen stark zu. Die beste Ausnutzung der Röhre ist bei $M = 0{,}663$ Millihenry (entsprechend einer Stellung $M_{\text{sk.}} = 16$ cm) erreicht, hier befindet die Röhre sich im bestmöglichen Zustand der Aussteuerung, und da L_a vor Beginn der Messung ebenfalls auf den Wert $L_{a\,\text{opt.}}$ gebracht wurde, ist der Strom $\mathfrak{i}_{\text{res. eff.}} = 1{,}84$ Amp der höchste Wechselstrom, der bei der benutzten Anordnung aus der Röhre zu gewinnen ist. Die gewonnene Wechselstromleistung (Nutzleistung) ist:

$$\mathfrak{N}_{a\,\text{max.}} = 1{,}84^2 \cdot 2{,}85 = 9{,}7 \text{ Watt},$$

der Wirkungsgrad beträgt fast 50%. Er ist höher als in Tabelle 15 für den Maximalwert $\mathfrak{i}_{\text{res. eff.}}$ (= 1,01 Amp.), weil dort die Röhre noch etwas untersteuert war, wie bei Vergleich der entsprechenden Gitterwechselspannungen zu erkennen ist; dort hatte $\mathfrak{U}_g$ nur den Wert 133 Volt, während hier 144 Volt erreicht werden; auch ist hier die negative Vorspannung U_g größer. Die im Schwingungskreis umgesetzte Leistung beträgt hier fast 10 Watt[1], die also bei hinreichend niedrigen Verlusten im Kreise nutzbar gemacht werden könnte.

Wird die Kopplung der Gitterspule noch fester gewählt, nimmt also M weiter zu, so nimmt der Schwingkreisstrom wieder ab und mit ihm die umgesetzte Leistung. Der Grund für diese Erscheinung ist im weiteren Anwachsen des Gitterstromes zu suchen, die Röhre wird übersteuert. Diese Art der Übersteuerung, wie sie sich hier praktisch bemerkbar macht, ist allerdings eine andere, wie sie

[1] Daher S. 33 die Bezeichnung „10-Watt-Röhre“ für die RE 604.

in der Theorie erläutert wurde und für Röhren mit ausgesprochenen Sättigungskennlinien gilt; dort tritt die Übersteuerung ein, wenn ein großer Teil des Emissionsstromes zum Gitter fließt, was hier keineswegs der Fall ist, denn der Gitterstrom bleibt gegen den Anodenstrom sehr klein. Die Übersteuerung wird hier vielmehr durch die dämpfende Wirkung des Gitterstromes hervorgerufen, wie folgende Betrachtung zeigt (Abb. 76). Die auf die Spule L_g induzierte Wechselspannung arbeitet auf den Widerstand R_g und, sobald Gitterstrom fließt, auf einen Widerstand R_{ig}, der parallel zu R_g liegt, veränderlich ist und mit wachsendem Gitterstrom kleiner wird. Durch ihn wird daher ein Spannungsabfall erzeugt, der mit wachsendem Gitterstrom größer wird und die induzierte Spannung (Gittersteuerspannung) vermindert. Wird die Spannungszunahme durch wachsendes M kleiner als die Spannungsabnahme, die durch den steigenden Gitterstrom hervorgerufen wird, so fällt die Steuerspannung trotz der größeren Gitterspulenankopplung und der Strom $\mathfrak{i}_{\text{res. eff.}}$ muß abnehmen; heben sich beide Teilspannungen gerade auf, so wird $M = M_{\text{opt.}}$ nach Gl. (80); vor diesem Wert ist die Röhre untersteuert, nachher übersteuert. Bei $M = 1{,}07$ (entsprechend einem $M_{\text{sk.}} = 26$ cm) ist der Wirkungsgrad schon durch Übersteuerung auf etwa 35% gesunken, und die Anodenverlustleistung ist wie bei Untersteuerung viel größer als zulässig geworden (etwa 16 Watt).

Tabelle 17 entspricht der Tabelle 15, nur ist wie in Tabelle 16 der Widerstand $R_c =$ Null; Tabelle 17 ist also gewissermaßen eine Umkehrung von Tabelle 16, M ist konstant $= M_{\text{opt.}} = 0{,}663$ Millihenry, z_a und damit L_a ist verändert. Die Tabelle ist nur bis zum maximalen Wert $\mathfrak{i}_{\text{res. eff.}}$ fortgeführt, da sich

Tabelle 17.

Schwingungen zweiter Art. RE 604. Aufnahme wie Tabelle 15, jedoch $R_c = 0$ Ohm; Frequenz $= f\sqrt{2}$; $U_b = 220$ Volt; $R = 2{,}85$ Ohm; $M = M_{\text{opt.}} = 0{,}663$ Millihenry; $R_g = 9500$ Ohm.

$z_a =$	$I_a =$	$I_g =$	$\mathfrak{i}_{\text{res. eff.}}$	$\mathfrak{U}_a =$	$\mathfrak{U}_g =$	$U_g =$	$N_e =$	$\mathfrak{N}_a =$	$\eta =$	$\mathfrak{U}_L =$	$\mathfrak{U}_g/\mathfrak{U}_a =$
15	126	0,8	0,30	8	24	− 8	27,7	0,3	—	352	3
36	112	4,9	1,64	101	129	−47	24,6	7,7	31,2	618	1,28
42	102	5,7	1,77	127	139	−54	22,5	8,9	39,7	666	1,09
48	90	6,2	**1,84**	151	144	−59	19,8	**9,7**	48,9	692	0,95
54	79	6,5	1,82	168	143	−62	17,4	9,4	54,2	684	0,85
Wdg.	$\cdot 10^{-3}$ Amp	$\cdot 10^{-3}$ Amp	Amp	Volt	Volt	Volt	Watt	Watt	%	Volt	

weiterhin wesentlich neue Beobachtungen nicht mehr ergeben. Die Schwingung setzt bereits bei sehr kleiner Kopplung z_a ein infolge der geringen Dämpfung des Kreises, und $\mathfrak{i}_{\text{res. eff.}}$ erreicht schon seinen Höchstwert 1,84 Amp. (wie in Tabelle 15) bei $z_a = 48$ Windungen; die Spulenscheitelspannung $\mathfrak{U}_L$ besitzt hier bereits einen Wert von fast 700 Volt. Es sei noch eine Bemerkung über den notwendigen Rückkopplungsfaktor angefügt, der hinreichend ist, um die Schwingung auf so hoher Amplitude zu erhalten; zu diesem Zwecke sind in der Tabelle am Schluß die zugehörigen Verhältnisse $\mathfrak{U}_g/\mathfrak{U}_a$ eingetragen. Sie nehmen, wie natürlich ist, mit zunehmendem L_a ab entsprechend dem fallenden Wert $\frac{1}{S\mathfrak{R}_a}$; um den maximalen Strom 1,84 Amp. aufrechtzuerhalten, ist ein Rückkopplungsfaktor 0,85 notwendig, der natürlich weit größer ist als der Rückkopplungsfaktor $\mathfrak{K}$, der bei dieser Anodenankopplung ($z_a = 48$ Windungen) hinreichen würde, um die Röhre nur gerade zum Anlaufen zu bringen.

Da die Rückkopplungsgleichung, wie bekannt, jederzeit erfüllt sein muß, damit $\mathfrak{i}_{\text{res. eff.}}$ konstant bleibt, könnte angenommen werden, daß sich die resultierende Steilheit aus dem Verhältnis $\mathfrak{U}_g/\mathfrak{U}_a = 0{,}85$ entsprechend der Gl. (77) berechnen lassen müßte; das ist aber nicht der Fall, da auch die Dämpfung infolge der Gitterströme eine Rolle spielt, wie vorher erläutert wurde.

Die wahre Gitterspannung erreicht hohe Werte, sie wird für $M_{\text{opt.}}$ $U_{g\,\text{max.}} = \mathfrak{U}_g - U_g = 144 - 59 = 85$ Volt; die Restspannung ist bei $z_a = 48$ Windungen $u_{\text{rest.}} = U_b - \mathfrak{U}_a = 220 - 151 = 69$ Volt. Die Zeitwerte von Gitterstrom und Anodenstrom müssen daher hohe Werte erreichen, die leider durch eine statische Messung nicht zu bestimmen sind, weil die hohe Steuerspannung die Röhre völlig überlasten würde; es sei in dieser Beziehung auf die Aufnahme Abb. 25 verwiesen, die schon bei $U_g = 25$ Volt abgebrochen werden mußte.

Wird der Widerstand R_g verkleinert, so steigt der Gitterstrom, aber nicht im gleichen Verhältnis, so daß das Produkt $I_g R_g$ abnimmt, wodurch eine Herabsetzung der negativen Vorspannung erfolgt. Die Wechselstromamplitude $\mathfrak{J}_a$ wächst dann und daher auch die Amplitude $\mathfrak{J}_{\text{res.}}$, d. h. der Schwingkreisstrom $\mathfrak{i}_{\text{res. eff.}}$ nimmt zu. Da aber die Dauer der stromlosen Zeiten durch Herabsetzung von U_g verringert wird, wird der Wirkungsgrad kleiner, wodurch infolge der bald eintretenden Röhrenüberlastung der Verminderung der negativen Vorspannung, d. h. der weiteren Verkleinerung von R_g, eine Grenze gesetzt ist. Wird der Widerstand R_g auf die Hälfte = 4700 Ohm herabgesetzt[1], während sonst alle Versuchsbedingungen die gleichen bleiben, so entstehen die beobachteten bzw. errechneten Werte nach Tabelle 18, die mit der Zeile $z_a = 48$ Wdg. der Tabelle 17 verglichen werden müssen. Die Ströme I_a und $\mathfrak{i}_{\text{res. eff.}}$ sind gestiegen, der Wirkungsgrad ist gefallen, die Anodenverlustleistung ist schon größer als zulässig. Die beste Gitterspulenstellung ergibt sich bei dem Wert $M_{\text{opt.}} = 0{,}625$ Millihenry.

Tabelle 18.

Entspricht der Tabelle 17; nur ist R_g auf 4700 Ohm herabgesetzt. RE 604.

$M_{\text{opt.}} =$	$z_{a\,\text{opt.}} =$	$I_a =$	$I_g =$	$\mathfrak{i}_{\text{res. eff.}} =$	$\mathfrak{U}_a =$	$\mathfrak{U}_g =$	$U_g =$	$N_e =$	$\mathfrak{N}_a =$	$\eta =$	$\mathfrak{U}_L =$
0,625	48	107	8,8	1,94	159	143	— 41	23,6	10,7	45,5	730
$\cdot 10^{-3}$ Henry	Wdg.	$\cdot 10^{-3}$ Amp	$\cdot 10^{-3}$ Amp	Amp	Volt	Volt	Volt	Watt	Watt	%	Volt

Die Steigerung der Spulenspannung durch Erhöhung der Frequenz. Daß die Spulenspannung mit steigender Frequenz zunimmt, ist bereits durch Ver-

[1] Ein Schiebewiderstand max. 10000 Ohm ist für diesen Versuch angenehm.

suche festgestellt worden; im folgenden soll der Versuch noch eine Vervollständigung erfahren, wobei die Frequenz beginnend bei etwa 4700 Hertz auf etwa 90000 Hertz gesteigert wird. Die Frequenz (Tabelle 19) $f/2 = 4710$ Hertz wird hergestellt, indem vier Kondensatoren 0,09 μF parallel geschaltet werden; die Schaltmittel für die Herstellung der folgenden Frequenzen sind bekannt;

Tabelle 19.

RE 604. Steigerung der Spulenspannung durch Erhöhung der Frequenz.

Frequenz =	$M_{\text{opt.}}$ =	$z_{a\,\text{opt.}}$ =	I_a =	I_g =	$i_{\text{res. eff.}}$ =	$\mathfrak{u}_L$ =
$f/2 = 4710$	1,115	96	80	4,8	2,32	309
$f/\sqrt{2} = 6660$	1,055	72	90	6,5	2,21	416
$f = 9420$	0,851	60	89	6,8	2,02	538
$f\sqrt{2} = 13320$	0,663	48	90	6,4	1,84	692
$2f = 18840$	0,514	39	90	6,8	1,70	904
89300	0,207	18	106	8,2	1,02	2570
Hertz	$\cdot 10^{-3}$ Henry	Wdg.	$\cdot 10^{-3}$ Amp	$\cdot 10^{-3}$ Amp	Amp	Volt

die Frequenz $2f$ endlich entsteht durch Reihenschaltung der vier Kondensatoren 0,09 μF. Zuletzt ist noch die sehr hohe Frequenz von fast 90000 Hertz genannt, die dadurch entstanden ist, daß anstatt der bisher benutzten Kondensatoren ein Kondensator 0,001 μF an die Spule L geschaltet wurde; die entstehende Hochfrequenz entspricht einer Wellenlänge 3360 m. Für die Frequenz $f/2$ genügte die Gitterspulenankopplung nicht mehr völlig, die Röhre arbeitete bereits leicht untersteuert, für die Hochfrequenz waren die Versuchsbedingungen nicht mehr ganz rein herzustellen, insbesondere weil die Gitterspule zu viel Eigenkapazität besaß. Der Beweis aber, daß mit wachsender Frequenz die Spulenspannung zunimmt, ist gut erbracht, der Scheitelwert der Spulenwechselspannung beträgt bei der Hochfrequenz schon mehr als 2500 Volt; er ist tatsächlich noch höher, weil bei der Messung schon fortdauernde Überschläge im Luftkondensator erfolgten. Der Strom $i_{\text{res. eff.}}$ nimmt mit wachsender Frequenz ab infolge der ständig zunehmenden Wirkwiderstände. Bei richtiger Anoden- und Gitterankopplung ($L_{a\,\text{opt.}}$ und $M_{\text{opt.}}$) sind Anodenstrom und Gitterstrom unabhängig von Frequenz und Belastung.

Die Belastung des Schwingungskreises durch induktive Ankopplung des Belastungswiderstandes R_c. Normalerweise geschieht die Belastung des Schwingungskreises nicht durch einen eingeschalteten Widerstand R_c, sondern durch induktive Entziehung der Energie, die bei Sendern über die Antenne ausgestrahlt wird (Strahlungswiderstand) oder z. B. bei Hochfrequenzöfen auf einen zu erwärmenden Widerstand übertragen wird; der letzte Fall kann bei dem bisher benutzten Versuchsaufbau verwirklicht werden. Die Anordnung bleibt, wie sie für Tabelle 17 benutzt wurde, der Widerstand R_c ist also Null. Dafür wird mittels drei oder vier Windungen, die um die Generatorspule L geschlungen werden und in die eine 8-Volt/8-Watt-Lampe gelegt ist, die

Energie induktiv übertragen; die Lampe brennt dann mit normaler Helligkeit. Es ist aber zu beachten, daß Gitter-, Spulen- und Anodenankopplung weit fester genommen werden müssen als in Tabelle 17 für das Maximum von $\mathfrak{i}_{res.\,eff.}$, da für induktiv hergestellte Belastung genau die gleichen Gesetze gelten, als wenn ein Widerstand R_c in den Schwingungskreis gelegt ist.

Messungen an einer Röhre RE 134. In der Folge sei noch eine Meßreihe wiedergegeben, die an einer RE 134 aufgenommen ist, um einen Vergleich bezüglich ihrer Leistungsabgabe mit der RE 604 zu gewinnen. Es soll nur eine einzige Aufnahme gemacht werden; die gleich umfangreichen Messungen wie an der RE 604 anzustellen, erübrigt sich, weil das Verhalten der Röhre sich nur in Beziehung auf die Quantität unterscheidet. Tabelle 20 entspricht genau der Tabelle 17, sie ist nur weiter fortgeführt worden. Die

Tabelle 20.

Röhre RE 134. Die Aufnahmen entsprechen der Tabelle 17.

$U_b = 220$ Volt; Frequenz $= f\sqrt{2}$; $R = 2{,}85$ Ohm; $R_c = 0$ Ohm; $R_g = 9500$ Ohm; $M = M_{\text{opt.}} = 0{,}602$.

$z_a =$	$I_a =$	$I_g =$	$\mathfrak{i}_{res.\,eff.} =$	$\mathfrak{U}_a =$	$\mathfrak{U}_g =$	$U_g =$	$N_e =$	$\mathfrak{N}_a =$	$\eta =$	$\mathfrak{U}_g/\mathfrak{U}_a =$
33	28	0,5	0,15	9	14	− 5	6,2	—	—	1,6
54	27	1,4	0,56	52	40	−13	5,9	0,90	15,1	0,77
78	25	2,2	0,84	112	60	−21	5,5	2,01	36,4	0,50
90	24	2,7	0,91	140	65	−26	5,2	2,36	45,7	0,46
96	22	2,7	0,92	151	66	−26	4,9	2,42	49,7	0,44
102	21	2,8	**0,93**	162	66	−27	4,6	2,47	53,6	0,41
109	19	2,9	0,92	172	66	−28	4,2	2,42	57,3	0,38
120	17	3,0	0,89	184	64	−29	3,6	2,28	62,8	0,35
174	9	2,8	0,70	208	50	−27	2,0	1,40	70,5	0,24
220	8	2,3	0,50	188	36	−22	1,8	0,71	49,8	0,19
Wdg.	$\cdot 10^{-3}$ Amp	$\cdot 10^{-3}$ Amp	Amp	Volt	Volt	Volt	Watt	Watt	%	

Versuchsdaten sind dieselben, es ist also $R_c = 0$ Ohm und die Frequenz $= f\sqrt{2}$. Nach Aufsuchen der besten Gitterankopplung, die zu $M_{\text{opt.}} = 0{,}602$ gefunden wurde, sind die verschiedenen Messungen und Rechnungen als Funktionen der Windungszahl z_a eingetragen. Es ergibt sich auch hier ein Maximum von $\mathfrak{i}_{res.\,eff.}$, das allerdings bei einer weit höheren Windungszahl z_a sich einstellt, weil der innere Widerstand der RE 134, wie bekannt, sehr viel höher ist als R_i der RE 604; es muß daher, um den gleichen Spannungsverlust zu bewirken, R_a bzw. $\mathfrak{R}_a$ weit größer sein. Die größtmögliche Leistungsabgabe der RE 134 ist wesentlich geringer als die der RE 604, sie beträgt nach der Tabelle etwa 2,5 Watt, wobei die Anodenverlustleistung dann etwa ebenfalls 2,5 Watt ausmacht. Da die zulässige Anodenverlustleistung 3 Watt erreichen darf, ist die Röhre noch nicht voll ausgenutzt, so daß die Eingangsleistung durch Herabsetzen des Ableitungswiderstandes R_g noch etwas vergrößert werden darf; immerhin wird man sagen können, daß es nicht möglich ist, eine höhere Leistung als

3 Watt aus der Röhre nutzbar zu machen. In der letzten Spalte der Tabelle sind wieder wie in Tabelle 17 die Rückkopplungsverhältnisse eingetragen, die weit kleiner sind als bei der RE 604 wegen des kleineren Durchgriffs der RE 134. Im übrigen ergeben sich bei der Untersuchung dieser Röhre keine neuen Resultate, weitere Messungen anzustellen sei deswegen dem Leser überlassen.

4. Parallelgeschaltete Röhren.

Aus den Messungen 4 (S. 69) des Abschnitts 2 geht hervor, daß der Anpassungswiderstand $R_{\text{opt.}}$ bei parallelgeschalteten gleichartigen Röhren kleiner wird, weil der innere Widerstand R_i des Röhrenaggregates sinkt und der vermehrte Anodenstrom I_a am Anodenwiderstande R_a mehr Spannung verbraucht. Wird in den Röhrenanodenkreis wie bisher ein Schwingungskreis geschaltet, so folgt für ihn aus den angeführten Versuchen, daß der Wechselstromwiderstand $\mathfrak{R}_{a\,\text{opt.}}$ und daher auch $L_{a\,\text{opt.}}$ kleiner genommen werden muß, um das Röhrenaggregat auszunutzen. Wird z. B. bei gleichbleibenden Kopplungen L_a und M eine zweite gleichartige Röhre zugeschaltet, so beobachtet man nur eine geringe Zunahme des Schwingkreisstromes $i_{\text{res. eff.}}$, weil für das Aggregat schon ein überspannter Zustand eingetreten ist; erst wenn L_a und M kleiner geworden sind, tritt eine starke Zunahme des Schwingkreisstromes ein. Um einen befriedigenden Vergleich zu ermöglichen, der mit den Aufnahmen der Tabelle 17 erfolgen soll, muß für $L_{a\,\text{opt.}}$ und $M_{\text{opt.}}$ der Anodenstrom I_a des Aggregates verdoppelt sein, Gitterwechselspannung und Gittervorspannung müssen dagegen den gleichen Wert haben wie früher, da der Durchgriff des Aggregates ja der gleiche geblieben ist; verändert hat sich nur die Steilheit, die sich gegen früher verdoppelt hat. Es ist darauf zu achten, daß die beiden Röhren RE 604, die benutzt werden, möglichst genau die gleichen Daten haben, im anderen Falle können die Ergebnisse nicht befriedigen. Die Einstellung auf das Maximum von $i_{\text{res. eff.}}$ geschieht folgendermaßen: Es wird wie früher $L_{a\,\text{opt.}}$ bei vorläufig roh gewähltem M aufgesucht und die Gitterspule verschoben, bis $M_{\text{opt.}}$ ebenfalls gefunden ist. Dann ist die Bedingung noch nicht erfüllt, daß der Anodenstrom den doppelten Wert wie früher haben soll; das wird erreicht, indem der Gitterwiderstand R_g kleiner genommen wird, was notwendig geworden ist, weil der vermehrte Gitterstrom der beiden Röhren am Widerstand $R_g = 9500$ Ohm, der früher benutzt wurde, einen zu großen Spannungsabfall U_g erzeugt. Der neue Widerstand wird, um den erforderlichen Anodenstrom zu bewirken, etwa $R_g = 4700$ Ohm[1]; ist diese Regulierung geschehen, so können die neuen Messungen mit den Messungen der Tabelle 17 verglichen werden. Tabelle 21 zeigt die Meßreihe. Das Maximum $i_{\text{res. eff.}}$ beträgt 2,6 Amp., der zugehörige Wert I_a ist 176 Milliamp. Er ist etwas kleiner als der nach Tabelle 17 geforderte Wert $= 2\text{mal } 90 = 180$ Milliamp.; der Wirkungsgrad ist der gleiche geblieben, fast 50%, die abgegebene Leistung hat sich verdoppelt. Die günstigste Anodenankopplung ist wesentlich kleiner

---

[1] Vgl. Fußnote S. 116.

Tabelle 21.

Zwei parallelgeschaltete Röhren RE 604. Vergleichsaufnahmen zu der Tabelle 17. Schwingungen zweiter Art.

$U_b = 220$ Volt; Frequenz $= f\sqrt{2}$; $R_c = 0$ Ohm; $R = 2{,}85$ Ohm; $R_g = 4700$ Ohm; $M_{\text{opt.}} = 0{,}486$ Millihenry.

$z_a =$	$I_a =$	$I_g =$	$\mathfrak{i}_{\text{res. eff.}} =$	$\mathfrak{U}_a =$	$\mathfrak{U}_g =$	$U_g =$	$N_e =$	$\mathfrak{N}_a =$	$\eta =$	$\mathfrak{U}_L =$
30	200	10,0	2,50	128	144	−47	44,0	17,8	40,5	941
36	176	11,2	**2,60**	160	149	−53	38,8	19,3	49,6	978
42	148	11,2	2,51	180	144	−53	32,6	18,0	55,1	945
54	107	11,3	2,21	204	127	−53	23,6	13,9	59,1	832
109	144	4,0	1,03	192	57	−19	31,7	3,0	9,5	388
Wdg.	$\cdot 10^{-3}$ Amp	$\cdot 10^{-3}$ Amp	Amp	Volt	Volt	Volt	Watt	Watt	%	Volt

als in Tabelle 17, wie die Theorie es erfordert; die Anodenwechselspannungen der beiden Tabellen können nicht verglichen werden, weil die Spulenstreuung schon erhebliche Fehler in die Rechnung bringt, der errechnete Wert bei kleinen Windungszahlen ist zu groß; die Gitterwechselspannungen und die Gittervorspannungen dagegen sind richtig und lassen eine Auswertung zu. Die Abweichungen sind unerheblich, die Messungen zeigen, daß beide Röhren zusammen in der gleichen Aussteuerung arbeiten wie vorher die eine. Der Wert M beträgt 0,602 Millihenry (entsprechend einem $M_{\text{sk.}} = 13$ cm). Die Meßreihe ist abgekürzt wiedergegeben, weil sich im übrigen neue Beobachtungen nicht zeigen. Die Spulenwechselspannung hat im Scheitel schon den Wert 978 Volt.

In dieser Weise lassen sich weitere Röhren parallelschalten, wobei die Ankopplung L_a, wenn das Aggregat seine Wirksamkeit voll entfalten soll, stets loser werden muß. In der Praxis der Senderbautechnik wird von parallelgeschalteten Röhren reichlich Gebrauch gemacht, wenn auch neuerdings die Entwicklung dahin geht, möglichst große Einzelröhren zu konstruieren.

Bei allen Parallelschaltungen ist darauf zu achten, daß die Röhren unter sich gleich sind, weil im anderen Falle starke Überlastung derjenigen unter ihnen eintritt, die schlechte Anpassung hat, was zur Zerstörung der Röhre führen kann.

Schlußbemerkung.

Andere Schaltungen. Alle bisher beschriebenen Messungen sind in der normalen Rückkopplungsschaltung ausgeführt worden. Da das Verhalten der Röhre von der Schaltungsart völlig unabhängig ist, können die Messungen auch an anderen Schaltungen wiederholt werden, es werden sich die gleichen Resultate ergeben. Die gebräuchlichste, weil für viele Versuche die bequemste Schaltung, ist, wie bereits erwähnt, die Spannungsteilerschaltung, da man bei ihr keine gesonderte Rückkopplungsspule nötig hat. Das Spannungsverhältnis $\mathfrak{U}_g/\mathfrak{U}_a$ ergibt sich hier einfach aus dem Verhältnis der Windungszahlen, die an Gitter bzw. an Anode der Röhre gekoppelt sind. Die Versuche zur Feststellung des Selbsterregungsfaktors sind mit der Dreipunktschaltung schlecht auszuführen, weil sich infolge der sprunghaften Unterteilung der Spule der Anlaufpunkt nur in seltenen Fällen genau feststellen läßt. Im übrigen können alle anderen Messungen ebensogut ausgeführt werden wie früher, was dem Leser überlassen sei.

B. Messungen an fremderregten Röhren.

1. Nichtlineare Verstärker.

Es ist an sich völlig gleichgültig, ob eine Röhre selbsterregt oder fremderregt arbeitet, ihre Leistungsabgabe bleibt praktisch die gleiche, sobald die erregende Gitterwechselspannung die gleiche ist. Nur in einer Beziehung ist ein wesentlicher Unterschied vorhanden, der häufig dazu Veranlassung gibt, der fremderregten Röhre für technische Verwendungszwecke den Vorzug zu geben: Es fehlt bei der fremderregten Röhre die Rückwirkung auf den Gitterkreis vom Schwingungskreis her, so daß die Gitterwechselspannung und die Frequenz konstant gehalten

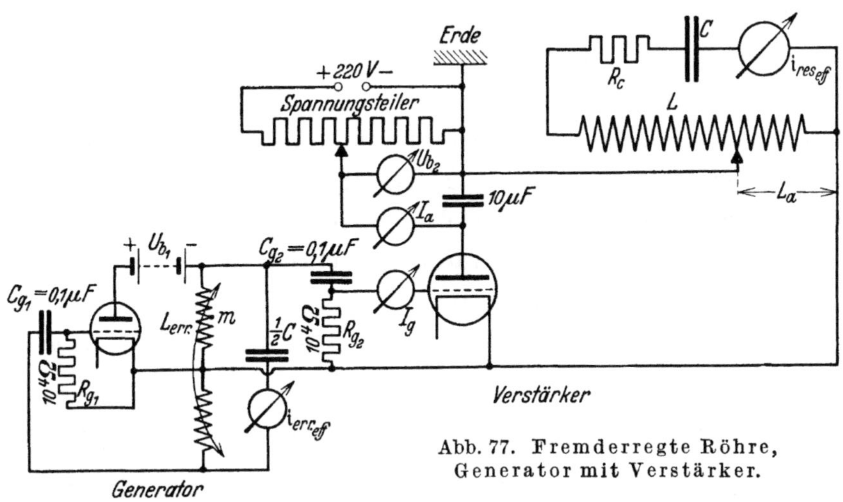

Abb. 77. Fremderregte Röhre, Generator mit Verstärker.

werden kann auch dann, wenn im Schwingungskreis beabsichtigte oder auch unbeabsichtigte Änderungen eintreten. Für gleichartige Messungen, wie sie bisher angestellt worden sind, muß sich bei ihrer Ausführung an der fremderregten Röhre ein wesentlicher Unterschied ergeben, der wichtige Vergleiche gestattet. Im folgenden seien daher einige Messungen dieser Art erläutert, vorher muß die benutzte Schaltung angegeben werden.

Die Apparatur, die notwendig ist, wird erheblich umfangreicher als bisher, da ein kleiner Generator bereitgestellt werden muß, dessen Frequenz derjenigen gleich zu sein hat, die die fremderregte Röhre in ihrem Schwingungskreis erzeugt. Als Schaltung des Generators sei die Spannungsteilerschaltung gewählt, um eine besondere Rückkopplungsspule zu vermeiden (Abb. 77). Die Frequenz des Generators muß bekannt sein, ferner die Spulenspannung des Schwingungskreises bzw. die Hälfte der Spulenspannung und deswegen der Strom $i_{res.\,eff.}$ im Schwingungskreise, der die folgende Röhre, die als Verstärker arbeitet, erregt. Gittervorspannung, Gitterwechselspannung und Anodenwechselspannung des Generators brauchen nicht bestimmt zu werden, so daß der Aufbau des Generators und seiner Einzelteile einfach sein kann um so mehr, weil auch seine Leistungsabgabe nicht berechnet zu werden braucht. Da wegen der niedrigen Frequenz eine Abstimmung mittels Drehkondensator nicht möglich ist, besteht die Betriebsinduktivität des Generators aus zwei gesonderten Spulen, die miteinander durch Übereinanderlegen gekoppelt werden, so daß die resultierende Induktivität geändert werden kann in dem Maße, daß eine genaue Abstimmung auf die Frequenz des Verstärkers möglich ist. Diese sei wie früher entweder $f = 9420$ Hertz oder $f\sqrt{2}$, es werde also im Verstärker der gleiche Kreis wie bei den früheren Versuchen benutzt. Damit die Erregerspannung des Generators genügend hohe Werte annimmt, muß seine Betriebsinduktivität nicht zu klein sein; es ist deswegen die Betriebskapazität des Generators 0,09/2 bzw. 0,045/2 μF gewählt[1], so daß die Induktivität doppelt so groß wie die des Verstärkerkreises wird, wenn Generator und Verstärker Abstimmung zeigen, was dadurch kenntlich wird, daß $\mathfrak{i}_{\text{res. eff.}}$ des Verstärkerkreises ein Maximum erreicht; die Betriebsinduktivität des Generators hat dann die Größe zweimal 3,18 Millihenry. Als Betriebsspannung des Generators dienen 180 Volt, die einer Trockenbatterie oder Hochspannungssammlerbatterie entnommen werden, als Röhre dient zunächst eine RE 134, dann eine RE 604. Für Generator und Verstärker die gleiche Betriebsspannung zu benutzen, ist wegen gegenseitiger Störungen nicht möglich, die Heizströme dagegen können der gleichen Spannungsquelle entnommen werden.

Die Wechselspannung des Generators am Gitter der erregten Röhre beträgt im Scheitel, weil nur die halbe Induktivität benutzt ist (Abb. 77):

$$\mathfrak{U}_g = 2\pi \cdot f \cdot 3{,}18 \cdot 10^{-3}\sqrt{2} \cdot \mathfrak{i}_{\text{err. eff.}} \text{ Volt} \quad \text{für die Frequenz } f = 9420 \text{ Hertz} \qquad (a)$$

und

$$\mathfrak{U}_g = 2\pi f\sqrt{2} \cdot 3{,}18 \cdot 10^{-3}\sqrt{2}\, \mathfrak{i}_{\text{err. eff.}} \text{ Volt} \quad \text{für die Frequenz } f\sqrt{2}. \qquad (b)$$

Von Interesse können, wie bemerkt, nur Messungen sein, die einen Vergleich mit den bisher ausgeführten Messungen zulassen; es sei deswegen zunächst eine Meßreihe aufgenommen, die die Betriebskonstanten der Tabelle 11 enthält. Es sei die Frequenz $= f$, die Betriebsspannung des Verstärkers 110 Volt, der eingeschaltete Arbeitswiderstand $R_c = 5{,}5$ Ohm, die Röhre die gleiche RE 604. Die Zusammenschaltung von Generator und Verstärker zeigt Abb. 77; für einen Vergleich mit den Messungen der Tabelle 11 wird eine Vorspannung nicht gebraucht, der Widerstand R_{g_2} und der Kondensator C_{g_2} sind daher einstweilen fortzulassen, das Gitter der fremderregten Röhre steht über den Strommesser I_g in direkter Verbindung mit der Generatorspule. Ein Vergleich interessiert vor allem für die größte Leistungsabgabe der Röhre, die Gitterwechselspannung muß daher auf den Wert gebracht werden, der sich in Tabelle 11 für $\mathfrak{i}_{\text{res. eff.}} = 0{,}55$ Amp., bei der Anodenkopplung $z_a = 109$ Windungen einstellt; der Amplitudenwert $\mathfrak{U}_g$ beträgt dort 47 Volt, der Gitterstrom ist 5 Milliamp. Die Stromstärke $\mathfrak{i}_{\text{err. eff.}}$

[1] Die genaue Einhaltung dieser Größen ist nicht nötig, nur muß der Kapazitätswert genau bekannt sein, weil daraus nach der Thomsonschen Formel der Induktivitätswert berechnet werden muß.

Tabelle 22.

Fremdgesteuerte Röhre. Aufnahmen zum Vergleich mit Tabelle 11.
RE 604. U_b = 110 Volt; Frequenz = f = 9420 Hertz.

z_a =	I_a =	I_g =	$\mathfrak{i}_{res.\,eff.}$ =	$\mathfrak{U}_a$ =	$\mathfrak{U}_g$ =	N_e =	$\mathfrak{N}_a$* =	η* =
12	84	2,5	0,02	—	48	9,2	—	—
24	84	2,8	0,16	5	48	9,2	—	—
48	79	3,0	0,35	20	48	8,7	0,84	9,2
72	73	3,8	0,52	45	48	8,0	1,77	22,1
96	64	4,2	0,57	66	48	7,1	2,13	30,0
109	62	5,0	**0,58**	76	48	6,8	2,20	32,4
120	58	5,3	0,57	82	48	6,4	2,10	32,8
144	54	6,2	0,53	91	48	5,9	1,84	31,3
156	52	6,5	0,50	93	48	5,7	1,64	28,8
180	50	6,8	0,45	97	48	5,5	1,33	24,1
192	48	6,9	0,43	100	48	5,3	1,21	22,8
220	47	7,0	0,39	104	48	5,2	0,98	19,2
Wdg.	$\cdot 10^{-3}$ Amp	$\cdot 10^{-3}$ Amp	Amp	Volt	Volt	Watt	Watt	%

* Es ist mit R = 6,56 Ohm wie in Tabelle 11 gerechnet; zur Feststellung des wirklichen Röhrenwirkungsgrades muß zu R = 6,56 Ohm nach (c) S. 109 noch R_∞ = 0,9 Ohm hinzugerechnet werden.

muß deshalb so einreguliert werden, daß bei der erwähnten Anodenankopplung diese Werte erreicht werden. Daraus berechnet sich der Strom $\mathfrak{i}_{err.\,eff.}$ zu 0,18 Amp. (aus a), er muß in der ganzen Meßreihe konstant gehalten werden, so daß entgegen den Werten in Tabelle 11 die Gitterwechselspannung der erregten Röhre die gleiche Größe behält. Die Konstanthaltung von $\mathfrak{i}_{err.\,eff.}$ gelingt leicht durch Wahl der geeigneten Betriebsspannung (oder auch durch Feinregulierung des Heizstromes) der Röhre, für die eine RE 134 ausreicht. Die Kopplung $L_{a\,opt.}$ bleibt die gleiche wie in Tabelle 11, wie der Theorie entspricht, da es für $L_{a\,opt.}$ völlig gleichgültig ist, ob die Röhre fremd- oder selbsterregt arbeitet. Die abgegebene Leistung zeigt eine geringe Zunahme, wohl eine Folge von kleinen Verlusten, die vorher in der Gitterspule auftraten; auch der Wirkungsgrad ist etwas besser geworden. Da die bei zunehmendem L_a infolge der verminderten Rückwirkung des fallenden Schwingkreisstromes ebenfalls verkleinerte Gitterwechselspannung die Röhre weniger aussteuert, konnte in Tabelle 11 der überspannte Zustand der Röhre schlecht beobachtet werden. Das ist hier weit besser der Fall. Die Anodenwechselspannung steigt stetig an, die Restspannungen werden immer kleiner und daher nimmt auch der Gitterstrom dauernd zu, wie es den statischen Messungen an der Röhre in Abschnitt 2 (vgl. Abb. 54) entspricht; auch dort ist der Gitterstrom um so höher, je kleiner die Restspannung wird, je überspannter also die Röhre arbeitet. Man erhält in Tabelle 22 die Ergebnisse, die man aus den statischen Messungen (Abschnitt 2) erwartet.

Schwingungen erster Art treten nur im mittleren Teil der Tabelle auf, hier ist der mittlere Anodenstrom I_a ungefähr gleich dem Wert des Anodenstromes bei nichterregter Röhre (= 58 Milliamp; vgl. den Anfang der Tabelle 11) bekanntlich die Bedingung und ein Merkmal für Schwingungen erster Art. Zu Anfang der Messung liegt der Anodenstrom weit über diesem Wert, zu Ende weit darunter. Die Erklärung ist einfach (Abb. 78); da die Gitterwechselspannung stets die gleiche bleibt, im unterspannten Zustand nur geringe Gegenspannung des Kreises vorhanden ist, wird bei positiver Gitterspannung die Anodenstromkurve weit ausgesteuert, die Restspannung ist nahe (bei $\mathfrak{U}_a = 0$ gleich) der Betriebsspannung. Bei negativer Gitterspannung ist kaum eine zusätzliche Spannung $\mathfrak{u}_a$ vorhanden, und der Scheitelwert $\mathfrak{U}_a$ bleibt klein, so daß die dynamische Charakteristik des Anodenstromes sich der normalen statischen Charakteristik sehr annähert. Da nun die wahre Gitterspannung immerhin für statische Betriebszustände recht niedrige und hohe Werte erreicht, verläuft die Charakteristik bei einer Gitterspannung $U_g = -47$ Volt schon sehr flach, während sie bei $U_g = +47$ Volt große Steilheit besitzt, der mittlere Anodenstrom I_a muß also bei erregter Röhre höher sein als der Strom I_{a_0} bei nichterregter Röhre (Kurve a der Abb. 78). Bei stark überspannter Röhre ist für positive Gitterspannungen der Anodenstrom nur klein, er nimmt nicht mehr proportional zu, weil die wahren Anodenspannungen immer kleiner werden; auf der anderen Seite jedoch bleiben die Anodenstromwerte größer als bei unterspannter Röhre, weil die wahren Anodenspannungen viel größer sind; für $\mathfrak{u}_g = 0$ bleibt stets der mittlere Wert $I_a = I_{a_0}$, weil die Gegenspannungen in jedem Falle fehlen. Die dynamische Charakteristik des Anodenstromes nimmt also in stark überspanntem Zustand etwa die Gestalt b an, der Mittelwert I_a bleibt daher kleiner als bei nichterregter Röhre; die Gerade c stellt den Verlauf einer dynamischen Charakteristik für Schwingungen erster Art dar, $I_{a\,\mathrm{stat.}}$ und $I_{a\,\mathrm{dyn.}}$ sind einander gleich.

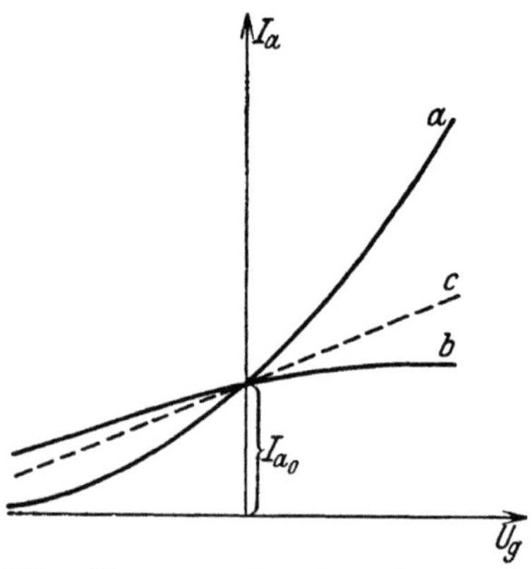

Abb. 78. Anodenstromkennlinien a) bei unterspannter und b) bei überspannter Röhre.

Zum weiteren Vergleich mit den Aufnahmen an der selbsterregten Röhre möge eine Meßreihe mit den in Tabelle 17 benutzten Betriebskonstanten wiedergegeben werden. Die Frequenz sei also $f\sqrt{2}$, der Widerstand R_c sei weggelassen, der gesamte Wirkwiderstand des Kreises beträgt dann nach der Berechnung b S. 109 2,85 Ohm, die Betriebsspannung sei 220 Volt. Die benutzte Gitterwechselspannung und die Gittervorspannung sollen wieder wie vorher den Wert erreichen, der sich bei selbsterregter Röhre für das Maximum von $\mathfrak{i}_{\mathrm{res.\,eff.}}$ einstellte; $\mathfrak{U}_g$ soll deswegen nach Tabelle 17 144 Volt und $U_g = -59$ Volt betragen. Es werde wie vorhin die negative Vorspannung automatisch erzeugt, d. h. es seien C_{g_2} und R_{g_2} (wie vorhin 9500 Ohm) eingeschaltet, wie Abb. 77 angibt. Der notwendige Effektivstrom $\mathfrak{i}_{\mathrm{err.\,eff.}}$ berechnet sich nach der Formel (b), S. 122, zu $\mathfrak{i}_{\mathrm{err.\,eff.}} = 0{,}375$ Amp. Da sich der Gitterstrom der erregten Röhre und daher auch ihre automatische Vorspannung bei diesem Erregerstrom schon etwas höher stellte als früher, wurde ein Erregereffektivstrom $\mathfrak{i}_{\mathrm{err.\,eff.}} = 0{,}37$ Amp eingehalten, was einem Scheitelwert der Gitterwechselspannung $\mathfrak{U}_g = 139$ Volt entspricht.

Es zeigte sich, daß die RE 134 als Erregerröhre nicht mehr ausreichte, so daß als Erregerröhre auch eine RE 604 genommen wurde; ihre Betriebsspannung war etwa 180 Volt, der Anodenstrom betrug etwa 45 Milliamp; die genaue Einregulierung des Stromes $\mathfrak{i}_{\text{err. eff.}}$ auf 0,37 Amp. erfolgte wie vorhin mittels Änderung der Betriebsspannung. In dieser Weise ist Tabelle 23 entstanden, die etwas ausführlicher als Tabelle 22 gehalten ist, weil bei überspannter Röhre sich einige

Tabelle 23.

Fremdgesteuerte Röhre. Aufnahmen zum Vergleich mit der Tabelle 17.

RE 604. $U_b = 220$ Volt; Frequenz $= f\sqrt{2}$; $R_a = 0$ Ohm; $R = 2{,}85$ Ohm; $R_g = 9500$ Ohm.

$z_a =$	$I_a =$	$I_g =$	$\mathfrak{i}_{\text{res. eff.}} =$	$\mathfrak{U}_a =$	$\mathfrak{U}_g =$	$U_g =$	$N_e =$	$\mathfrak{N}_a =$	$\eta =$	$\mathfrak{U}_L =$
30	124	5,9	1,78	91	139	−56	27,3	9,1	33,1	670
36	110	5,9	1,93	119	139	−56	24,2	10,6	43,8	726
42	96	6,1	1,97	141	139	−58	21,1	11,0	52,4	741
48	86	6,2	**1,98**	163	139	−59	18,9	11,2	59,1	744
54	70	6,6	1,96	181	139	−63	15,4	10,9	71,1	738
78	58	7,2	1,66	221	139	−68	12,8	7,9	61,5	624
109	50	7,5	1,27	237	139	−71	11,0	4,6	41,8	478
144	34	7,7	1,02	251	139	−73	7,5	3,0	39,5	383
174	28	7,8	0,88	262	139	−74	6,2	2,2	35,6	331
220	20	7,9	0,73	275	139	−75	4,4	1,5	34,5	275
Wdg.	$\cdot 10^{-3}$ Amp	$\cdot 10^{-3}$ Amp	Amp	Volt	Volt	Volt	Watt	Watt	%	Volt

neue Resultate ergeben. Zunächst sind Maximum von $\mathfrak{i}_{\text{res. eff.}}$ und der zugehörige Wirkungsgrad etwas größer als bei der selbsterregten Röhre aus dem gleichen Grunde, der schon für Tabelle 22 erwähnt wurde. Der überspannte Zustand tritt hier noch weit deutlicher in Erscheinung in einem Maße, wie es bei Selbsterregung nicht möglich ist. Die Anodenwechselspannung erreicht bei hohen Kopplungen z_a Werte, die viel größer sind als die Betriebsspannung. Bei positiven Gitterwechselspannungen wird infolgedessen die wahre Anodenspannung negativ, und damit kehrt auch die Restspannung ihr Vorzeichen um (wodurch das Wort in diesem Betriebszustande der Röhre seinen Sinn verliert); ist die ganze Spule ($z_a = 220$ Wdg.) in den Anodenkreis der Röhre geschaltet, so wird der wahre Wert der Anodenspannung, der sich für den positiven Scheitelwert der Gitterwechselspannung $\mathfrak{U}_g = 139$ Volt einstellt, (220—275) = −55 Volt. Der Anodenstrom erreicht also zur Zeit der größten Gitterspannung nicht seinen größten Wert, wie es der Fall sein muß, sondern er wird gleich Null (Sattelbildung). Die physikalischen Vorgänge werden dann schon sehr verwickelt, so daß mehr als ein bloßer Hinweis nicht mehr möglich ist. Die Abnahme des mittleren Anodenstromes I_a bei zunehmender Anodenankopplung tritt in der Tabelle 23 besonders kraß in Erscheinung. Die Spulenwechselspannung ist im Scheitelwert noch etwas höher als in Tabelle 17 und erreicht fast 750 Volt.

2. Lineare Verstärker.

In den bisher benutzten Beispielen war das Auftreten von Gitterströmen zugelassen, da es sich nur darum handelte, eine möglichst hohe Wechselstromleistung aus der Röhre zu gewinnen. — Wird lineare Verstärkung gefordert, so darf nach den Ausführungen S. 48 u. f. kein Gitterstrom fließen, d. h. die größte wahre Gitterspannung darf nicht größer als Null werden; außerdem muß die Schwingung im Anodenstromkreis erster Art sein. Daß letztere Forderung erfüllt ist, erkennt man, wie bekannt, am Verhalten des Anodenstrominstrumentes, das bei erregter Röhre keine Stromänderung anzeigen darf; die Überschreitung der Grenze Null Volt der wahren Gitterspannung zeigt das Milliamperemeter an, das im Gitterkreis liegt (Abb. 77). Da die sehr kleinen Gitterströme erkannt werden müssen, muß das Instrument genügende Empfindlichkeit haben; ein Mavometer ohne Shunt (mit parallelgeschaltetem 1 μF-Kondensator zum Kurzschluß für die Hochfrequenz) genügt. Als Erregerröhre dient eine RE 134, deren Betriebsspannung 100 bis 150 Volt beträgt; die Regulierung des Erregerstromes geschieht wie früher. Die Wechselspannung am Gitter der erregten Röhre muß sehr viel kleiner gehalten werden als vorhin, so daß es zweckmäßig wird, den Mittelabgriff m der Erregerspule $L_{\text{err.}}$ (Abb. 79; vgl. auch S. 96) anstatt die ganze Spule wie bisher zur Spannungserzeugung zu benutzen.

Die erregte Röhre muß eine Vorspannung erhalten, die jedoch nicht durch Gitteraufladungen gewonnen werden kann, da Gitterströme ja nicht fließen dürfen; außerdem muß die Vorspannung $-U_g$ durchaus konstant sein. Man verwendet daher zweckmäßig eine Trockenbatterie wie bei den Messungen der Tabelle 14, die nach Abb. 79 in den Gitterkreis gelegt wird. Ist ein Gitterstrom I_g an der erregten Röhre eben erkennbar, so wird sehr angenähert:

$$\mathfrak{U}_g = \pm U_g,$$

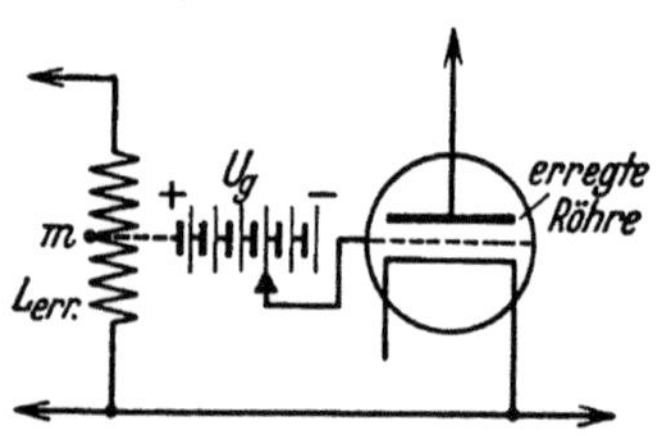

Abb. 79. Einschaltung einer negativen Vorspannung zwischen Generator und erregter Röhre zum Zweck linearer Verstärkung.

die Grenzen der wahren Gitterspannung sind daher $2\,U_g$ (negativ) und Null Volt. Die Messungen sind an den Typen RE 604 und RE 134 durchgeführt, wie die Tabelle 24 zeigt, deren Angaben auf folgende Weise entstanden sind. Die negativen Vorspannungen U_g sind anfangs sehr hoch gewählt und dann stufenweise verringert, während der Erregerstrom $\mathfrak{i}_{\text{err. eff.}}$ stets so eingestellt wurde, daß eben der Gitterstrom einsetzt. Die Betriebsspannung der erregten Röhre betrug 220 Volt. Ihr Anodenstrom I_a wurde zunächst abgelesen, wenn sie nicht erregt war, und darauf nach erfolgter Erregung; sind die durch sie veranlaßten Schwingungen erster Art, so müssen beide Ablesungen die gleiche Größe haben. Wie die Beobachtungen zeigen, wird diese Forderung um so schlechter erfüllt, je größer die negativen Vorspannungen werden, was erklärlich ist, weil um so mehr eine Aussteuerung der Charakteristik in ihre Anfangskrümmung hinein erfolgt; die Zunahme des Anodenstromes bei erregter Röhre ist dann bei positiven Werten der Gitterwechselspannung viel größer als seine Abnahme bei negativen Werten,

Tabelle 24.

Versuch linearer Verstärkung bei der RE 604 und RE 134.
$U_b = 220$ Volt; Frequenz $= f = 9420$ Hertz.

$U_g = -\mathfrak{U}_g =$	$z_a =$	I_a stat. $=$	I_a dyn. $=$	$i_{res.\,eff.} =$	$N_e =$	$\mathfrak{R}_a =$	$\eta =$	$R =$
			a) RE 604.					
−45,2	etwa 138	10,5	24,1	0,425				7,44
−39,2	„ 138	22,0	30,2	0,435				7,44
−35,0	„ 138	31,8	37,0	0,435	8,1	1,41	17,3	7,44
−30,0	„ 138	44,5	48,0	0,410	10,6	1,25	11,9	7,44
−24,4	„ 138	62,5	64,0	0,345	14,1	0,89	6,3	7,44
			b) RE 134.					
−19,2	etwa 132	1,1	6,3	0,470				1,94
−16,0	„ 132	4,1	7,5	0,480				1,94
−14,3	„ 132	6,2	8,8	0,481				1,94
−12,9	„ 132	9,3	11,4	0,475	2,5	0,44	17,7	1,94
−11,5	„ 132	12,5	13,8	0,442	3,0	0,38	12,8	1,94
− 9,9	„ 132	16,2	17,0	0,410	3,7	0,33	8,8	1,94
Volt	Wdg.	$\cdot 10^{-3}$ Amp	$\cdot 10^{-3}$ Amp	Amp	Watt	Watt	%	Ohm

der Strom I_a muß daher bei Erregung zunehmen. Erst bei verhältnismäßig geringen negativen Vorspannungen und Wechselspannungen ist diese Zunahme nicht mehr erkennbar, die Verstärkung also linear geworden; die an den Schwingungskreis abgegebenen Leistungen sind dann aber schon sehr gering. Werden geringe Verzerrungen als nicht störend zugelassen, so kann eine größere Aussteuerung erfolgen, so daß die RE 604 etwa eine Leistung von 1,3 Watt, die RE 134 eine Leistung von etwa 0,4 Watt abgibt[1]; der Widerstand R_c war in Tabelle 24 für a) 5,5 Ohm, für b) 0 Ohm, so daß sich der gesamte Wirkwiderstand unter der Berücksichtigung $R_c = 0{,}9$ Ohm [vgl. (d) S. 109] zu den genannten Werten ergab. Die Kopplungen L_a sind Optimumwerte, die aber verhältnismäßig breit sind, es kommt auf einige Windungen mehr oder weniger nicht an.

Anstatt eine einzige Frequenz auf das Gitter der erregten Röhre zu geben, wie hier geschehen ist, kann auch eine Reihe von Frequenzen mit verschiedenen Amplituden am Gitter wirksam sein; der Anodenwiderstand R_a bzw. $\mathfrak{R}_a$ ist dann kein Schwingungskreis mit einer bestimmten Eigenfrequenz, sondern im allgemeinen ein Niederfrequenztransformator, der der Röhre angepaßt sein muß. Die beste Anpassung, entsprechend dem früheren Werte $L_{a\,\mathrm{opt.}}$, ist nur für eine einzige Frequenz möglich, die also zweckmäßig gewählt werden muß. Die aus der Tabelle 24 erhaltenen Ergebnisse über die zu gewinnenden Leistungen bei linearer Verstärkung gelten ganz allgemein.

Die Bedingung der linearen Verstärkung setzt den möglichen Leistungsumsatz der Röhre gewaltig herab, er fällt z. B. für die RE 604 von etwa 10 Watt auf etwa 1 Watt, und zugleich wird der Wirkungsgrad der Röhre stark verringert.

[1] Telefunken gibt als maximale unverzerrte Ausgangsleistung bei der RE 604 1,5 Watt, bei der RE 134 etwa 0,5 Watt an.

Vierter Abschnitt.

Modulierte Röhrenschwingungen.

(Telegraphie und Telephonie.)

1. Allgemeine Definitionen.

Wird die Stärke eines elektrischen Stromes nach einer gesetzmäßig bestimmten Folge verändert, so sagt man, der Strom sei „moduliert", wobei er selbst als „Träger" der Modulation bezeichnet wird. Modulierte Ströme werden seit etwa 100 Jahren zur Übermittlung von telegraphischen Signalen (Gauß und Weber 1833: Nadeltelegraph) und seit etwa 70 Jahren (Erfindung des Telephons durch Philipp Reis 1861) zur Übermittlung von telephonischen Signalen benutzt. Als Träger diente stets Gleichstrom; Wechselstrom hoher Frequenz wird erst seit Erfindung der drahtlosen Telegraphie (Tesla, Marconi, Slaby, Braun) als Träger zur Nachrichtensendung angewendet, also seit etwa 40 Jahren, und niederfrequente Wechselströme (300 Hertz und mehr) werden seit etwa 10 Jahren zur Leitungstelegraphie gebraucht.

Sollen bei Benutzung von Wechselstrom als Träger die Signale verzerrungsfrei in der Modulationskurve des Trägerstromes abgebildet werden, so gilt allgemein, daß die Frequenz f der Signale gegen die Frequenz F des Trägerstromes verschwindet, eine Forderung, die nur annäherungsweise einzuhalten ist. Es müßte sein:

$$f : F = 1 : \infty . \tag{83}$$

Die technisch mögliche Annäherung genügt oft in so hohem Grade, daß praktisch eine Verzerrung nicht mehr bemerkt wird. Oft muß aber auch eine gewisse Verzerrung, die merklich ist, zumal bei telephonischen Übermittlungen, in Kauf genommen werden; je höher die zu übertragenden akustischen Frequenzen sind, um so mehr wachsen die Schwierigkeiten, sie mittels Wechselstrom verzerrungsfrei darzustellen.

Das Gesetz (83) kann an einem Beispiel grob sinnbildlich gemacht werden. Soll mittels eines Wechselstromes ein telegraphisches Signal, z. B. ein Morsestrich oder -punkt, abgebildet werden und fällt die Signalgebung gerade in die Zeit, in der der Phasenwert des Wechselstromes gleich Null ist, so ist das Signal nicht kenntlich zu machen; der Phasenwert Null der Trägerfrequenz kann auch, falls sie nicht groß genug ist, mitten in einen Strich fallen, der dadurch verstümmelt wird usw.

Die Abbildung telegraphischer Signale (Striche und Punkte) mittels Wechselstromes als Träger ist weit einfacher als die Abbildung telephonischer Signale, denn bei ersteren ist die Signalamplitude entweder Null oder sie besitzt einen konstanten Wert; das bedeutet, daß der Trägerstrom entweder zu verschwinden oder während der Signaldauer seine Amplitude nicht zu verändern hat; der

Wechselstrom springt von Null auf den dem „Geber" eigenen konstanten Effektivwert und umgekehrt. Zur deutlichen Kenntlichwerdung der Signale genügt schon eine sehr grobe Annäherung an das Gesetz (83); ist z. B. die Signalfrequenz 50 Hertz (wird bei Maschinentelegraphiegebern nicht erreicht), so genügt bereits eine Trägerfrequenz von 300 Hertz.

Sehr viel schwieriger zu erfüllen sind die Forderungen, die die Abbildung telephonischer Signale stellt. Hier handelt es sich stets darum, eine Reihe von Signalfrequenzen in den verschiedensten Amplituden gleichzeitig abzubilden, wobei die Frequenzen gegenüber denen, die die Telegraphie benutzt, außerordentlich hoch sind. Die akustischen Frequenzen fallen bekanntlich in den Bereich etwa 16 bis 10000 Hertz, — die Grenzen sind nicht scharf und auch individuell sehr verschieden —, wobei die Sprache ein weit kleineres Frequenzband einnimmt als die Stimme musikalischer Instrumente. Geber, die reine Sprechsendungen übermitteln sollen, brauchen daher die Bedingung (83) weniger angenähert zu erfüllen als solche, die musikalische Darbietungen in allen ihren Feinheiten zu übertragen haben. Zur Übermittlung von Sprache, sobald sie nur verständlich bleiben soll, darf die Annäherung sehr grob sein; bei Übermittlung von Ferngesprächen auf langen Leitungen z. B. benutzt die Reichspost heute schon Trägerfrequenzen von 10000 Hertz, die mittels Röhrengeneratoren erzeugt werden; zur Verständlichwerdung der Vokale genügt diese Frequenz, die Konsonanten müssen oft dem Sinne nach ergänzt werden, wie das im Fernsprecher stets geschieht; Fremdwörter und selten vorkommende Wörter (Namen usw.), bleiben daher oft unverständlich.

Sollen aber Sprechsendungen oder gar musikalische Sendungen klangrein gegeben werden, so genügen Frequenzen von 10000 Hertz auch nicht annähernd, und es ergibt sich aus der Forderung des Gesetzes (83), daß zur hinreichend guten Abbildung dieser „Signale" nur hochfrequente Wechselströme benutzt werden können; daß solche Frequenzen außerdem zur drahtlosen Sendung (Rundfunk) allein fähig sind, ist eine Eigentümlichkeit, die mit der abgeleiteten Forderung nicht zusammenhängt. Frequenzen von 150000 Hertz und darunter (entsprechend einer Wellenlänge 2000 m und darüber) sind zur klangreinen Abbildung musikalischer Darbietungen nicht mehr brauchbar, wie sich erwiesen hat.

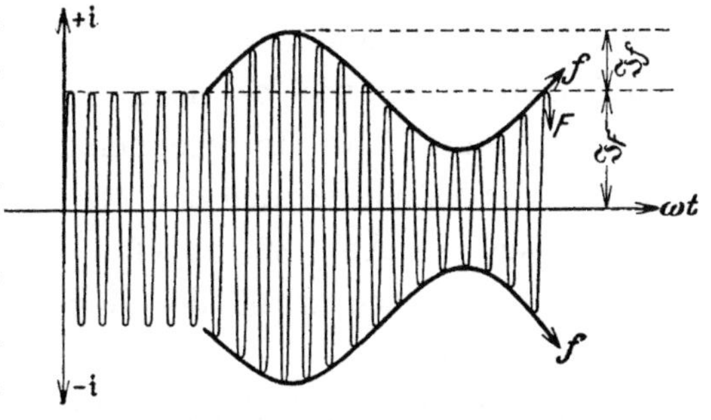

Abb. 80. Sinusförmig mit der Frequenz f modulierte Hochfrequenz F. $f : F = 1 : 10$; $\mathfrak{J}_f : \mathfrak{J}_F = 1 : 2$.

Außer der möglichst angenähert zu erfüllenden Forderung (83) hat bei telephonischen Abbildungen oder kurz gesagt bei Telephoniemodulation der Trägerwechselstrom noch weitere Bedingungen zu erfüllen, wenn die nötige Verzerrungsfreiheit gewährleistet sein soll. Es sei F (Abb. 80) die Frequenz des Trägerwechselstromes, f die Frequenz des abzubildenden Tones, wobei als vereinfachende Bedingung zunächst angenommen sei, daß der Ton sinusförmig ist. Die Amplitude des nichtmodulierten Trägerstromes sei $\mathfrak{J}_F$, die Amplitude der Modulation $\mathfrak{J}_f$, dann heißt:

$$\frac{\mathfrak{J}_f}{\mathfrak{J}_F} \text{ der Modulationsgrad des Trägerstromes.} \tag{84}$$

Mit wachsendem Modulationsgrad wächst die Amplitude des abgebildeten Tones, die nicht größer als $\mathfrak{J}_F$ werden kann, da in diesem Falle der Trägerstrom im Scheitelwert $-\mathfrak{J}_f$ den wahren Wert Null hat; für den positiven Scheitelwert $\mathfrak{J}_f$ wird dann der wahre Wert des Trägerstromes gleich $2\mathfrak{J}_F$. Zwischen den Grenzen Null und $2\mathfrak{J}_F$ kann der Trägerstrom „ausgesteuert" werden, wenn der Ton noch verzerrungsfrei abgebildet werden soll; diese Grenzen dürfen nur dann erreicht werden, wenn die Tonschwingung ihren negativen bzw. positiven Scheitelwert hat. Die Aussteuerung bis zum Modulationsgrad $\mathfrak{J}_f/\mathfrak{J}_F = 1$ (100%) erfolgt in der Regel nur selten, denn es ist zu bedenken, daß nur die größten zu übertragenden Lautstärken diesem Modulationsgrad entsprechen dürfen. Die „mittlere" Lautstärke (z. B. eines Orchesters) entspricht einem kleineren „mittleren" Aussteuerungsgrad, der bei den Rundfunksendern etwa 15 bis 20% beträgt.

Da die vom Strom abgegebene Leistung mit dem Quadrat der Amplitude ansteigt, die Zunahme der Signalamplitude aber linear mit der Stromamplitude erfolgt, so ergibt sich, daß die in den Schwingungskreis zu gebende Leistung (von der Röhre und von der Maschine an diese) mit dem Quadrat der Signalamplitude wächst, woraus sich die großen Dimensionen der heutigen Rundfunksender erklären.

Abb. 80 zeigt, daß die Tonkurve stets oberhalb und unterhalb der Nulllinie, also durch die positiven und negativen Scheitelwerte des Trägerwechselstromes, abgebildet wird; daraus ergibt sich der Zwang, durch irgendwelche technischen Maßnahmen die hochfrequenten Ströme in einer Richtung auszulöschen oder, wie es nach allgemeinem Sprachgebrauch zweifellos nicht richtig heißt, „die Hochfrequenz gleichzurichten", wenn die Tonkurve einmalig dargestellt werden soll (vgl. Abschnitt 5). Die Frequenzen F und f verhalten sich in Abb. 80 ungefähr wie 10:1, ein Verhältnis, das in der Praxis weit überschritten wird; der Modulationsgrad ist in der Darstellung zu 50% gewählt worden.

Eine nachfolgende Rechnung zeigt, daß die Modulation der Hochfrequenzschwingung F durch die Niederfrequenzschwingung f aufzufassen ist als eine Überlagerung von drei hochfrequenten Schwingungen der Frequenzen $F+f$, F und $F-f$. — Es seien:

$$\mathfrak{i}_1 = \frac{\mathfrak{J}_f}{2} \sin \omega_1 t\,,$$

$$\mathfrak{i} = \mathfrak{J}_F \sin \omega t\,,$$

$$\mathfrak{i}_2 = \frac{\mathfrak{J}_f}{2} \sin \omega_2 t$$

die Augenblickswerte dreier hochfrequenter Schwingungen, wobei die Festsetzung getroffen sei:

$$\omega_1 = 2\pi(F + f)\,,$$
$$\omega = 2\pi F\,,$$
$$\omega_2 = 2\pi(F - f)$$

und

$$\mathfrak{J}_F \geqq \frac{\mathfrak{J}_f}{2}\,.$$

Dann ist:

$$\mathfrak{i}_1 + \mathfrak{i}_2 = \frac{\mathfrak{J}_f}{2}\sin\omega_1 t + \frac{\mathfrak{J}_f}{2}\sin\omega_2 t = \frac{\mathfrak{J}_f}{2}(\sin\omega_1 t + \sin\omega_2 t)\,,$$

ein Ausdruck, der sich nach der bekannten Summenformel der Sinus umformen läßt in:

$$\mathfrak{i}_1 + \mathfrak{i}_2 = \mathfrak{J}_f \sin\frac{\omega_1 + \omega_2}{2}t\cos\frac{\omega_1 - \omega_2}{2}t$$
$$= \mathfrak{J}_f \sin(2\pi F t)\cos(2\pi f t)\,.$$

Die Überlagerung dieser resultierenden Schwingung mit der dritten Schwingung $\mathfrak{i} = \mathfrak{J}_F \sin\omega t$ ergibt:

$$\left.\begin{aligned}\mathfrak{i} + \mathfrak{i}_1 + \mathfrak{i}_2 &= \mathfrak{J}_F \sin(2\pi F t) + \mathfrak{J}_F \sin(2\pi F t)\cos(2\pi f t)\\ &= \sin 2\pi F t[\mathfrak{J}_F + \mathfrak{J}_f\cos(2\pi f t)]\,.\end{aligned}\right\} \qquad (85)$$

Die Gl. (85) wird dargestellt durch den Stromverlauf $\mathfrak{i}$ nach Abb. 80 als Funktion des Zeitwinkels ωt; es ist daher die mit der niederfrequenten Schwingung der Frequenz f modulierte hochfrequente Schwingung der Frequenz F tatsächlich zusammengesetzt zu denken aus drei einzelnen Schwingungen, von denen die Trägerfrequenz F die Amplitude $\mathfrak{J}_F$, die seitenfrequenten Schwingungen $(F + f)$ und $(F - f)$ je die Amplitude $\mathfrak{J}_f/2$ besitzen, wenn $\mathfrak{J}_f/\mathfrak{J}_F$ der Modulationsgrad der Trägerschwingung ist.

Für Telephoniemodulation ist die Annahme, daß die Trägerfrequenz mit einer einzigen niederfrequenten Schwingung moduliert sei, durchaus falsch; vielmehr nehmen stets eine sehr große Zahl von akustischen Frequenzen mit den verschiedensten Amplituden an der Modulation teil, so daß ein ganzes Frequenzband entsteht, dessen Grenzen zwischen den Frequenzen $(F + 10000)$ und $(F - 10000)$ Hertz liegen; dieses gesamte Frequenzband wird vom Rundfunksender ausgestrahlt und muß vom Empfänger, falls die Wiedergabe sendegetreu sein soll, verzerrungsfrei abgebildet werden, eine Aufgabe, deren Lösung die größten Schwierigkeiten macht[1]. Der „Frequenzabstand" der einzelnen benachbarten Telephoniesender muß 20000 Hertz sein, wenn sich die Sender gegenseitig nicht stören sollen; da akustische Schwingungen über 4500 Hertz verhältnismäßig selten und ihre Amplituden klein sind, hat man den Abstand der europäischen Rundfunksender notgedrungen auf nur 9000 Hertz festgesetzt, da ihre Zahl auf den zur Verfügung stehenden Wellenbereichen sonst nicht unterzubringen ist. Vorkommende Überlagerungen können im Empfänger ausgesiebt, d. h. das zu empfangende Frequenzband kann durch sog. „Bandfilter" beliebig begrenzt werden, was naturgemäß nur auf Kosten der Güte der Wiedergabe zu erreichen ist.

[1] Vgl. den auf S. 90 (Fußnote) erwähnten Bericht des Verf.

2. Die Telephonieschaltungen der Röhrensender.

a) Die Gittermodulation.

Nach diesen mehr allgemeinen Ausführungen seien im folgenden die Verfahren und Schaltungen angegeben, nach denen die „Besprechung“ der Röhrensender geschieht. Für alle Schaltungen gilt grundsätzlich, daß nach Abb. 80 die Amplituden der Hochfrequenzschwingung die niederfrequente Modulationskurve „abzutasten“ haben, so daß sie den Augenblickswert der Tonschwingung angeben; besitzt diese den Augenblickswert Null oder, falls nicht gesprochen wird, den

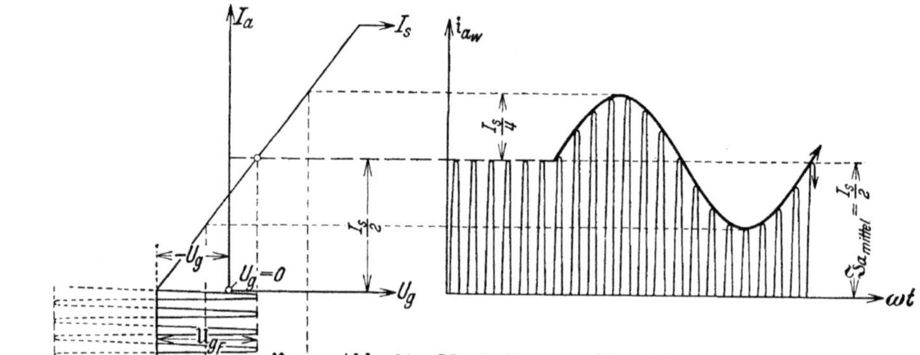

Abb. 81. Modulierter Hochfrequenzwechselstrom der Röhre.

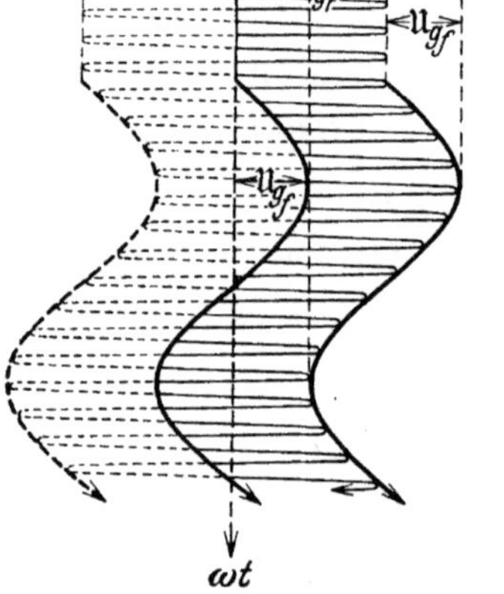

Dauerwert Null, so hat die Amplitude der Hochfrequenzschwingung einen Mittelwert $\mathfrak{J}_F$, um den symmetrisch nach oben und unten (vgl. Abb. 80) die modulierten Amplituden schwanken.

Es gibt drei Modulationsmethoden, von denen die in Deutschland übliche zunächst und am ausführlichsten behandelt werden soll; sie heißt „Gittermodulation“, weil die Steuerung durch Beeinflussung am Gitter der Röhre geschieht, die in ihrem Anodenkreis die modulierten Schwingungen erzeugt. Der mittleren Schwingungsamplitude, vorher allgemein $\mathfrak{J}_F$ genannt, entspricht ein mittlerer Wert der Amplitude des Schwingkreisstromes $\mathfrak{J}_{res.\,mittel}$, und diesem wieder eine mittlere Amplitude $\mathfrak{J}_{a\,mittel}$ des Anodenstromes, um den die Amplituden $\mathfrak{J}_a$ bei einsetzender Modulierung schwanken (Abb. 81). Dem maximalen Wert 2 $\mathfrak{J}$ der Abb. 80 entspricht der Wert 2 $\mathfrak{J}_{res.\,mittel}$ im Schwingungskreis und der Wert 2 $\mathfrak{J}_{a\,mittel}$ im Anodenkreis der Röhre; es wird 2 $\mathfrak{J}_{a\,mittel} = I_s$ (Sättigungsstrom), wenn eine ideale Charakteristik der Röhre vorausgesetzt wird, wie es in Abb. 81 geschehen ist. Da die natürlichen Kurven aber oben und unten gekrümmt verlaufen, können sie nicht vollständig benutzt werden, wenn Verzerrungen der Modulationskurve vermieden werden sollen[1]. Die Amplituden $\mathfrak{J}_{res.}$ wachsen proportional den Amplituden $\mathfrak{J}_a$, da der Wechselstrom-

[1] Bei den großen Röhren ist aber der Knick sehr scharf (vgl. Abb. 26).

widerstand $\mathfrak{R}_a$ konstant ist[1]; erstere sind entsprechend der Gl. (71) um $\omega L_a/R$ größer.

In der Abb. 81 links sind die Vorgänge am Gitter der modulierten Röhre gekennzeichnet; sobald die Röhre nicht besprochen wird, steuert die Hochfrequenzamplitude $\mathfrak{U}_{gF}$ der Gitterwechselspannung, die ein Generator erzeugt, die Kennlinie bis zum Anodenstromwert $I_s/2$ aus; setzt die Modulation ein, so wird der Arbeitspunkt der Hochfrequenzamplitude gewissermaßen im Sinne der Modulationsspannung $\mathfrak{u}_{gf}$ mit der Amplitude $\mathfrak{U}_{gf}$ verschoben, während die Amplitude $\mathfrak{U}_{gF}$ konstant bleibt. Fällt die hochfrequente Wechselspannung ganz aus, so bewirkt die konstante Gittervorspannung $-U_g$ sofort einen Rückgang des Anodenstroms auf den Wert Null. Der Modulationsgrad ist hier wie in Abb. 80 zu 50% angenommen.

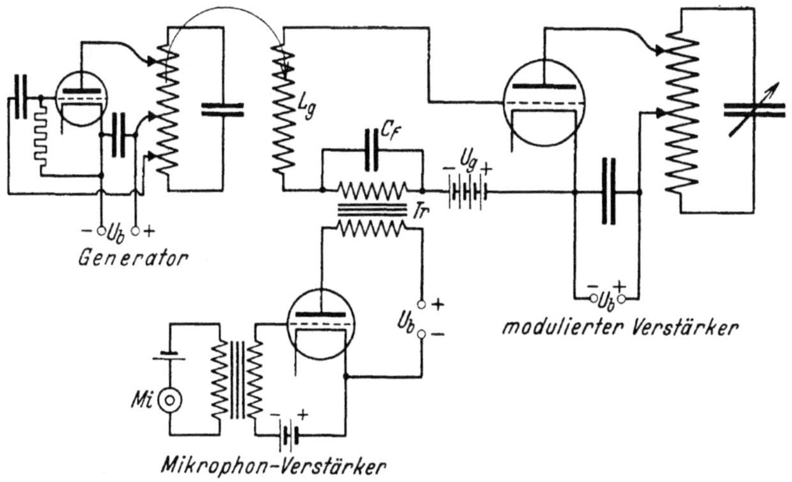

Abb. 82. Schaltung eines fremderregten Telephonie-Hochfrequenzgenerators mit Gitterbesprechung.

Da, wie bereits erwähnt, der mittlere Modulationsgrad verhältnismäßig gering ist, ist die Ausnutzung und daher auch der Wirkungsgrad der modulierten Röhre notwendigerweise schlecht, so daß weitaus der größere Teil der zugeführten elektrischen Leistung als Anodenverlustleistung die Röhre erwärmt, ein großer Nachteil gegenüber den Telegraphiesendern, die mit weit größerem Wirkungsgrad arbeiten können (vgl. S. 60).

Eine Schaltung, nach welcher man die Gittermodulation in der beschriebenen Weise vornehmen kann, zeigt Abb. 82. Ein kleiner Röhrengenerator, der die Trägerfrequenz in beliebiger Schaltung erzeugt, — hier ist die Dreipunktschaltung gewählt —, erregt über eine Spule L_g das Gitter der folgenden Röhre. In Reihe zu dieser Spule ist eine Vorspannungsbatterie U_g und die Sekundärspule eines Sprechtransformators *Tr*. mit Hochfrequenzkondensator C_F gelegt, an dessen Primärseite ein Mikrophon (in der Regel wie in Abb. 82 noch über einen Mikrophonverstärker) angeschlossen ist. Die zweite Röhre wirkt lediglich als Verstärker.

[1] Es ist dafür zu sorgen, daß die Resonanzkreise genügende Dämpfung erhalten, weil $\mathfrak{R}_a$ sonst frequenzabhängig schon im kleinen Bereich $(F + f)$ bis $(F - f)$ wird.

Mit einem Versuchsaufbau nach Abb. 82 mit kleinen Röhren (RE 134), dessen Erörterung den zur Verfügung stehenden Raum überschreitet, lassen sich Telephonieversuche recht hübsch ausführen.

Die Modulation der deutschen Sender erfolgt nach dem beschriebenen Prinzip, doch wird die Vorspannung $-U_g$ nicht durch eine Batterie erzeugt, sondern durch eine Röhre, die als „Ableitungswiderstand" R_g (vgl. S. 88) wirkt, dessen Größe sich im Sinne der Sprechspannungen verändert. Abb. 83 zeigt die Schaltung, die von W. Schäffer angegeben und als „Gittergleichstrommodulation" bezeichnet worden ist. Die Modulationsröhre liegt mit ihrer Kathode am Gitter, mit ihrer Anode an der Kathode der zu modulierenden Röhre, an Gitter und

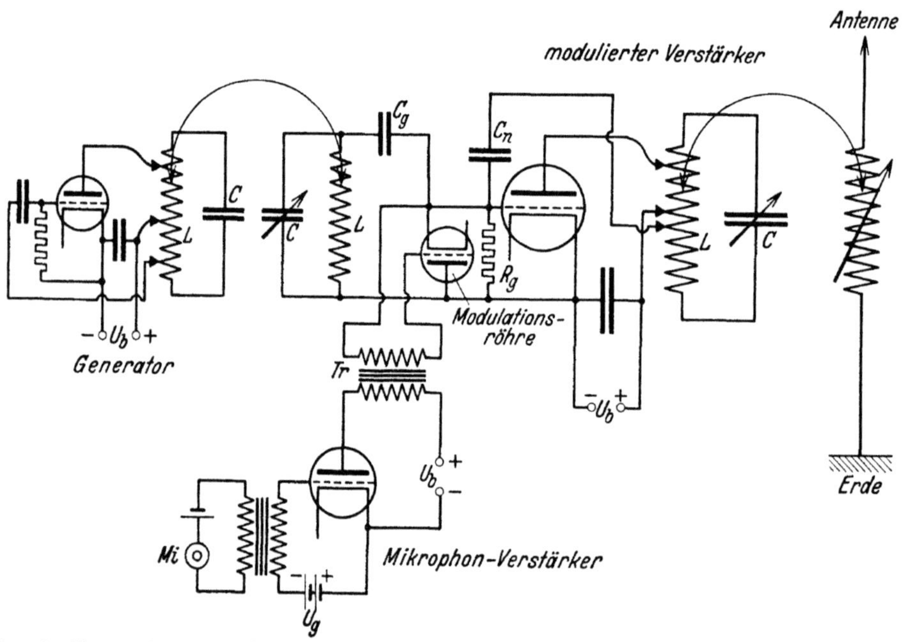

Abb. 83. Aufbau eines nach dem Gittergleichstromverfahren modulierten Rundfunksenders.

Kathode der Modulationsröhre ist der Sprechtransformator *Tr.* angeschlossen; er ist wie vorhin in Abb. 82 in den Anodenkreis eines Mikrophonverstärkers gelegt. Parallel zur Modulationsröhre ist noch ein Ableitungswiderstand R_g geschaltet, der jedoch nur die (nebensächliche) Aufgabe zu erfüllen hat, dafür zu sorgen, daß die Vorspannung der modulierten Röhre im Falle der Übersteuerung der Modulationsröhre nicht zu groß wird. Generator und modulierte Röhre sind nicht wie vorhin nur durch eine Spule gekoppelt, sondern der Gitterkreis der erregten Röhre ist ebenfalls ein Schwingungskreis, der auf den Generatorkreis abzustimmen ist. Man hat dadurch den Vorteil, daß Rückwirkungen vom erregten Kreis her auf den Generator besser vermieden werden können als vorher, weil die Kopplung loser werden kann; die modulierte Röhre muß jetzt neutrodynisiert werden (vgl. S. 90). An den letzten Kreis (Anodenkreis der modulierten Röhre), dessen Frequenz ebenfalls dem Produkt LC entspricht, wird der Antennenkreis gekoppelt, der die modulierten Ströme in ein Trägerfeld umwandelt, das, in gleicher Weise moduliert, sich im Raume fortpflanzt.

Der Aufbau der großen Rundfunksender. Der Aufbau der großen Rundfunksender gestaltet sich außerordentlich schwierig, weil sehr große Leistungen ausgestrahlt werden müssen, die, wie erläutert, wegen des schlechten Wirkungsgrades der Röhren bei Telephonie einen unverhältnismäßig großen Primäraufwand an elektrischer Leistung erforderlich machen. Nach internationaler Übereinkunft gilt als Maß für die abgegebene Leistung eines Telephoniesenders die von der Antenne des Senders in unbesprochenem Zustand aufgenommene elektrische Leistung; wenn dazu noch der Modulationsgrad angegeben wird, so ist die in jedem Augenblick aufzuwendende Energiezuführung bekannt. Die Antennenleistung der neuen Großsender beträgt oft schon mehr als 100 Kilowatt; daß eine so große Leistung unerwünschte Rückwirkungen auf die vorliegenden Kreise ausübt, wenn nicht große Vorsichtsmaßregeln getroffen werden, ist begreiflich: Es treten wilde Schwingungen auf, es finden unerwünschte Rückkopplungen statt und es machen sich Frequenz- und Amplitudenänderungen bemerkbar, wenn nicht zahlreiche Glieder in den Aufbau geschaltet sind, die das alles verhindern. Der Hochfrequenzgenerator eines großen Senders besteht aus einem Gerät kleinster Leistung (1 Watt), dessen Frequenz genau konstant gehalten wird, und das vor Rückwirkungen der folgenden Kreise peinlich geschützt werden muß. Da das auch für alle folgenden Kreise gilt, werden alle Kopplungen zur folgenden „Stufe“ nur lose gewählt, so daß verhältnismäßig viele Stufen nötig sind, weil der Schritt zur größeren Leistung nur klein ist (etwa 1:10). Die auf den Generator folgenden Stufen arbeiten nur als Verstärker, so daß der „Sender“ technisch nichts weiter ist als ein großer Verstärker. Nach der vierten Stufe findet die Modulation statt, so daß die fünfte, sechste und siebente Stufe moduliert sind; letztere arbeitet auf die Antenne. Die siebente Stufe besitzt zwei Röhren mit einer Leistung von je 150 Kilowatt, die im Gegentakt geschaltet sind, wodurch die geradzahligen Oberwellen automatisch ausfallen (vgl. S. 92); die ungeradzahligen Oberwellen werden durch Zwischenkreise unterdrückt. Der Sprechtransformator wird über einen Röhrenverstärker betrieben (Hauptverstärker), der im Raum des Senders untergebracht ist; vor ihm liegen in der Regel noch einige Verstärker (Vorverstärker), so daß ein langer Weg vom Mikrophon zum Sender führt. Es ist klar, daß eine so riesige Anlage eine Unsumme von technischen Einrichtungen erforderlich macht, deren genaue Kenntnis nur dem Fachmann vertraut sein kann.

b) Die Anodenmodulation.

Im Auslande wird eine andere Art der Modulationsschaltung viel benutzt, die ausgezeichnete Ergebnisse liefert und nach ihrer Arbeitsweise „Anodenmodulation“ genannt wird, sie ist von L. Kühn angegeben[1]; ihr Aufbau soll kurz beschrieben werden (Abb. 84). Die Röhre S besorgt wie bisher die Er-

[1] Sie wird vielfach als „Heysing-Latour-Schaltung“ bezeichnet, mit Unrecht, da sie in Deutschland zur gleichen Zeit von L. Kühn angegeben und praktisch in den Sendern der Dr. Erich F. Huth G. m. b. H. eingeführt wurde.

zeugung (bzw. die Verstärkung) der hochfrequenten Schwingungen. Zu ihrer Anode und Kathode parallel ist eine zweite Röhre *M* gleicher Größe geschaltet, an deren Gitter und Kathode der Sprechtransformator Tr. gelegt ist. Den Übertritt von hochfrequenten Strömen zu dieser Röhre verhindert die Hochfrequenzdrosselspule $Dr._F$. In die Zuleitung zur Betriebsspannungsquelle ist eine zweite Drosselspule $Dr._f$ geschaltet, die den Übertritt von niederfrequenten Wechselströmen verhindert; sie besitzt daher weit größere Abmessungen als die Hochfrequenzdrosselspule $Dr._F$ und ist eine Eisenkernspule. Wird die Modulationsröhre *M* besprochen, so ändert sich ihr Anodenstrom im Sinne der Besprechung, d. h. sie gibt einen niederfrequenten Wechselstrom ab, der sich jedoch über die Niederfrequenzdrosselspule und über den kleinen Kondensator C_F nicht ausgleichen kann. Die niederfrequenten Wechselströme laufen daher über die Senderöhre und erhöhen bzw. erniedrigen deren Anodenstrom im Sinne der Besprechung. Die Niederfrequenzdrosselspule sorgt dafür, daß der Anodenstrom beider Röhren zusammen stets der gleiche bleibt, es ist $I_M + I_S =$ konst. Wird der Widerstand der Modulationsröhre *M* infolge ihrer Besprechung größer, so nimmt die Senderöhre von dem Summenstrom mehr auf als *M*, im anderen Falle ist das Umgekehrte der Fall. Die Erhöhung des Anodenstromes in der Senderöhre *S* ruft auch einen erhöhten Schwingkreisstrom hervor, d. h. der Schwingkreisstrom (bzw. der Antennenstrom) wird im Sinne der Gitterbesprechung der Modulationsröhre *M* moduliert. Auch die Anodenbesprechung läßt sich mit kleinen Röhren gut zeigen.

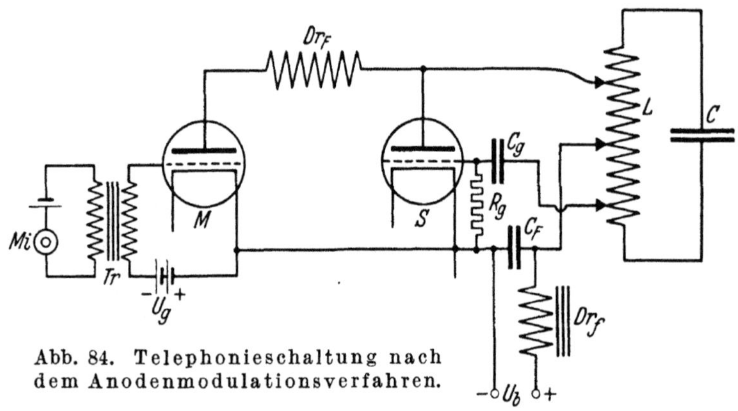

Abb. 84. Telephonieschaltung nach dem Anodenmodulationsverfahren.

Fünfter Abschnitt.

Die Röhre als Demodulator.

(Richtverstärker, Audion, Schwingaudion.)

A. Theorie.

1. Zweck und Art der Gleichrichtung.

Das von der Antenne eines Senders ausgestrahlte Feld verliert mit wachsender Entfernung vom Sender an Intensität, behält jedoch im übrigen seinen Charakter bei, die Verhältnisse der Modulationsamplituden und die Frequenzen des Feldes bleiben ursprungsgetreu, so daß es möglich ist, im Empfänger die Vorgänge, die den Sender beeinflußt haben, verzerrungsfrei wieder darzustellen, wenn der Empfänger selbst verzerrungsfrei arbeitet. Man nennt diese Rückwandlung „Demodulation“, als Instrument hierzu dient heute ausschließlich die Röhre in ihrer Eigenschaft als „Gleichrichter“. Bevor die beiden Verfahren der Gleichrichtung erläutert werden, mögen kurz die Gründe angegeben werden, die eine Gleichrichtung notwendig machen.

Die schwachen Hochfrequenzamplituden, die am Orte des Empfängers vorhanden sind, seien durch einen linearen Hochfrequenzverstärker wieder so weit erhöht, daß im Anodenkreis der Röhre, die die Demodulation vornehmen soll, ein hinreichend starker Wechselstrom vorhanden ist. Als Beispiel eines modulierten Wellenzuges sei die einfache Form der Abb. 80 angenommen, die Hochfrequenzamplituden im Schwingungskreise des Empfängers sowohl der Spannung wie des Stromes bilden danach wie im modulierten Schwingungskreis des Senders die Modulationskurve oberhalb und unterhalb der Nullinie symmetrisch ab; irgendeine nach außen hin merkbare Wirkung der niederfrequenten Wechsel auf ein Instrument, das Spannung oder Strom anzeigt, kann nicht erfolgen, da eine Erregung stets in beiden Richtungen gleichzeitig mit gleicher Amplitude stattfindet; nur ein Instrument, das Leistungsänderungen anzeigt, z. B. ein Hitzdrahtinstrument oder eine Glühlampe bei hinreichend kleiner Frequenz der Wechsel, wäre als Indikator geeignet. Eine Röhre spricht bei Erregung an ihrem Gitter nur auf Spannungsänderungen, ein Telephon oder ein Lautsprecher nur auf Änderungen der Stromamplitude an (wie übrigens auch das menschliche Ohr), und daraus ergibt sich die Notwendigkeit, bei Übergang auf die Modulationsfrequenz die eine Kurve der Modulation auszulöschen oder, wie der Sprachgebrauch lautet, die Hochfrequenz „gleichzurichten“[1], um die niederfrequenten Schwankungen der hochfrequenten Amplituden durch Instrumente, die nur je eine Amplitudenart aufzuzeichnen vermögen, darstellen zu können.

Handelt es sich um die Wiedergewinnung eines telegraphischen Signals im Empfänger, so genügt die Gleichrichtung allein noch nicht, um das Signal hörbar zu machen, denn die Amplitude der Hochfrequenz innerhalb eines Zeichens (Strich oder Punkt) ist ja konstant, so daß das Signal auch nach der Gleichrichtung unhörbar bleiben würde. Es ist deswegen zum Empfang solcher Signale ein experimenteller Kunstgriff notwendig, der darin besteht, daß in den Empfänger ein kleiner Hochfrequenzgenerator eingebaut ist, der eine von der zu empfangenden Frequenz F_1 um eine niederfrequente, also hörbare Frequenz abweichende hochfrequente Schwingung F_2 erzeugt. — Es seien:

$$\mathfrak{i}_1 = \mathfrak{J}_1 \sin\omega_1 t = \mathfrak{J}_1 \sin 2\pi F_1 t$$

und

$$\mathfrak{i}_2 = \mathfrak{J}_2 \sin\omega_2 t = \mathfrak{J}_2 \sin 2\pi F_2 t$$

[1] Die Bezeichnung „Gleichrichtung“ ist also eigentlich ganz falsch, da es sich stets um eine Auslöschung bei diesen Vorgängen handelt im Gegensatz zu den Gleichrichtern in der Starkstromtechnik, die wirklich die Richtung der zweiten Stromhälfte umkehren.

die Augenblickswerte der beiden sich überlagernden Schwingungen, wenn $\mathfrak{J}_1$ und $\mathfrak{J}_2$ ihre Amplituden sind, wobei $\mathfrak{J}_1 = \mathfrak{J}_2 + \mathfrak{J}_0$; $F_1 > F_2$. Der Augenblickswert der Summe beider Schwingungen ist dann gegeben durch den Ausdruck:

$$\mathfrak{i}_1 + \mathfrak{i}_2 = \mathfrak{J}_1 \sin\omega_1 t + \mathfrak{J}_2 \sin\omega_2 t = \mathfrak{J}_0 \sin\omega_1 t + \mathfrak{J}_2(\sin\omega_1 t + \sin\omega_2 t),$$

der sich nach der Summenformel der Sinus umformen läßt:

$$\begin{aligned}\mathfrak{i}_1 + \mathfrak{i}_2 &= \mathfrak{J}_0 \sin\omega_1 t + 2\,\mathfrak{J}_2 \sin\frac{\omega_1 + \omega_2}{2} t \cos\frac{\omega_1 - \omega_2}{2} t \\ &= \mathfrak{J}_0 \sin 2\pi F_1 t + 2\,\mathfrak{J}_2 \sin\frac{F_1 + F_2}{2} 2\pi t \cos\frac{F_1 - F_2}{2} 2\pi t.\end{aligned}$$

Die Überlagerung zweier hochfrequenter Schwingungen F_1 und F_2 ergibt demnach eine neue Schwingung mit der Schwingungszahl $\frac{F_1 + F_2}{2}$, die durch die Frequenz $\frac{F_1 - F_2}{2}$ moduliert ist. Die modulierende Frequenz verläuft cosinusförmig, und da der Cosinus während einer ganzen Periode zweimal durch Null geht, erreicht die Amplitude $2\,\mathfrak{J}_2$ zweimal während der Zeitdauer einer Periode den Wert Null, d. h. sie erscheint durch die Frequenz $(F_1 - F_2)$ moduliert (Schwebungsgesetz). Die Amplitude der Schwebung erreicht die zweifache Amplitude der feldschwächeren Schwingung $\mathfrak{J}_2$; der Rest $\mathfrak{J}_0$ bleibt für die Schwebung belanglos und behält die ursprüngliche Frequenz F_1. Es ist natürlich gleichgültig, ob die ankommende oder die erzeugte Schwingung mit größerer Amplitude angenommen wird. Die niederfrequente Schwebung $(F_1 - F_2)$ kann nicht gehört werden, weil ihre hochfrequenten abtastenden Amplituden ebenso wie bei Telephoniemodulation oberhalb und unterhalb der Nullinie die gleichen Werte erreichen, ihre Sichtbarmachung wäre daher auch nur durch Leistungsempfänger (Glühlampe) möglich. Auch für den Empfang telegraphischer Signale ergibt sich daher nach ihrer Verwandlung in niederfrequente Schwebung die Notwendigkeit der Gleichrichtung, wobei allerdings an die Genauigkeit der Gleichrichtung weit weniger hohe Ansprüche gestellt zu werden brauchen als bei der Demodulation von Telephoniesendungen.

Die Gleichrichtung mittels der Röhre erfolgt nach zwei Verfahren, die beide Anwendung finden, und gemäß ihrer Art Anodengleichrichtung (Richtverstärker) und Gittergleichrichtung (Audion) genannt werden. Zuerst möge die Anodengleichrichtung besprochen werden.

2. Die Anodengleichrichtung (Richtverstärker).

Die Anodengleichrichtung beruht auf der Eigenschaft der Röhre, Elektronen nur in der Richtung Kathode—Anode zu befördern, den Anodenstrom also nur in einer Richtung von der Anode zur Kathode fließen zu lassen. Wird an die Röhre eine Wechselspannung nach dem Schema der Abb. 85 gelegt, so kommt sie nur für die Phasenhälfte zur Wirksamkeit, für die die Anodenspannung positiv wird; die andere Phasenhälfte wird in dieser Beziehung ausgelöscht. Ob die Schaltung *a* oder *b* der Abb. 85 benutzt wird, ist im Prinzip gleichgültig, nur mengenmäßig verdient die Schaltung *b*, wie verständlich, den Vorzug. Die Röhre spielt hier die Rolle eines normalen Kristalldetektors[1]; die entstehenden Anodenströme wären proportional den Amplituden der Hochfrequenzspannung, wenn die Charakteristik völlig geradlinig (nach Form der Abb. 81) verlaufen würde, was ja nicht der Fall ist. Die durch ihre Krümmung entstehenden Abbildungsfehler (Verzerrungen) sollen weiter unten erläutert werden.

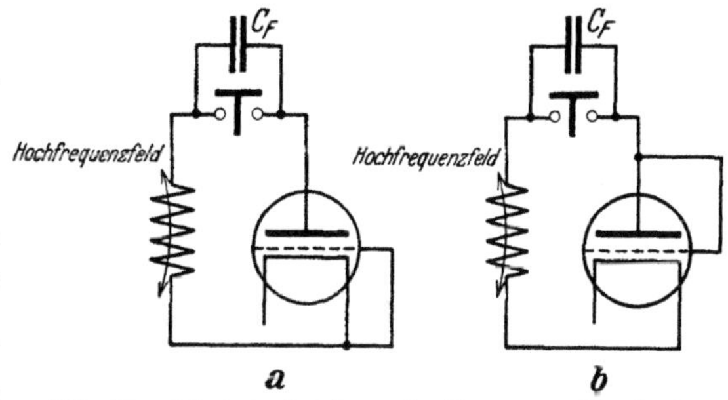

Abb. 85. Gleichrichterschaltungen der Röhre in Zweielektrodenschaltung (Fleming-Detektor.)

Die Schaltungen nach Abb. 85 sind verhältnismäßig unempfindlich; weit größere Wirkungen werden erzielt, wenn das Gitter der Röhre wieder als Steuergitter benutzt wird. Die Hochfrequenzspannung wird an Gitter und Kathode gelegt (Abb. 86), wodurch ihre Steuerwirkung um das $1/D$fache wächst (wenn die Anodenrückwirkung nicht berücksichtigt wird). An Anode und Kathode wird wie gewöhnlich die Betriebsspannung U_b gebracht, wobei im Anodenkreis im einfachsten Fall ein Abhörmittel (Telephon oder Lautsprecher), im anderen Fall ein Widerstand R_a bzw. $\mathfrak{R}_a$ zur weiteren Verstärkung der entstehenden Niederfrequenz liegt. Im Gitterkreis ist eine negative Vorspannung notwendig, die die Aufgabe hat, die wahre Gitterspannung stets $<$ Null zu halten, damit ein Gitterstrom nicht entstehen kann. Die Betriebsspannung U_b ist so zu bemessen, daß der untere Teil der Charakteristik als Arbeitsgebiet benutzt wird; die Bedeutung des Kondensators C_F wird weiter unten erörtert.

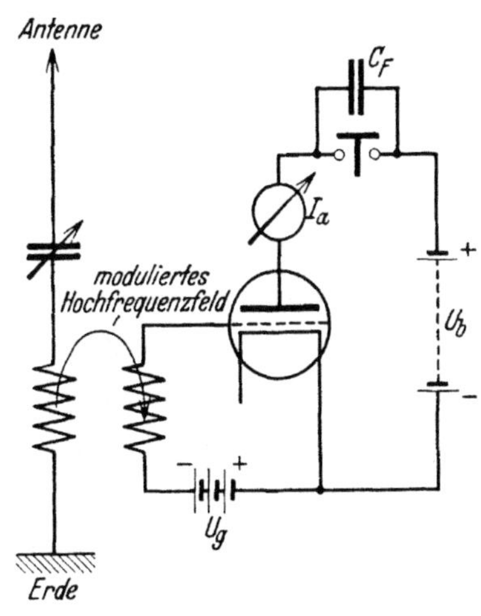

Abb. 86. Schaltung eines Richtverstärkers.

Die Auslöschung der negativen Phasenhälfte der Gitterwechselspannung, d. h. ihr Nichtkenntlichwerden im Verlauf des Anodenwechselstromes, ist in der einfachsten Form in Abb. 87 dargestellt. Die Charakteristik beginne unten mit einem scharfen Knick, und es sei eine sinusförmig verlaufende Wechselspannung beliebiger Frequenz f, deren Amplitude $\mathfrak{U}_g$ konstant sei, zwischen Gitter und Kathode der Röhre gelegt; der Arbeitspunkt der Wechselspannung sei der Anfangspunkt der Charakteristik; ein Anodenwiderstand R_a oder $\mathfrak{R}_a$ möge vorläufig fehlen. Der Anodenstrom verläuft dann für eine volle Periode, wie rechts in der Abb. 87 dargestellt ist, der Amplitude U_g entspricht die Amplitude $\mathfrak{J}_a$. Der Gleichstrom, den ein in

[1] I. A. Fleming hat solche Detektoren ohne Gitter zunächst aus einer einfachen Glühlampe hergestellt (1905). In der neuesten Zeit gewinnen die Flemingdetektoren (Zweielektrodenröhren) unter dem Namen „Dioden" in neuen Empfängern wieder Bedeutung.

den Anodenkreis der Röhre geschaltetes Instrument anzeigt, ist dann gegeben durch den Ausdruck:

$$\Delta I_a = f\int_0^{1/f} \mathfrak{i}_a\, dt\,,$$

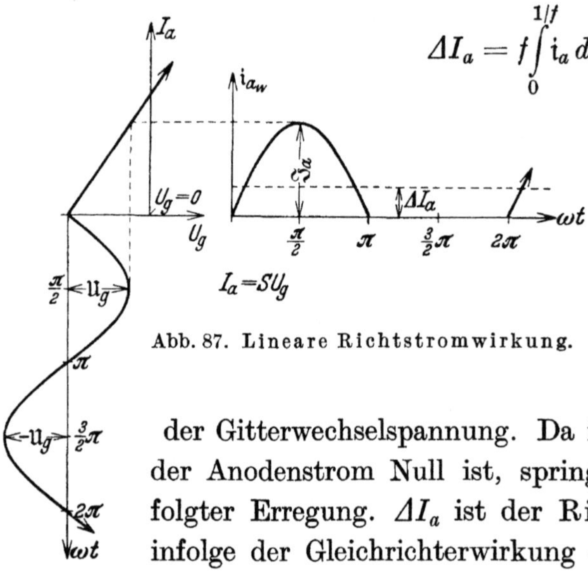

Abb. 87. Lineare Richtstromwirkung.

der in diesem besonderen Falle (da eine Phasenhälfte völlig ausfällt) die einfache Lösung hat:

$$\Delta I_a = f\int_0^{\frac{1}{2}\frac{1}{f}} \mathfrak{J}_a \sin 2\pi f t\, dt = \frac{\mathfrak{J}_a}{\pi}\,.$$

$1/f = \tau$ ist die Schwingungsdauer der Gitterwechselspannung. Da in unerregtem Zustande der Röhre der Anodenstrom Null ist, springt er um den Wert ΔI_a nach erfolgter Erregung. ΔI_a ist der Richtstrom, d. h. der Strom, der infolge der Gleichrichterwirkung der Röhre entsteht, wenn sie mit Wechselspannung erregt wird. Die Amplitude $\mathfrak{J}_a$ wird dabei aus der einfachen Beziehung gewonnen [vgl. Gl. (12)]:

$$\mathfrak{J}_a = S\,\mathfrak{U}_g\,.$$

Hieraus ergibt sich, daß bei dieser linearen Form der Charakteristik die Amplituden $\mathfrak{J}_a$ proportional der Amplitude $\mathfrak{U}_g$ wachsen, der Richtstrom nimmt daher ebenfalls proportional der Modulationsspannung zu; die Abbildung irgendeiner Modulationskurve erfolgt ohne Verzerrung.

Liegt ein Widerstand im Anodenkreis der Röhre, so wird die Steilheit der neuen Kennlinie infolge der Anodenrückwirkung kleiner als S, aber sonst tritt keine Änderung ein, d. h. die Abbildung erfolgt auch dann ohne Verzerrung.

Die Abbildung eines modulierten hochfrequenten Wellenzuges im Anodenkreis des Gleichrichters wird die Form des Anodenstromverlaufs Abb. 81 annehmen, die modulierte Niederfrequenzkurve ist vollkommen ursprungsgetreu.

Ist der Arbeitspunkt der Wechselspannung nicht in den Anfang der Charakteristik gelegt, sondern nach rechts verschoben (durch Verkleinern der konstanten negativen Vorspannung), so ist schon ohne Erregung der Röhre ein Gleichstrom I_a vorhanden; der Richtstrom, der sich nach erfolgter Erregung einstellt, ist dann gegeben durch die allgemeine Beziehung:

$$\Delta I_a = f\int_0^{1/f} \mathfrak{i}_a\, dt - I_a\,. \tag{86}$$

Es ist leicht einzusehen, daß die Richtwirkung, d. h. der Richtstrom, am größten ist, wenn der Arbeitspunkt auf $U_g = 0$ gelegt ist, und verschwindet, wenn $\mathfrak{J}_a = I_a$.

Praktisch verläuft, wie bekannt, die Charakteristik anfangs gekrümmt, so daß Linearität zwischen $\mathfrak{U}_g$ und $\mathfrak{J}_a$ nicht besteht. Es lassen sich bei der Aussteuerung des Anodenstromes des Richtverstärkers zwei Fälle unterscheiden:

1. Die modulierte Hochfrequenzgitterspannung ist so groß, das sie den Strom im geradlinigen Teil der Charakteristik steuert.
2. Die modulierte Hochfrequenzspannung ist so klein, daß sie den Anodenstrom nur im gekrümmten Teil der Charakteristik zu steuern vermag.

Der erste Fall ist in Abb. 88 dargestellt. Die Hochfrequenzgitterspannung ist in der Abbildung der Einfachheit halber durch parallele Geraden dargestellt, der Arbeitspunkt der Hochfrequenzspannung liegt im Anfang der Charakteristik. Die Modulation der Hochfrequenzspannung stellt die Kennlinie f dar, die sinusförmig angenommen sei. Die mittlere Amplitude des Anodenstromes ist $\mathfrak{J}_{a\,\mathrm{mittel}}$, die wegen der Anfangskrümmung der Charakteristik der Amplitude $\mathfrak{U}_{g\,\mathrm{mittel}}$ nicht proportional ist; die Änderungen $\Delta\mathfrak{J}_a$ jedoch sind den Änderungen $\Delta\mathfrak{U}_g$ proportional, solange der geradlinige Teil der Charakteristik nicht verlassen wird, denn es gilt dann die Beziehung:

$$\Delta\mathfrak{J}_a = S\,\Delta\mathfrak{U}_g$$

oder für Wechselspannungen:

$$\mathfrak{i}_a = S\,\mathfrak{u}_g\,.$$

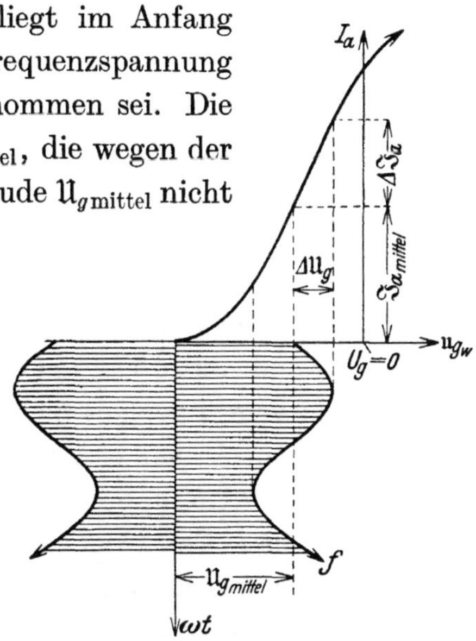

Abb. 88. Anodengleichrichtung bei hohen Gitterwechselspannungsamplituden.

Die Wechselspannungen, die der Anfangsröhre des Empfängers von der Antenne aufgedrückt werden können, sind stets sehr klein, sie lassen sich aber durch Hochfrequenzverstärkung so weit erhöhen, daß die Gleichrichterröhre nach Art der Abb. 88 ausgesteuert wird.

Bei zu großer Aussteuerung der Charakteristik wird die untere Krümmung erreicht, so daß die Proportionalität aufhört. Da der Grad der Aussteuerung (vgl. S. 130) nur vom Sender abhängt, folgt, daß durch zu hohen Modulationsgrad der Gleichrichter übersteuert werden kann, der Modulationsgrad 100% **muß** stets zur Übersteuerung des Gleichrichters führen.

Bei kleinen Amplituden der Gitterwechselspannung geschieht die Gleichrichtung im gekrümmten Teil der Charakteristik, deren Form bei kleiner Aussteuerung einer Parabel gleichzusetzen ist. Es wird dann der

$$\text{Richtstrom} = \Delta I_a = \frac{1}{8}\,\frac{dS}{dU_g}\,\mathfrak{U}_g^2 - I_a\,, \tag{87}$$

der also dem Quadrat der Wechselspannungsamplitude proportional ist. Dies hat zur Folge, wie eine längere hier nicht wiederzugebende Rechnung beweist, daß neben der aufgedrückten Frequenz noch eine Reihe von geradzahligen Oberfrequenzen im Anodenkreis erzeugt wird, die das Klangbild verzerren. Bei kleineren Amplituden $\mathfrak{U}_g$ ist die Verzerrung erträglich, bei größeren Amplituden wird infolge der Zunahme der Obertonamplituden das übermittelte Klangbild vollkommen verändert. Die Richtwirkung ist beim Arbeiten auf dem gekrümmten Teil der Charakteristik um so größer, je größer der Unterschied der Krümmung der Charakteristik links und rechts vom Arbeitspunkt ist, d. h. je größer die Änderung der Steilheit dS/dU_g wird (vgl. Gl. 13).

Wird ein Widerstand in den Anodenkreis des Gleichrichters gelegt, wie es normalerweise der Fall ist, so müssen anstatt der Gitterspannungen die Steuerspannungen geschrieben werden, die wegen der Anodenrückwirkung kleiner sind als die Gitterspannungen.

Als Kennzeichen, daß Anodengleichrichtung stattfindet, gilt stets, daß der Anodenstrom der Gleichrichterröhre zunimmt, sobald die Röhre erregt wird; bei der Gittergleichrichtung, die anschließend erörtert wird, findet genau der umgekehrte Vorgang statt.

Im Anodenstromkreis sollen nur die niederfrequenten Änderungen der Hochfrequenzamplituden wirksam bleiben, während die Hochfrequenz selbst verschwinden soll. In der einfachen Schaltung der Abb. 86 geschieht das in der gleichen Weise wie beim Kristalldetektor durch Überbrücken des Telephons durch einen kleinen Kondensator C_F; auf diesen fließen die einzelnen hochfrequenten Stromstöße, die vom Telephon nicht durchgelassen werden, als einseitige Ladungen; sie werden nach den besprochenen Gesetzen vom Kondensator integriert und gleichen sich dann im Sinne der niederfrequenten Modulation durch das Telephon hindurch aus. Der Kondensator wirkt gewissermaßen für die Hochfrequenzströme als Kurzschluß; er muß klein genug bleiben, damit nicht auch die Niederfrequenz kurzgeschlossen wird.

Weil die Röhre, die die Gleichrichtung besorgt, bei Benutzung des Gitters als Steuerorgan stets auch als Verstärker wirksam ist, heißt die besprochene Anordnung Richtverstärker. Für wichtige Schaltungen, bei denen eine Gleichrichtung nötig ist, besitzt er den Nachteil, daß der Arbeitspunkt stets im Anfang der Charakteristik liegt, so daß infolge der noch geringen Steilheit der Einsatz der Schwingung (vgl. S. 85) nur bei sehr großem Rückkopplungsfaktor erfolgen kann; der Einsatz geschieht dann stets hart, weil die mittlere Steilheit stark zunimmt. Der Richtverstärker ist daher bei vielen Empfangsschaltungen als Gleichrichter im Nachteil, dagegen findet er bei einer Einrichtung wichtige Verwendung, die als „Röhrenvoltmeter“ bezeichnet wird. Das Röhrenvoltmeter dient zur Messung sehr kleiner Wechselspannungen (Bruchteile von Volt), wie sie, um nur ein praktisches Beispiel zu nennen, die Tonabnehmer für Schallplatten erzeugen. Die zu messende Wechselspannung wird an Gitter und Kathode des Richtverstärkers gelegt, möglichst so, daß der Arbeitspunkt in den Anfang der Charakteristik fällt, zur Ablesung des Anodenstromes dient ein Milliamperemeter; der Richtverstärker arbeitet in Kurzschlußschaltung, d. h. im Anodenkreis liegt kein Widerstand R_a oder $\mathfrak{R}_a$. Die Anordnung wird mit Gittergleichspannung geeicht und die gemessenen Eichströme I_a werden mit den Strömen I_a verglichen, die die Gitterwechselspannung erzeugt.

3. Die Gittergleichrichtung (Audion).

Das Prinzip der Gittergleichrichtung beruht auf einem Vorgang, der bereits in Abschnitt 3 (S. 88) erläutert worden ist, der Gitteraufladung durch Elektronen, deren Abwanderung durch Gitterkondensator und Ableitungswiderstand teilweise gesperrt wird. Sie bewirken automatisch eine negative Vorspannung des Gitters, die als Ersatz für eine Vorspannung durch Batterie bei einem Röhrengenerator mancherlei Vorteile bot.

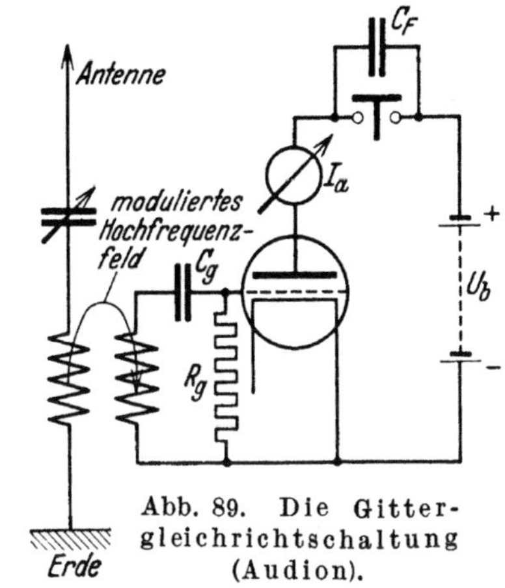

Abb. 89. Die Gittergleichrichtschaltung (Audion).

Die Schaltung ruft auch einen sehr empfindlich arbeitenden Demodulationsprozeß hervor. Sie ist in Abb. 89 noch einmal in Verbindung mit einem Antennenempfangskreis dargestellt; C_g ist wieder der Sperrkondensator, R_g der Ableitungswiderstand, L_g die Gitterspule, die vom Antennenkreise (bzw. von einem anderen Hochfrequenzkreis im Empfänger) durch ein (hier sinusförmig) mit der Frequenz f moduliertes hochfrequentes Feld der Frequenz F erregt wird. Der Vorgang, der dadurch im Anodenkreis der Röhre ausgelöst wird, ist in Abb. 90 schematisch dargestellt. Links oben ist eine ideale Kennlinie gezeichnet, ihre Steilheit sei S, der äußere Widerstand R sei also wie vorher vorläufig = Null angenommen. Das Arbeitsgebiet der Kennlinie sei nicht wie früher beim Richtverstärker der Anfang, sondern die Mitte der Charakteristik, die Vorspannung sei bei unbesprochener Röhre $U_g = 0$. Sobald eine hochfrequente vorläufig nicht modulierte Wechselspannung konstanter Amplitude U_{gF} das Gitter der Röhre erregt, sinkt die Vorspannung schnell auf den Wert $-U_g$, und der Anodenstrom, der vorher die Größe I_{a_0} besaß, fällt daher um den Wert ΔI_a, wobei ΔI_a um so größer wird, je größer die negative Vorspannung, d. h. je größer R_g ist; bleibt die Hochfrequenzamplitude $\mathfrak{U}_{gF}$ konstant, so bleibt auch ΔI_a und daher auch $(I_{a_0} - \Delta I_a)$ konstant. Wird jetzt das Hochfrequenzfeld mit der sinusförmigen Niederfrequenzamplitude $\mathfrak{U}_{gf}$ moduliert, wobei nach Abb. 90 zunächst die negative Phasen-

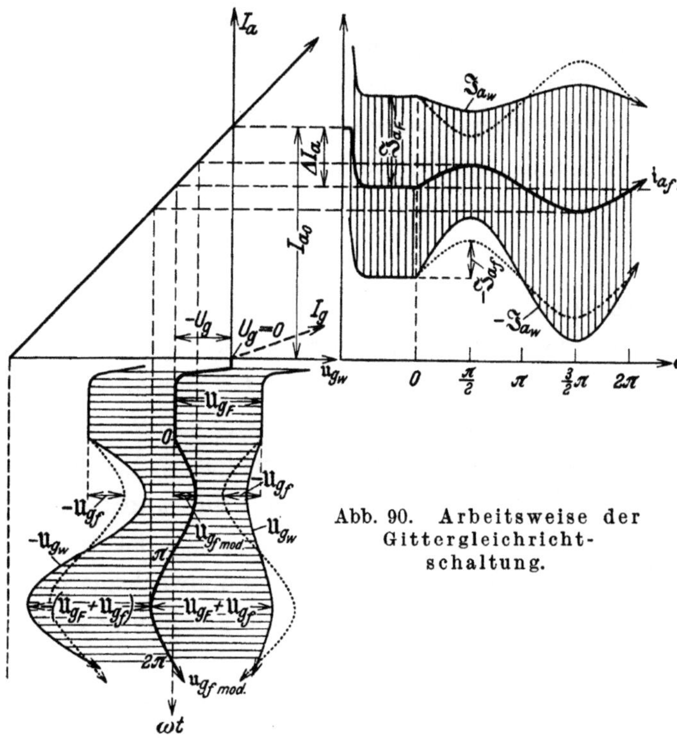

Abb. 90. Arbeitsweise der Gittergleichrichtschaltung.

hälfte durchlaufen sei, so wird die Gitteraufladung geringer, weil die Amplitude der Hochfrequenzspannung kleiner wird, und daher muß auch die Vorspannung $-U_g$ einen kleineren Wert annehmen. Der Anodenstrom wird infolgedessen wieder zunehmen, und zwar proportional U_g, das selbst lineare Abhängigkeit von $\mathfrak{U}_{gf}$ zeigt, wenn die Gitterstromcharakteristik linear ist, wie in der Abbildung angenommen ist. Aus dieser Überlegung folgt, *daß der Anodenstrom steigt mit abnehmender Hochfrequenzamplitude, und fällt mit zunehmender Hochfrequenzamplitude, wobei die Hochfrequenzamplituden selbst vollkommen linear im Anodenkreis abgebildet werden*[1]. Die Verzerrung ist nur scheinbar, da der Arbeitspunkt der Gitterhochfrequenzspannung mit der Niederfrequenzspannung $\mathfrak{u}_{gf\,\mathrm{mod.}}$ verschoben wird, die im Anodenkreise die Kurve $\mathfrak{i}_{af\,\mathrm{mod.}}$, d. h. die Sprechkurve, erzeugt. Das ganze Diagramm ist auf folgende Weise entstanden. Die Charakteristik ist beliebig gezogen, der Punkt $U_g = 0$ möglichst weit nach rechts gewählt. Der Spannungsabfall $-U_g$ ist auch beliebig angenommen, er kann aber nicht größer als die Amplitude $\mathfrak{U}_{gF}$ sein, da für $\mathfrak{U}_{gF} = U_g$ die wahre Gitterspannung Null erreicht wird, die Gitteraufladung also aufhört (vgl. Abb. 67); infolge R_g ist $-U_g$ numerisch kleiner als U_{gF}. Die Hochfrequenzamplitude $\mathfrak{U}_{gF}$ ist auch beliebig angenommen, sie muß jedoch die Bedingung erfüllen, daß die Summe der Amplituden $(\mathfrak{U}_{gF} + \mathfrak{U}_{gf} + \mathfrak{U}_{f\,\mathrm{mod.}})$ in ihrem negativen Phasenwert den Anodenstrom nicht auf Null bringt. Die Spannungsamplitude $\mathfrak{U}_{gf}$ ergibt sich aus dem Modulationsgrad, der hier etwa zu 40% angenommen ist, und die Spannungsamplitude $\mathfrak{U}_{gf\,\mathrm{mod.}}$ hängt ebenfalls vom Modulationsgrad ab, es ist

$$\mathfrak{U}_{gf\,\mathrm{mod.}} = \frac{\mathfrak{U}_{gf}}{\mathfrak{U}_{gF}} U_g .$$

Aus diesen Angaben können die wahren Gitterspannungen (Amplituden $\mathfrak{U}_{g\mathrm{w}}$) und die wahren Anodenstromwerte gefunden werden. Man verfährt am besten so, daß auf der Zeitachse der Gitterspannungen die modulierten Hochfrequenzgitterspannungen für den Arbeitspunkt $-U_g$ (= punktierte Linien) gezeichnet und daraus durch Summation der $\mathfrak{u}_{gf\,\mathrm{mod.}}$-Werte und der Phasenwerte, die die gestrichelten Linien anzeigen, die wahren Werte $\mathfrak{U}_{gw}$ gefunden werden; für einen Wert, und zwar für $\mathfrak{U}_{gF} + \mathfrak{U}_{gf}$, ist dieses Verfahren in der Zeichnung angedeutet. Die betreffenden Anodenwechselstromwerte bzw. die wahren Anodenstromwerte findet man, wie die Zeichnung in den gestrichelten Linien andeutet, durch Übertragung.

Die Modulationskurve wird nach diesem Verfahren deswegen im Anodenkreis abgebildet, weil beim Überschreiten der Spannung $U_g = 0$ Gitterstrom auftritt

[1] Von einer „Gleichrichtung“ kann also bei diesem Vorgang erst recht nicht gesprochen werden, da nicht einmal eine einseitige Auslöschung der Hochfrequenzamplitude im Anodenkreis erfolgt. Würde das der Fall sein, so wäre die Schaltung zur Herstellung der automatischen Vorspannung bei selbsterregten Generatoren unbrauchbar.

(Knickpunkt der Gitterstromkennlinie); man hat daher dieses Verfahren der Aufzeichnung der Modulationskurve Gittergleichrichtung genannt; nach L. de Forest, der die Erscheinung gefunden hat, nennt man die Schaltung Abb. 89 „Audionschaltung".

Im Gegensatz zur Anodengleichrichtung tritt bei der Gittergleichrichtung stets ein Fallen des Anodenstromes ein, bei gleichzeitigem Auftreten beider Gleichrichtwirkungen ergibt sich daher stets eine Schwächung des Effektes, der so weit gehen kann, daß die Gleichrichtwirkung nach außen gleich Null wird. Da die Anodenkennlinie stets eine Krümmung aufweist, ist es schwer, die Gittergleichrichtung rein darzustellen, da in der Regel zu gleicher Zeit eine (wenn auch geringe) Anodengleichrichtung erfolgt. In der Abb. 90 tritt eine gleichzeitige Anodengleichrichtung ein, wenn $\mathfrak{U}_{gF} + \mathfrak{U}_{gf} + \mathfrak{U}_{gf\,\text{mod.}}$ so groß angenommen wird, daß die Charakteristik über den unteren Knickpunkt $I_a = 0$ ausgesteuert ist.

Im Gegensatz zur Gittergleichrichtung ist die Anodengleichrichtung stets rein darstellbar.

Da bei der Gittergleichrichtung als Arbeitsgebiet in der Charakteristik die Gegend ihrer größten Steilheit am günstigsten ist, kann die Röhre leicht und weich zum Anschwingen gebracht werden, eine Tatsache, die dem Audion vor dem Richtverstärker einen großen Vorzug verleiht (vgl. Schwingaudion).

Eine wesentliche Rolle für die Größe der Gittergleichrichtung spielt die Größe des Widerstandes R_g. Wird er zu groß, so können die Elektronen nur langsam abfließen, die Einstelldauer von $-U_g$ (vgl. Abb. 90) wird niederfrequent, d. h. es tritt eine Verzerrung ein; andererseits darf aber R_g nicht zu klein werden, damit er die Spannungsamplituden nicht herabsetzt (vgl. Abb. 76). Zu ihm parallel liegt innerhalb der Röhre der Ohmsche Widerstand $R_{ig} = \frac{\Delta U_g}{\Delta I_g} = \frac{1}{S_g}$, der im Anlaufgebiet etwa die Größenordnung 10^5 Ohm hat; es ist einleuchtend, daß $R_g \gg R_{ig}$ sein muß, wenn die Spannungsamplituden durch ihn keine Verminderungen erfahren sollen. Zu den Widerständen R_g und R_{ig} liegt außerdem ein frequenzabhängiger Blindwiderstand parallel, der durch die Kapazität Gitter-Kathode gebildet wird, und der die Größe $\mathfrak{R}_{gk} = \frac{1}{\omega C_{gk}}$ Ohm besitzt. Für eine Kapazität 10 cm und die Frequenz 10000 Hertz wird dieser etwa $1{,}5 \cdot 10^6$ Ohm, so daß er innerhalb der Tonfrequenz keinen merklichen Einfluß ausübt. Für die Hochfrequenz (Trägerfrequenz) jedoch bildet die Gitter-Kathodenkapazität schon einen so geringen Widerstand, daß gegen ihn der Widerstand R_{ig} beträchtlich wird und daher die Wahl von R_g in dieser Beziehung in weiten Grenzen freibleiben kann. In der Regel gewährt die Größe $R_g = 1 \cdot 10^6$ bis $2 \cdot 10^6$ Ohm eine gute verzerrungsfreie Audionwirkung.

Der Kondensator C_g spielt ebenfalls für die Einstelldauer von $-U_g$ eine sehr wesentliche Rolle. In Bezug auf die Elektronenaufladung liegt seine Kapazität parallel zur Kapazität C_{gk}; da letztere stets sehr klein ist, so bestimmt im wesentlichen die Größe von C_g die Entladedauer. Für die Hochfrequenz soll C_g einen Kurzschluß zum Gitter, für die Niederfrequenz nach dem Gesagten aber einen hohen Widerstand darstellen, so daß für ihn beim Audion Kondensatoren der Größe 500 bis 1000 $\mu\mu F$ zweckmäßig sind.

Die Gitterstromkennlinie ist nicht geradlinig, sondern im Anfang gekrümmt; es können in dieser Beziehung wie beim Richtverstärker zwei Fälle unterschieden werden (kleine und große Aussteuerung vgl. S. 141), die Folgerungen, die daraus zu ziehen sind, sind gleicher Art. Ein Audion mit Aussteuerungen für große Amplituden, für die noch (annähernd) Verzerrungsfreiheit besteht, hat man wohl mit dem Namen „Kraftaudion“ bezeichnet, ein Ausdruck, dessen Gebrauch physikalisch so unsinnig ist wie der Name „Kraftverstärker“; beide Bezeichnungen sollen ausdrücken, daß bereits eine größere Leistungsabgabe zur Verfügung steht.

Die Linearität zwischen Modulationsspannungsamplitude und Stromamplitude hört beim Audion früher auf als beim Richtverstärker; die Gitterströme verursachen eine Dämpfung, wodurch auch die Abstimmschärfe leidet, während der Richtverstärker vollkommen dämpfungsfrei bezüglich der Röhre arbeitet, da das Gitter ja stromlos bleibt.

In den bisherigen Betrachtungen wurde ein äußerer Widerstand nicht angenommen (Kurzschlußschaltung). Ist er vorhanden, was ja stets der Fall ist, so wird die Steilheit der Charakteristik herabgesetzt und zugleich werden die Steuerspannungen kleiner in gleicher Weise wie beim Richtverstärker.

Das Audion ist ein Gleichrichter mit gleichzeitig arbeitendem Niederfrequenzverstärker, der genau den Charakter eines normalen Niederfrequenzverstärkers hat, weil der mittlere geradlinige Teil der Charakteristik als Arbeitsgebiet benutzt wird; in dieser Beziehung ist die Theorie des Audions einfacher als die Theorie des Richtverstärkers.

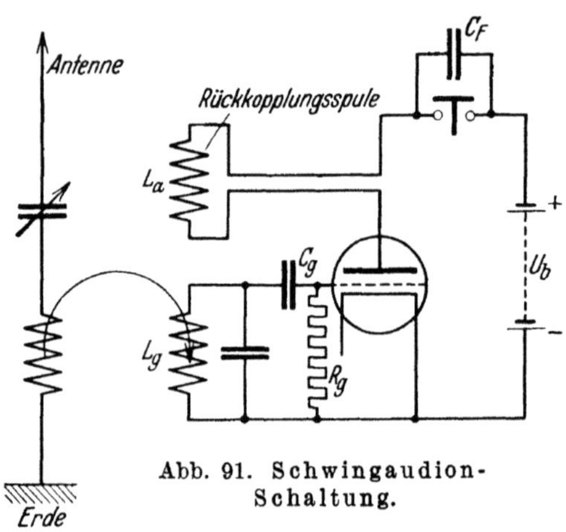

Abb. 91. Schwingaudion-Schaltung.

4. Das Schwingaudion.

Es wurde bereits oben erwähnt, daß als Arbeitsgebiet in der Charakteristik für das Audion die Gegend größter Steilheit am günstigsten und deswegen ein weicher Schwingungseinsatz ermöglicht ist. Diese Tatsache macht die Audionschaltung zum Empfang ungedämpfter telegraphischer Zeichen besonders geeignet! Nach S. 137 ist ihr Empfang nur möglich, wenn durch Überlagerung am Ort des Empfangs ein kleiner Hochfrequenzgenerator in Tätigkeit tritt, der mit den zu empfangenden Signalen eine niederfrequente Schwebung erzeugt, die außerdem noch gleichzurichten ist. Wird das Audion geschaltet, wie Abb. 91 zeigt, so kann durch Rückkopplung die Röhre weich zum Schwingen gebracht werden, der Anodenstrom wird im Augenblick des Schwingungseinsatzes sinken gemäß der automatisch einsetzenden negativen Gittervorspannung. Sobald auf das Gitter der Röhre eine zweite von der Generatorfrequenz abweichende Hochfrequenzspannung wirksam wird, tritt Überlagerung ein, und die resultierende niederfrequente Spannungsamplitude wird abwechselnd einen höheren Wert und einen niederen Wert aufweisen als die ursprüngliche Hochfrequenzamplitude; im gleichen Rhythmus wird daher der Anodenstrom fallen und steigen und somit ein Ton hörbar werden, dessen Dauer der Dauer des Signales entspricht. Da die Empfangsröhre hier zwei Aufgaben erfüllt, als Generator sowohl wie als Gleichrichter, ist die Einrichtung „Schwingaudion" genannt worden; falls die Signale fixiert werden sollen, können sie in einer folgenden Röhre nochmals gleichgerichtet und dann durch einen Morseapparat aufgeschrieben werden.

Die Schaltung Abb. 91 hat auch für Telephonieempfang insofern große Bedeutung erlangt, als nahe vor dem Schwingungseinsatz eine starke „Entdämpfung" des Empfangskreises verursacht wird, der die Signalamplitude sehr vergrößert; der Empfänger wird dadurch in sehr hohem Maße empfindlicher und außerdem „selektiver", weil die Erhöhung der Empfindlichkeit nur für die Trägerfrequenz und ihre Umgebung eintritt. Sobald die Schwingung einsetzt, ist Telephonieempfang ohne weiteres nicht mehr möglich, ganz abgesehen von dem Überlagerungston, den der Empfänger dann als Telegraphiezeichen (Dauerstrich) des Senders hörbar werden läßt.

Die Aufnahme von Telephonie bei schwingendem Audion hat aber eine besondere Bedeutung bei einer Empfängerart erhalten, die nach ihrem physikalischen Prinzip „Zwischenfrequenzempfänger" oder „Superheterodynempfänger" genannt wird. Im ersten Audion wird in diesem eine Zwischenfrequenz erzeugt, die zwar kleiner, aber noch wieder hochfrequent, also unhörbar ist; sie ist moduliert wie die Senderfrequenz und wird weiter hochfrequent linear verstärkt, bis im zweiten Audion oder Richtverstärker die Gleichrichtung auf die Modulationsfrequenz erfolgt. Da bei der ersten Gleichrichtung die Verzerrungen des Gleichrichtvorganges die Zwischenfrequenz zusätzlich modulieren, ist die Form der Gleichrichterkurve von größter Wichtigkeit; eine lineare Abhängigkeit ist erwünscht und wird durch besondere Röhrentypen angestrebt.

Die Theorie der Gleichrichtung sowohl für den Richtverstärker wie für das Audion ist nicht leicht und konnte daher hier nur angedeutet werden; beim Gittergleichrichter spielen insbesondere die geringen Gitterströme, die bereits zwischen $U_g = -1$ Volt und $U_g = 0$ Volt vorhanden sind (vgl. Fußnote S. 9), eine wesentliche Rolle. Für das Verständnis des Wesens der Gleichrichtung genügen die bisherigen Ausführungen. Im folgenden sollen einige leichte Versuche beschrieben werden, die mit geringen Mitteln auszuführen sind; auf genauere Messungen muß verzichtet werden, weil sie schwierig sind.

B. Übungen.

I. Die Apparatur.

Zum Nachweise der Richtwirkung von Anoden- und Gittergleichrichtung und für einige quantitative Messungen sind nur wenige Mittel nötig. Eine gute Hochantenne, die den lauten Empfang eines Ortssenders möglich macht, ist wichtig, damit bereits die Eingangsröhre als Gleichrichter arbeiten kann (RE 134); wird erst ein Hochfrequenzverstärker nötig, so werden die sonst einfachen Versuche schwieriger und vor allem weniger übersichtlich. Einige normale Spulen und Drehkondensatoren, ein Röhrenbrett wie bisher, ein Telephon, einige Hochohmwiderstände (Dralowid), einige Becherkondensatoren und ein Milliamperemeter sind wohl stets vorhanden. Als Heizspannungsquelle dient ein Akkumulator und für die Anodenbetriebsspannung eine Batterie 90 bis 180 Volt. Für einige Versuche ist ein Netztransformator, der sekundär 10 bis 20 Volt Spannung abgibt, angenehm; ist Netzwechselspannung nicht vorhanden, so kann als Ersatz ein Summer mit aufspannendem Transformator genommen werden.

II. Die Messungen.

1. Messungen zur Anodengleichrichtung.

Die Zunahme des Anodenstromes I_a am Anodengleichrichter bei Einsetzen der Gitterwechselspannung kann durch folgenden einfachen Versuchsaufbau nachgewiesen werden. An Gitter und Kathode einer RE 134 (RE 074 oder RE 034) werde die Netzfrequenz (50 Hertz) gebracht; die Spannung werde auf etwa 10 Volt (oder weniger) herabgesetzt (Abb. 92); steht Netzspannung nicht zur Verfügung, so muß ein Summer genommen werden, dessen Spannung mittels eines geeigneten Transformators hochzutransformieren ist. Die Sekundärentwicklung des Netz- oder Summertransformators sei in Reihe mit einer Vorspannbatterie gelegt, so daß das Gitter negative Vorspannung erhält; die Gesamtspannung der Batterie betrage etwa 21 Volt. In dem Anodenkreis der Röhre liege ein Milliamperemeter (Meßbereich 50 Milliamp.) und als Betriebsbatterie diene irgendeine Gleichspannungsquelle 100—200 Volt; die Vorspannung des Gitters sei zunächst so einreguliert, daß der Anodenstrom gerade gleich Null ist. Tabelle 25 zeigt eine Messung für die RE 134 bei einer Betriebsspannung von 180 Volt, die Wechselspannung hat einen Effektivwert von 10 Volt; sie kann weit kleiner sein und ist deswegen so hoch genommen worden, um kennbar zu machen, daß die Richtwirkung niemals völlig verschwindet. Die wahre Gitter-

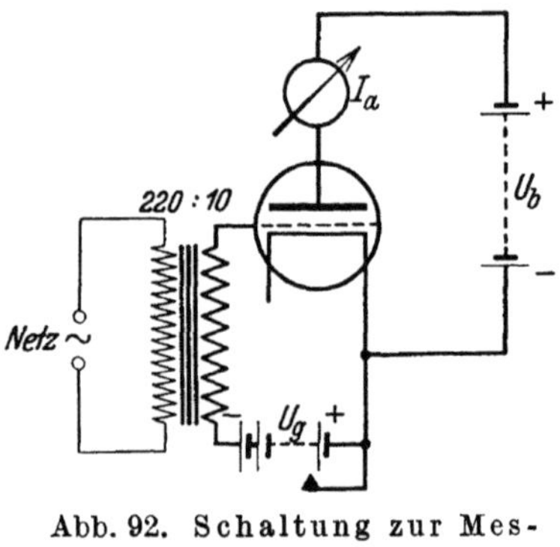

Abb. 92. Schaltung zur Messung des Richtstromes.

spannung nimmt am Schluß der Meßreihe schon zeitweilig hohe positive Werte an; wenn trotzdem der Gitterstrom recht klein bleibt, so liegt das an der hohen Betriebsspannung, die ja stets gleich der Anodenspannung ist, weil sich kein Widerstand R_a (oder $\mathfrak{R}_a$) im Anodenkreis befindet (Kurzschlußstrom). In der Tabelle stehen zu Anfang die Gittervorspannungen, es folgen die Stromwerte $I_a = I_{a\,\mathrm{Null}}$ bei nichterregter Röhre und dann die Stromwerte bei erregter Röhre; ihre Differenz ΔI_a stellt den Richtstrom dar; in der fünften Spalte stehen endlich die Gitterströme. Man erkennt, daß der Richtstrom zunächst klein, aber schon vorhanden ist, wenn $I_{a\,\mathrm{Null}}$ noch gleich Null ist; dann nehmen Nullstrom und Richtstrom stark zu, ersterer dauernd, während der Richtstrom bald wieder abnimmt und endlich fast wieder gleich Null wird.

Tabelle 25.

Meßreihe zur Anodengleichrichtwirkung. Richtwirkung des Gleichrichters als Funktion der Gittervorspannung.

Röhre RE 134. $U_b = 180$ Volt; $\mathfrak{U}_{g\,\mathrm{eff.}} = 10$ Volt, 50 Hertz.

$U_g =$	$I_{a\,\mathrm{Null}} =$	$I_{a\,\mathrm{Null}} + \Delta I_a =$	$\Delta I_a =$	$I_g =$
−22,0	—	2,3	2,3	
−20,5	—	3,2	3,2	
−19,0	—	4,4	4,4	
−17,5	0,2	5,9	5,7	
−14,5	1,4	9,1	7,7	
−12,8	3,3	11,3	8,0	
−11,2	5,0	13,2	8,2	
− 9,6	7,8	15,5	7,7	
− 8,0	11,0	17,9	6,9	
− 4,9	19,1	23,8	4,7	0,2
− 3,1	23,0	26,2	3,2	0,5
0	31,2	31,8	0,6	0,9
Volt	$\cdot 10^{-3}$ Amp	$\cdot 10^{-3}$ Amp	$\cdot 10^{-3}$ Amp	$\cdot 10^{-3}$ Amp

An Stelle der niederfrequenten Wechselspannung werde jetzt Hochfrequenzspannung an die Röhre gelegt, und zwar die Wechselspannung eines abgestimmten Kreises, der in Abstimmung zu einem feldstarken Rundfunksender gebracht ist (Abb. 86). Der Kreis (Antenne, Kondensator, Spule, Erde) induziert auf eine zweite Spule, die die Wechselspannung an Gitter und Kathode überträgt; im übrigen ist im Aufbau nichts geändert, nur im Anodenkreis liegt außer dem Milliamperemeter noch ein Telephon. Da dessen Widerstand in der Regel recht hoch ist (2000 bis 4000 Ohm), ist es zweckmäßig, aber nicht notwendig, einen Telephontransformator mit niederohmiger Wicklung (200 Ohm) in den Anodenkreis zu schalten, um den Spannungsverlust infolge des hohen Widerstandes zu vermeiden. Die Röhre sei die gleiche von vorhin, die Betriebsspannung betrage ebenso wieder 180 Volt. Es ist wiederum eine Meßreihe nach Tabelle 25 aufgenommen, die in Tabelle 26 wiedergegeben ist. Die Wechselspannungen sind naturgemäß weit kleiner als vorhin und betragen vielleicht 0,5 Volt. Für die Vorspannungen bis zu $U_g = -14{,}5$ Volt ist das Mavometer ohne Shunt benutzt (Meßbereich bis 2 Milliamp.), um genaue Ablesungen zu ermöglichen. Die Lautstärke wächst, wie die Theorie fordert, mit den Werten ΔI_a; infolge der Empfindlichkeit des Telephons ist bereits die Sendung vernehmbar, wenn eine Ablesung

Tabelle 26.

Empfangslautstärke eines Anodengleichrichters bei veränderten Gittervorspannungen. RE 134. $U_b = 180$ Volt; $\mathfrak{u}_{g\,\mathrm{eff.}} =$ etwa 0,5 Volt (geschätzt).

$U_g =$	$I_{a\,\mathrm{Null}} =$	$I_{a\,\mathrm{Null}} + \Delta I_a =$	$\Delta I_a =$	Lautstärke, Sprache
−22,0	—	—	—	sehr leise, stark verzerrt
−20,5	—	0,015	0,015	leise, verzerrt
−19,0	0,015	0,065	0,05	lauter, schon verständlich
−17,5	0,190	0,345	0,155	noch lauter, klar
−15,9	0,525	0,80	0,275	sehr laut, klar
−14,5	1,39	1,74	0,350	sehr laut, klar
−12,8	3,0	3,2	0,200	abnehmend, klar
− 7,9	10,3	10,4	0,100	weiter abnehmend, klar
0	29,0	29,0	0,000	fast verschwindend, nicht mehr verständlich
Volt	$\cdot 10^{-3}$ Amp	$\cdot 10^{-3}$ Amp	$\cdot 10^{-3}$ Amp	

ΔI_a noch nicht möglich ist; die Sprache, — es ist zweckmäßig, für den Versuch Sprechübermittlung abzuhören —, bleibt völlig unverständlich und erscheint außerdem zerhackt, weil nur die maximalen Lautstärken durchkommen. Mit abnehmender negativer Vorspannung wird die Sendung allmählich lauter und verständlich, erreicht einen Höchstwert beider Kennzeichen, um endlich wieder für $U_g = 0$ fast zu verschwinden, weil eine Gleichrichtung kaum mehr stattfindet. Die Lautstärke könnte auch nach der „Parallelohmmethode" wenigstens vergleichsweise bestimmt werden; es ist hier nicht geschehen, weil die Angaben der Tabelle in dieser Weise schneller verständlich erscheinen. Das Maximum ΔI_a in dieser Tabelle liegt an einer anderen Stelle U_g wie vorhin wegen der kleineren Spannungsamplituden.

2. Messungen zur Gittergleichrichtung.

Die Abnahme des Anodenstroms am Gittergleichrichter kann durch einen ähnlichen Versuch wie zuvor für die Anodengleichrichtung nachgewiesen werden (Abb. 93). Die Gitterwechselspannung sei effektiv 20 Volt und werde wiederum einem Netztransformator entnommen; der Transformator arbeitet auf einen Gitterkreis, der die Audionschaltung besitzt; der Widerstand R_g und der Kondensator C_g können ausgewechselt werden. In der Anode der Röhre liege wieder ein Milliamperemeter (Meßbereich 50 Milliamp.), die Röhre sei wiederum eine RE 134. Die Meßreihe ist in Tabelle 27 aufgenommen. Der Kondensator C_g sei zunächst 1 μF, dann 0,001 μF, die Widerstände R_g sind für beide Kondensatoren von ∞ bis auf 5000 Ohm verändert. Mit der Stoppuhr wurden die Entladezeiten des Gitters bzw. des Kondensators C_g gemessen, soweit es möglich war. Es ist zu bemerken, daß diese Messungen auf große Genauigkeit keinen Anspruch machen

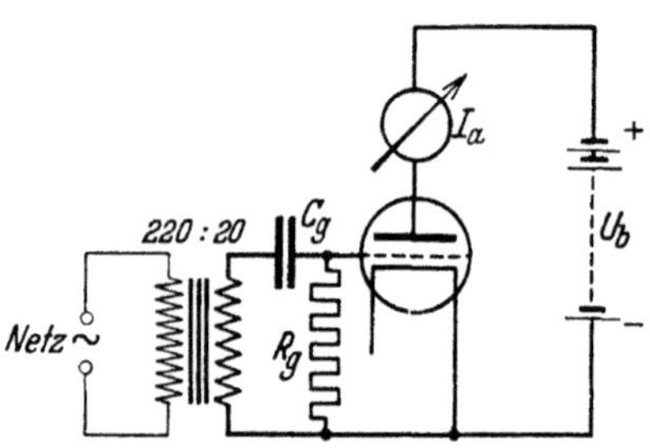

Abb. 93. Schaltung zur Messung des Audioneffektes.

Tabelle 27.

Meßreihe zur Gittergleichrichtung. $U_b = 150$ Volt; $\mathfrak{u}_{g\,\mathrm{eff.}} = 20$ Volt; RE 134.

$R_g =$	$C_g =$	$I_{a\,\mathrm{Null}} =$	$\Delta I_a =$	$I_{a_0} + \Delta I_a =$	Entladungsdauer =
∞	1	21	−18,3	2,7	>480
$2 \cdot 10^6$	1	21	−18,1	2,9	12
$1 \cdot 10^6$	1	21	−17,6	3,4	5
$0,4 \cdot 10^6$	1	21	−17,2	3,8	1
$0,2 \cdot 10^6$	1	21	−16,5	4,5	0,5
$0,1 \cdot 10^6$	1	21	−15,5	5,5	0,1 (?)
30000	1	21	−13,2	7,8	nicht ablesbar
5000	1	21	− 5,0	16,0	,, ,,
$2 \cdot 10^6$	0,001	21	− 7,0	14,0	,, ,,
$1 \cdot 10^6$	0,001	21	− 4,0	17,0	,, ,,
$0,4 \cdot 10^6$	0,001	21	− 1,5	19,5	,, ,,
$0,2 \cdot 10^6$	0,001	21	− 0,5	20,5	,, ,,
$0,1 \cdot 10^6$	0,001	21	− 0,3	20,7	,, ,,
5000	0,001	21	0,0	21,0	,, ,,
Ohm	μF	$\cdot 10^{-3}$ Amp	$\cdot 10^{-3}$ Amp	$\cdot 10^{-3}$ Amp	Sekunden

können, da die Ableitung des Papierbecherkondensators (solche wurden benutzt) keineswegs Null ist; trotzdem geben die Messungen einen guten Überblick. Ist der Widerstand ∞, so dauert die Entladung des Kondensators 1 μF ungefähr 8 Minuten, die Entladezeit des kleinen Kondensators 0,001 μF konnte auch so nicht mehr bestimmt werden; als „Ableitung“ ist in dieser Anordnung nur die schlechte Isolation der Kondensatoren bzw. des Röhrensockels wirksam. Sind die Widerstände R_g kleiner, so werden die Entladezeiten kürzer und sind zuletzt nicht mehr auch bei dem großen Kondensator feststellbar. Sehr groß sind für beide Kondensatoren bei großen R_g die ΔI_a, bei Einschaltung des Kondensators 1 μF geht der Anodenstrom fast auf Null herunter; das ist bei Verwendung des Kondensators 0,001 μF nicht der Fall, weil die Ableitung der kleinen Ladung zu schnell erfolgt; immerhin sinkt auch hier der Strom noch um 7 Milliamp. Bei Einschaltung eines Widerstandes 30000 Ohm ist ein Gleichrichteffekt nur noch meßbar, wenn der Kondensator 1 μF zur Absperrung benutzt wird.

An Stelle der niederfrequenten Wechselspannung werde wie vorhin jetzt modulierte Hochfrequenzspannung benutzt (Abb. 89). Die Messungen enthält Tabelle 28. Der Kondensator C_g ist konstant = 0,001 μF gelassen, die Widerstände R_g sind geändert. Die Tabelle ist ohne weitere Erläuterung verständlich und zeigt das erwartete Ergebnis; die Abnahmen ΔI_a sind naturgemäß kleiner als in Tabelle 27, aber gut ablesbar.

Die Schwächung der Gittergleichrichtung durch die gleichzeitig auftretende Anodengleichrichtung kann durch folgenden Versuch nachgewiesen werden. Man setzt den Widerstand R_g auf etwa 30000 Ohm fest und reguliert die Anodenspannung durch einen Spannungsteiler, wobei es nötig wird, da als Betriebsspannung Netzspannung benutzt werden muß, den Netzton nach der Schaltung S. 29, Fußnote, herauszubringen. Ist die Spannung hoch, so tritt wesentlich

Tabelle 28.

Empfangslautstärke eines Gittergleichrichters (Audion) bei verändertem Widerstand R_g. $U_b = 150$ Volt; $C_g = 0{,}001\ \mu$F (RE 134).

$R_g =$	$I_{a\,\mathrm{Null}} =$	$\Delta I_a =$	$I_{a_0} + \Delta I_a =$	Lautstärke, Sprache
∞	21,0	$-3{,}2$	17,8	unverständlich, stoßweise
$2 \cdot 10^6$	21,0	$-1{,}4$	19,6	laut und klar
$1 \cdot 10^6$	21,0	$-1{,}2$	19,8	laut und klar
$0{,}2 \cdot 10^6$	21,0	$-1{,}0$	20,0	klar, aber leiser
30000	21,0	$-0{,}2$	20,8	klar, noch leiser
5000	21,0	0,0	21,0	unverständlich, sehr leise
Ohm	$\cdot 10^{-3}$ Amp	$\cdot 10^{-3}$ Amp	$\cdot 10^{-3}$ Amp	

Gittergleichrichtung ein, die Anodengleichrichtung ist wegen der geringen Krümmung der Kennlinie noch schwach. Wird dagegen die Betriebsspannung kleiner, so nimmt die Anodengleichrichtung zu, und da die Gittergleichrichtung wegen des kleinen Widerstandes R_g verhältnismäßig klein ist, verschwindet etwa bei $U_b = 30$ Volt die Wiedergabe des Senders fast vollständig; bei weiter abnehmender Betriebsspannung U_b wird die Lautstärke wieder wesentlich größer, weil nun die Anodengleichrichtung die Gittergleichrichtung bei weitem übertrifft.

Endlich mag noch auf einen Sperreffekt hingewiesen werden, der bei den Versuchen des Abschnittes 3 unter Verwendung automatischer Vorspannung leicht zu erzielen ist. Der Widerstand R_g betrug dort (z. B. Tabelle 15) 9500 Ohm. Wird der Widerstand plötzlich ganz abgeschaltet, die Ableitung also gleich Null ($R_g = \infty$), so wird im Augenblick der Abschaltung noch eine Schwingung bestehen, deren Gitterwechselspannung das Gitter auf hohe negative Vorspannung bringt, da plötzlich die Ableitung fehlt. Die Vorspannung wird so groß, daß infolge der geringen wirksamen Steilheit die Selbsterregungsformel nicht mehr erfüllt ist und die Schwingung abreißt; der Anodenstrom wird dabei völlig Null, wie der Anodenstrommesser anzeigt. Die geringe, stets wegen schlechter Isolation bestehende Ableitung schafft allmählich die Ladung von Sperrkondensator und Gitter fort, was eine Minute und länger dauern kann, aber schließlich steigt der Anodenstrom sichtbar von neuem an, und endlich ist die Steilheit so groß geworden, daß die Röhre wieder anlaufen kann. Das Spiel wiederholt sich, die Schwingung reißt wieder ab usw. Ein völlig gleichartiger Vorgang läßt sich auch im Schwingaudion erzielen (Abb. 91), der Antennenkreis ist dabei nicht nötig; die Rückkopplungsspule wird fest gekoppelt und der Widerstand R_g zu etwa 2 Megohm gewählt. Man hört dann im Telephon ein gleichmäßig sich wiederholendes Knacken, ein Geräusch, das durch das Abreißen des Schwingungsvorganges und die dadurch verursachte plötzliche Abnahme des Anodenstromes verursacht wird. Die Frequenz des Abreißvorganges kann bei kleineren R_g so groß werden, daß akustische Töne entstehen. Derartige „Abreißvorgänge“ können bei Schaltungen, die sehr langsame Schwingungen herstellen sollen, durch unachtsames Einschalten zu geringer Kapazität bei großer Induktivität infolge der hohen induzierten Spannung zur Zerstörung der Wicklung führen.

Schlagwörterverzeichnis.

Druck der Spamer A.-G. in Leipzig.

GPSR Compliance

The European Union's (EU) General Product Safety Regulation (GPSR) is a set of rules that requires consumer products to be safe and our obligations to ensure this.

If you have any concerns about our products, you can contact us on ProductSafety@springernature.com

In case Publisher is established outside the EU, the EU authorized representative is:

Springer Nature Customer Service Center GmbH
Europaplatz 3
69115 Heidelberg, Germany

Batch number: 10684220

Printed by Printforce, the Netherlands